SDX & HARVARD-YENCHING
ACADEMIC LIBRARY

三联·哈佛燕京学术丛书

刘 珩 著

迈克尔·赫茨菲尔德

学术传记

Michael Herzfeld:

An Intellectual Biography

生活·讀書·新知 三联书店

图书在版编目（CIP）数据

迈克尔·赫茨菲尔德：学术传记／刘珩著 . —北京：
生活·读书·新知三联书店，2020.6
（三联·哈佛燕京学术丛书）
ISBN 978 - 7 - 108 - 06789 - 0

Ⅰ. ①迈… Ⅱ. ①刘… Ⅲ. ①迈克尔·赫茨菲尔德 -
人类学 - 研究 Ⅳ. ① Q98

中国版本图书馆 CIP 数据核字（2020）第 025942 号

责任编辑　曾　诚
装帧设计　蔡立国
责任校对　陈　明　曹秋月　龚黔兰
责任印制　宋　家
出版发行　**生活·讀書·新知** 三联书店
　　　　　（北京市东城区美术馆东街 22 号 100010）
网　　址　www.sdxjpc.com
经　　销　新华书店
印　　刷　北京隆昌伟业印刷有限公司
版　　次　2020 年 6 月北京第 1 版
　　　　　2020 年 6 月北京第 1 次印刷
开　　本　880 毫米 × 1230 毫米　1/32　印张 12.25
字　　数　290 千字
印　　数　0,001 - 4,000 册
定　　价　49.00 元
（印装查询：01064002715；邮购查询：01084010542）

本丛书系人文与社会科学研究丛书，
面向海内外学界，
专诚征集中国中青年学人的
优秀学术专著（含海外留学生）。

·

本丛书意在推动中华人文科学与
社会科学的发展进步，
奖掖新进人才，鼓励刻苦治学，
倡导基础扎实而又适合国情的
学术创新精神，
以弘扬光大我民族知识传统，
迎接中华文明新的腾飞。

·

本丛书由哈佛大学哈佛–燕京学社
（Harvard–Yenching Institute）
和生活·读书·新知三联书店共同负担出版资金，
保障作者版权权益。

·

本丛书邀请国内资深教授和研究员
在北京组成丛书学术委员会，
并依照严格的专业标准
按年度评审遴选，
决出每辑书目，保证学术品质，
力求建立有益的学术规范与评奖制度。

目　录

Michael Herzfeld:

An Intellectual Biography

Contents

Introduction

导 言^❶

迈克尔·赫茨菲尔德1947年生于英国伦敦的一个犹太移民家庭。他在英国接受教育，先后获得剑桥大学考古学学士学位、牛津大学社会人类学博士学位以及伯明翰大学现代希腊研究硕士和博士学位。尽管受过多种学科训练，但他一直强调自己是一位社会人类学家。尽管是考古学出身，但他似乎对考古学有一种天生的抵触情绪。当他还是剑桥大学考古学系本科生的时候，也曾到希腊游历，然而与大多数的西方人流连于雅典卫城的断壁残垣之间，感叹希腊文明的衰落，伤感于"纯粹"西方文明被土耳其人"玷污"所不同的是，赫茨菲尔德沉迷于东西方文化在此交融所形成的现实生活的"万花筒"意象。他没有像考古学的学生那样产生考古发掘的念头，也没有像拜伦式的民族主义者那样产生要抗击蛮族入侵、拯救希腊古典文明的英雄豪情，而是与希腊好友一道，在克里特岛的山区收集民歌，体验民俗，学习克里特方言，并乐此不疲。社会人类学家

❶ 2009年本人获得哈佛-燕京学社资助，赴哈佛大学人类学系展开这一项目的研究，特此致谢！

与考古学家可能就在这些琐细的情感体验中，产生了最初的学术分野；经由语言的习得而萌生出的一种"文化亲密性"，可能就是这种人类学意识的启蒙。

赫茨菲尔德也说过自己最初产生人类学意识的一个重要原因是语言天赋，相对于考古学的分类体系和地层学的枯燥、乏味而言，语言是灵动的、有生气的，与人交流远比摆弄一具动物的骨骼或是一个远古的陶罐有趣得多。之所以最初在希腊从事民俗学研究，是因为对于一个已经熟练掌握古希腊语和现代希腊语，并且对考古学实在提不起兴趣的本科生而言，邀约三五好友，到希腊去做旅行式的田野考察，四处游历，似乎是一次不错的选择。此外，赫茨菲尔德的犹太家庭背景多多少少起了作用。他的母亲经常会用带有浓重德语口音的英语说，我们不是英格兰人（English），我们是英国人（British）。时至今日，赫茨菲尔德还半开玩笑地说，英国人复杂身份的统一也许只能通过英国的护照来实现。这种与生俱来的身份模糊意识最终使赫茨菲尔德确信，自己不太可能在一种熟悉的、可以称之为"家"的地方做田野研究，既然自己希腊语的流利程度与希腊人没什么区别，希腊当然是一个理想的去处。

在评论列维－斯特劳斯青年时期萌发的人类学家的意识和冲动的时候，赫茨菲尔德说这种人类学冲动是要将寻常的资产阶级的经验演化成知识的一个结构性隐喻。❶放弃资产阶级舒适安逸的生活，以一种不同寻常的方式去寻求真理，恐怕是包括赫茨菲尔德在内的一些人类学家最初进入这一职业的初衷。因为对于常人而言，把自身融入所在的群体，是一种圆满，也是一种社会认同的标志；但是

---

❶ Michael Herzfeld, "Textual Form and Social Formation in Evans-Pritchard and Levi-Strauss," in Richard Harvey ed., *Writing the Social Text: Poetics and Politics in Social Science Discourse*, New York: De Gruyter, 1992.

对于人类学家而言，他们似乎一直在跟自己的身份较劲。列维－斯特劳斯人类学职业初期的意向，确实可以用来解释很多人类学家青年时代选择人类学的初衷和背景，即拒绝自己，认同他者。❶ 这一点对于一位来自德国犹太移民家庭的青年来说，更是如此。对于幼年时就经常随父母旅行的赫茨菲尔德而言，大英帝国的护照是唯一能够表明自己身份的文件，这诸多的疑惑并不能随着英国中产阶级的生活方式而消解，反而随着年纪的增长在加深。青年时代对于种种不确定性的困惑、对于自我的探寻，以及用文本形式来隐喻式地表述这种身份和知识的短暂易变，注定了他之后要远走他乡，在克里特高地牧人的狂放不羁中，在意大利罗马蒙蒂区的世俗生活中，在泰国曼谷被迫搬迁的贫民窟中，去认同他者，寻找自我。

在他之后的学术轨迹中，我们始终能发现，赫茨菲尔德的语言天赋以及犹太背景所产生的"熟悉的陌生者"的身份模糊意识一直在发挥作用。每种语言的特质，似乎都在传递着某种文化信息，这一点最让人类学家着迷。意大利语的"节奏感"以及对罗马方言的熟练掌握，使得赫茨菲尔德对罗马蒙蒂区的文化氛围十分热爱，这其中也包括他所钟爱的咖啡馆。罗马蒙蒂区的咖啡馆作为重要的社会交往场所成为各种流言蜚语的集散地，人类学家身处其中，不但可以获得各种信息，而且可以观察各色人物在这一空间中的社会展演。然而，泰语的内敛、谦恭与意大利语的夸张和节奏感之间的反差，往往也能激发人类学家的想象力以及语言学习的兴趣。这或许

---

❶ 针对人类学家的身份问题，列维－斯特劳斯从哲学层面予以回答，他认为，"一个人若想被他人接受——这是民族学家给人类知识规定的目标，首先必须拒绝自己"，"针对笛卡儿极为肯定的'我存在'，他提出'我存在吗？'"。因此，他认为，"归根结底，民族学家从来没有写过别的，他写的全是忏悔。这些忏悔表明，由于他与他人认同，实际上拒绝了认同自身"。参见德尼·贝多莱（Denis Bertholet）著：《列维－斯特劳斯传》，于秀英译，张祖建校，北京：中国人民大学出版社，2008年，第320页。

也是赫茨菲尔德决定到泰国做田野研究的一个因素。他在罗马的田野调查的另一个收获是发现了大量的温州人，这又激发了赫茨菲尔德学习中文乃至温州方言的兴趣。此后，他学习中文和温州话的热情就不曾中断。每逢和中国学者聚会，几杯红酒下肚之后，他会略带羞涩地对着我们蹦出刚学会的一些中文字和短语。当然，他讲得费劲，我们也听得费劲。

不过这并不妨碍赫茨菲尔德学说中文的热情，用他的话来说就是，学说一门语言，即便完全不符合语法规范，也比沉默不言好得多。2013年春天他到山东大学人类学系讲学，坚持在"习明纳"开始前讲五分钟中文。这样做无非是想鼓励在座的人都提问、发言，因为他相信在座诸位的英文肯定比他的中文好，既然自己都敢讲中文，其他人当然就没什么好顾忌的了。这年春天，他最大的收获在于理解了汉语中"八卦"的含义，并且将人类学界定为一门研究"八卦"的学问。显然，语言的学习贯穿着人类学家不同的田野之地，而语言学习的过程多多少少也是对一种"异文化"习得的过程。所以，赫茨菲尔德一再强调，对田野之地语言习得所达到的程度，直接决定了田野调查的质量。优秀的人类学家必须用调查地的语言至少撰写一篇文章，用这门语言至少公开发表一次学术讲演，而这都被看作他自己指导的学生的"通过仪式"。

此外，赫茨菲尔德似乎一直倾向于一种"边缘"的地位，这种边缘性既是一种生活的态度，也是一种他所倡导的"不偏不倚的学术批判视角"。❶ 人类学的这种边缘意识在这门学科中是再熟悉不过的话题了，它在某种程度上已经构成民族志研究和撰述的合法性来

---

❶ 迈克尔·赫茨菲尔德：《人类学：社会和文化领域中的理论实践》，刘珩等译，北京：华夏出版社，2009年，第5—15页。

源，其核心就是一种所谓"熟悉的陌生者"的意识。这种熟悉的陌生者往往也是职业的陌生者，几乎已经成为人类学家必备的一种美德。❶对于赫茨菲尔德而言，这种"熟悉的陌生者"的意识是从他的犹太背景中产生的。英国对他而言是既熟悉又陌生的，他不但没有选择英国作为自己的田野之地，也没有选择留在英国工作，这种在职业和文化两方面的陌生感使得他在边缘中找到了一种恰当的批判视角。尽管他在英国接受教育，但是又跳出了英国的学科界限，在美国开始自己的教学和研究事业，从而借助美国人类学的传统去反观英、法等欧陆人类学的传统。❷由于最初谋得的是符号学教授的职位，因此他又借助人类学的传统去批判符号学。由于倡导一种"民族志式的传记"体裁，因此他可以借助文艺理论去批判经典民族志的撰述。由于早期希腊的民俗学研究经历，他还可以借助民俗学去批判人类学。总之，这一既熟悉又陌生的视角来自对不同学科的跨越，来自从希腊到意大利再到泰国的跨越。赫茨菲尔德始终保持着一种职业的陌生的意识，始终处于一种"边缘"的地位。

我第一次接触到赫茨菲尔德的著作是在2001年，他的那本《人类学：社会和文化领域中的理论实践》刚刚出版。他在前言中将其称作教科书，大多数中国读者也许认为这可能是一本可以便

---

❶ 艾盖尔提出的"熟悉的陌生者"这一概念，意在反思人类学研究过程中，将自己视作社区的陌生者需要考虑的诸多问题。比如民族志者是有关"他们"的故事的一部分吗？民族志者是谁？他们写作的民族志在何种程度上带有自身传记式的痕迹或者兴趣，以至于呈现出某种特定的形式？在作者看来，文化是一种共享的知识，民族志的研究和写作应该刻画出人类学家这一陌生者学习某种文化的过程。参见 Michael Agar, *The Professional Stranger: An Informal Introduction to Ethnography*, San Diego：The Academic Press, 2nd edition, 1996, pp. 4-8。

❷ 赫茨菲尔德2013年接受《中国社会科学报》采访时，谈到两种学术传统的差别。他认为，总的来说，尽管英、美、法三国都很重视社会和文化，但英国人类学家强调社会和秩序，而美国更强调符号和象征。见《中国社会科学报》第494期，2013年8月28日。

捷、迅速地补充人类学知识的教材，并且期待这本教材能够分门别类地涉及人类学各个研究领域，当然也包括各种概念的梳理和界定。此外，由于该书于 2001 年出版，其内容必定涉及近二十年人类学研究的前沿领域，因此这是最近"更新"并且不会很快"过时"的教材。我阅读此书时，也抱着同样的目的：一是要看人类学在哪些领域内进行延伸并具备了跨学科研究的能力（比如该书涉及的历史、经济、文学等领域）；二是要看人类学在当下或者后现代语境中的反思批判能力、问题意识和研究旨趣，以免自己的知识体系总停留在亲属关系一类概念上，而显得过于"陈旧"。

然而，当我和其他两位译者于 2002 年开始翻译此书时，才意识到它不仅仅是一部教科书，事实上还是以其他学科作为一种参照来反思人类学近半个世纪以来的理论与实践的著作。赫茨菲尔德以一种"理论即实践"的视角，重新厘清了民族志的研究和撰述在认识论层面的三个维度。分别是"经验的反思""理论即实践"以及"事实的虚构"，我认为这三个维度分别指向了民族志研究和撰述的依次演进的三个阶段。[1] 此书中文版由华夏出版社出版，2006 年中山大学和哈佛－燕京学社在广州召开"历史无边界"的人类学研讨会，赫茨菲尔德、贝斯特（Theodore Bestor）和傅高义都来参会，我也正好借此机会就《人类学》一书中的"民族志""社会诗学"等关键概念请教赫茨菲尔德，后来以访谈的形式发表在《文艺研究》上。[2] 此次会议之前我只读过他的《人类学》一书，对其他论

---

[1] 刘珩："民族志认识论的三个维度：兼评《什么是人类常识》"，载《中国社会科学》，2008 年第 2 期。

[2] 赫茨菲尔德、刘珩："民族志、小说、社会诗学：哈佛大学人类学教授迈克尔·赫茨菲尔德访谈录"，载《文艺研究》，2008 年第 2 期。

著知之甚少，尚未读过那本最为"理论化"的《文化亲密性》。现在回想起来，我们对西方人类学某些领域的"陌生"恐怕不是个人阅读视野的问题，而是普遍的学术取向或者"选择"的问题。多年以来，中国人类学界（至少对于民族学、人类学专业的学生而言）的阅读兴趣似乎只集中在两种类型的文本上，一是阐述学科基本概念的各种人类学"教材"，二是与中国问题相关的研究作品。当然还要再加上一些已经声名鹊起的人类学家的名著，对此类作品的阅读似乎有"追星"和赶时髦的意思。赫茨菲尔德是研究希腊的人类学家，他能"幸运"地进入中国读者的视野，看来应归功于他在21世纪初这个节点上写出了一部教材。

按照格尔茨（Clifford Geertz）对于未来世界的判断，人类学的作用就在于它将参与并致力于推动不同的社会界限（身份）——不同的族群、不同的宗教、不同的阶级、不同的性别、不同的语言、不同的种族——之间的交流和对话。❶ 全球化就如同一把双刃剑，在促进全球信息、资本、人员、品位乃至一套普世的价值体系流通的时候，也将持续不断地生成有着各种身份、各种文化记忆、各种宗教信仰的社会群体，以及相对"孤立"的地方社会。最终国家也不能成为通常意义上的社会容器，用来有效地规训或者主导这些群体的身份认同意识或者各种政治文化诉求。有鉴于此，赫茨菲尔德提出"文化亲密性"（cultural intimacy）这一概念，致力于在国家、社会以及制度之重叠互动的"裂隙"中去发现一种充满社会诗性的生活策略和知识。正是这种知识推动着不同群体之间的交流，使之熟悉彼此的话语，并最终达到消解文化隔阂的目的。显然，未来的

---

❶ Clifford Geertz, *Works and Lives: the Anthropologist as Author*, Stanford：Stanford University Press，1988, p. 150.

人类学和民族志撰述应致力于发现这种知识，使其成为人类文化自觉意识的重要成分。在这一意义上，文化亲密性作为本体，而国家只不过是其具象化过程中的一个方面。

《文化亲密性》一书事实上正力图在文化共识上消弭格尔茨所谓的不同群体的文化隔阂。此外，在我看来，这还是一本在现代民族国家这一社会容器中指导田野调查的"实用手册"，可作为人类学家田野调查的必读书。正如赫茨菲尔德所言，人类学家同样需要沉浸在这种文化亲密性之中，民族志的研究更像是一种有关文化亲密性的描写，自我与他者的经验被很好地并置在一起。正是由于对形成这种亲密性具有现实的指导意义，这部"最理论"同时也最为艰深晦涩的著作目前已经被翻译成 8 种语言出版，并且英文版连续出了三版。

赫茨菲尔德曾经说，对他产生直接影响的学者有维柯、布尔迪厄和吉登斯。对于吉登斯，赫茨菲尔德补充说仅限于他早期的作品。这显然是因为吉登斯 1997 年成为英国首相布莱尔的顾问之后，学术界对主动投向政界的学者所保持的一种警惕。维柯对赫茨菲尔德的影响是显而易见的，这位出生于 17 世纪后期的意大利历史哲学家的反启蒙意识自从被浪漫主义"发现"以来，他的人类学思想也受到学界的关注，并得以阐释。尽管维柯将各异教和原始民族与他所推崇的罗马人和罗马文明做了类似于人类学意义上的"他者"与"自我"的区分，但是维柯肯定各民族最初都遵循一种非理性、注重传统和习俗的实践方式，由此逐渐形成了共同意识以及共同心性，并构成了各民族共同的真理基础。他将这种真理基础称作诗性智慧，并认为诗性智慧是一切科学、理性、良知和知识的源泉。

显然，"他者"与"自我"的差异是客观存在的，观他而知我因此成为人类学探索的合法性基础。但是维柯并没有刻意突出这种差异，而是一再强调各民族共同的习俗（婚姻、财产与宗教）以及探索知识与真理的共同诗性智慧。以此为基础，维柯认为人类会普遍一致地向着永恒的历史演化和发展，关键就在于我们是否承认人类心性的一致。为了论证人类历史演化和复演的永恒一致性（亦即维柯所谓人类历史的诸神、英雄和人的时代的循环交替），维柯将自己的探索下降到各原始社会和各异教民族，开始了人类学意义上对"他者"的研究。他的研究涉及各种"野蛮"的习俗、语言、神话，各种比喻以及身体的体验（embodiment），旨在从经验和实证的角度，而不是从纯粹理性的推理和种种"虚骄讹见"式的玄想去洞见知识的真实样态，这几乎可以视作现代意义上的人类学的田野研究。

维柯在 18 世纪初的人类学实践为 20 世纪的人类学提供了太多想象的空间。从某种程度上而言，20 世纪的很多人类学理论只不过是对维柯诸多洞见的补充和延续，是对维柯人类学思想的再次"发现"和"证明"。维柯也就构成了包括赫茨菲尔德在内的很多西方人类学家学术思想的重要语境，甚至是灵感的源泉。赫茨菲尔德毫不掩饰他对维柯的推崇和喜爱，他曾经表示，很遗憾维柯的地位在当下并没有得到足够的重视，竟沦落到经常与笛卡儿相提并论的地步。

对维柯的推崇使得赫茨菲尔德相信，埃文斯 - 普理查德和列维 - 斯特劳斯事实上是"维柯主义者"，尽管他们可能并没有意识到这一点。在一篇分析《努尔人》和《忧郁的热带》是如何通过民族志的文本呈现事件和事实的文章中，赫茨菲尔德认为：这（《忧郁的热带》）是一次文本性的通过仪式，是一次试图挣脱自身文化束缚的不屈不挠的文化求索，并且是这一过程中的烦恼、不安和困惑的暗喻。正是在这一意义上，该书与维柯对于历史复演的探索和求证极其相似。这些不知疲倦的作者拒绝对个体或者集体经验加以字面意义的解读，他们将自己的学术努力集中在大众业已形成固定思考模式的静态的二元对立领域，比如艺术与科学、修辞与直白表达等。维柯发现清除语言中的诗性源头是完全不可能的，这一点从他对于历史事实的处理中就能发现。而列维－斯特劳斯则在充满异趣的热带经验中体会到要想摆脱个体和文化的自我也是不可能的。维柯在人情世故中观察到了一种永无休止的轮回和更替，而列维－斯特劳斯将他的亚马孙之旅象征性地表述为在文化差异中对不确定性的探索。对于维柯而言，每一个事件都有其潜在的复归（ricorso）历程；同样，对于列维－斯特劳斯而言，每一个旅程势必有返回的可能性。如同维柯意象化地再现了人类的心智从意象到暗喻，然后再从暗喻到直白和事实的认识过程——这也是《新科学》一书的组织结构，列维－斯特劳斯通过一次真实和复杂的通过仪式带领我们走进亚马孙，又踏上返程之旅。对于两位学者而言，理论和表述是如此紧密地结合在一起，彼此绝不能分割。这一对比是恰当的，如果我们肯定埃文斯－普理查德在阐释裂变型模式的时候既是一个涂尔干主义者也是一个维柯主义者的话。❶

　　维柯的影响在此显而易见。维柯认为，身体感官、情感体验永远在获取知识过程中处于第一位。他在诸多语文学和神话学意义上的考证也清楚地表明了这一点。知识和理性的获得不能将人的感受和经验一劳永逸地排除在外，只有表明自身理论实践的局限性和偶发性特点（就如同人类学家在田野过程中的任意和率性），才能获得某种"普遍性"。身体的实践与思想的表述是不能分开的（这是维柯反启蒙思想一个重要的依据），同样，诗性与科学是不能分开的，形式与理论也是不能分开的。总之，理论与实践是不能分开

---

❶　Michael Herzfeld, "Textual Form and Social Formation in Evans-Pritchard and Levi-Strauss," p. 58.

的，赫茨菲尔德将这一关系表达为"理论即实践"，并说自己将布尔迪厄的"实践理论"这一著名论断颠倒了过来。

同布尔迪厄一样，赫茨菲尔德认为理论和实践与结构和能动性／行为的关系极其相似。布尔迪厄强调实践理论更多的是要"发现所有客观研究界限的有效方式，将自己解放出来，不再囿于长期困惑的社会科学各个领域主观论与客观论二选一的定式，从而在结构和能动性之间建立起辩证的关系"。❶ 赫茨菲尔德则认为"民族志是一种理论实践，然而这一实践却是以实践理论为依据的，这一点如同所有的实践一样。普遍而言，理论实践贯穿着实践理论的原则，反映着实践理论的特点。理论和实践的关系在我看来绝对不是过去学术界普遍认为的学术理论和政治实践的简单二元论关系，实践和理论与能动性／行为和结构的关系极其相似。以理论实践为最终诉求的民族志的实践理论之所以有意义，是因为它在很大程度上等同于实践，因为人类学家的田野实践并不仅仅是同受访者一起工作，而是同受访者协作，共同阐释某一现象。在这一点上，只有人类学家才能在民族志的实践中最大限度地将理论与实践等同起来"。❷

布尔迪厄对于 20 世纪末的社会学、人类学界的影响和贡献是无比巨大的。他是社会决定论者，有人甚至将其视作涂尔干在 20 世纪的代言人。但他又不是一个极端的社会决定论者，他观察到了结构和能动性相互发生影响的过程和策略，从而对于人的主体性加以确认。他提出的惯习（habitus）这一概念，一方面说明社会和文化对人的行动和思考不断灌输，从而内化为一种生活方式，与此同时也不排斥人的主观能动性。社会处置（social dispositions）就是

---

❶ Pierre Bourdieu, *Outline of A Theory of Practice*, Cambridge: Cambridge University Press, 1977, p. 73.

❷ 赫茨菲尔德、刘珩："民族志、小说、社会诗学"，载《文艺研究》，2008 年第 2 期。

这样一个概念，它表明个体面对社会规范时的展演和交往策略（赫茨菲尔德将其称作"社会诗学"）。布尔迪厄与福柯一样都反对全然"自主的个体主义"，布尔迪厄更是将其视作新自由主义的核心概念而加以批判和抵制。但是在如何经验和实证地认识社会结构和能动性之关系这一层面，福柯提出的显然是更为宏大的哲学方案，而布尔迪厄则提出了诸多可具体操作的概念。除了最为经典的"惯习"和"处置"之外，还包括"社会资本""象征资本""知识的社会再生产"以及"体验"等，从而将社会和文化制度还原到真实的社会生活实践中，与某一群体对于文化地貌的设计和改造、生活方式和品位、象征资本的实际运用，以及身体所反映出来的政治权力关系等密切相关。布尔迪厄论述理论与实践的关系意在表明，任何社会和文化机制都不是超然客观的"给定性实在"，而是被承载这一文化的群体内化之后形成的种种惯习，是象征性地在这一群体的生活中来呈现的。

赫茨菲尔德在结构与能动性方面的思考显然是受到了布尔迪厄有关实践理论论点的影响，这一影响有两个方面。首先是理论与实践的关系，布尔迪厄强调实践理论更多的是要"发现所有客观研究界限的有效方式，将自己解放出来，不再囿于长期困惑的社会科学各个领域主观论与客观论二选一的定式，从而在结构和能动性之间建立起辩证的关系"。赫茨菲尔德则认为理论具有文化偶然性（culturally contingent）以及实用的短暂性（pragmatically evanescent）特点，而实践如同人类学和民族志的参与观察一样，也是一种象征体系，这样"二者就构成了可以互换的相对性特点"。赫茨菲尔德将布尔迪厄这一著名论断颠倒过来，并不是对这一论断的否定，而是强调人类学民族志撰述在阐释社会、自然和文化现象时，由于注重实践，并且真实、生动，所以具备了向其他领域延伸并展开评论的能力。此外，民族志调查过程中与受访者建立起来的新型关系，更增加了这门学科对"实践"进行考察的信心。这种信心并非空穴来风，民族志的实践性使得它在考察社会意识形态以及某些"不证自明"的常识对人的观念和行为所施加的影响时，也保证了地方社会不同意见、观点和批判在越发趋于单一性的全球化时代应有的立足之地。

其次是结构与能动性的关系。布尔迪厄所谓的能动性十分接近"惯习"这一概念，"惯习"既受制于其后的某种社会地位和符号力量的支配，也强调了能动者的主观性思维及由此带来的千变万化的实践方式。结构与能动性的关系催生了一种布尔迪厄称为"规范的即兴而作"（regulated improvisations）的生活艺术，❶ 也就是社会参与者在规范性之内的各种言辞和社会实践方式，比如针对制度的各种惯用的伎俩、抵制、利用和妥协。"规范的即兴而作"与赫茨菲尔德提出的"社会诗学"（social poetics）这一概念有异曲同工之处，社会诗学本质上也指社会参与者的实践方式和表述策略。也就是在社会结构这一形式（form）之内，对其进行种种改造（deform）的行为和策略。

当然，对于如何去把握"即兴而作"或者"诗性"的言辞和行为策略，并非笼统地诉诸长时期"浸入式"的田野调查那样简单。对于布尔迪厄而言，"场域"这一概念比社会语境更适合于考察种种具体的实践方式，因为场域较之语境更突出各种权力关系的错综复杂、相互之间的冲突和角力，在这一紧张关系的场域中个体的能动性毋庸置疑会更为充分地调动和展示出来。而赫茨菲尔德则认为"有担当的人类学"（engaged anthropology）更适合我们去接近大众

---

❶ Pierre Bourdieu, *Outline of A Theory of Practice*, pp. 72-78.

日常的各种"社会诗学"式的展演方式。"有担当的人类学"需要人类学家和受访者在"文化亲密性"这一层面建立一种休戚与共的关系。

显然，文化亲密性构成了赫茨菲尔德所有学术观点的理论框架，而"有担当的人类学"构成了行动或者实践的依据，二者互为参照，相互印证，颇有知行合一的意味。人类学家的担当或深度参与，尽管在"理性"和"中立"的社会科学学者眼中，未免太过激进，然而在赫茨菲尔德看来，这一方面是人类学的伦理使然，考验着人文学者的道义和良知；另一方面，"有担当"决定了社会和文化介入的深度，因此在一定程度上也决定着民族志研究的优劣高下。赫茨菲尔德人类学的学术轨迹大致印证了这一点，他在希腊、意大利、泰国等地的田野研究涉及的主题五花八门，有民俗、宗教、民族国家认同、文化遗产，但是万变不离其宗，所有的千差万别的实践都指向"文化亲密性"这一本体，它似乎构成了人类所有社会实践和交往的理据，同时也是我们理解人类各种行为的基础。人类学这门学科的终极意义或许正在于此，而最初的田野之行必须从"担当"开启，赫茨菲尔德近五十年的人类学生涯中，努力实践的正是这样一门有担当的人类学。

社会诗性：学术的传承与发展

人类学家的潜质

赫茨菲尔德移民家庭这一背景对他的早期影响表现在两个方面。一方面是古典知识的教养所形成的对考古学的兴趣，另一方面是模糊的文化身份逐步积淀而成的一种人类学意识。当然，对这种人类学意识的系统反思是在他成为人类学家之后。虽然他的父母都是来自德国的犹太难民，但是他的母亲在 1933 年逃离德国的时候已经获得了化学博士学位，这在当时对于一位女性而言实属罕见。他的父亲是一位成功的商人，从小就学习拉丁语并接受过良好的教育。总而言之，富足、教育层次高是这一移民家庭的特点，学习拉丁语、游历欧洲各国的历史遗迹、懂得欣赏意大利语演唱的歌剧，是他的家庭的生活方式。

此外，全家到国外出游除了观光之外，要做的无非是两件事情：一是品尝当地的食物，二是学着讲讲当地的语言。他父母相信，无论是什么语言，如果自己的子女能够学会两三门，那么将来的生活可能会更得心应手。据说，赫茨菲尔德学着讲的第一门外语是葡萄牙语，当时他还不到两岁，他们一家在葡萄牙餐馆就餐，年幼的赫茨菲尔德用葡萄牙语表达自己想多要点鱼。

对待食物的态度也同样重要，赫茨菲尔德的母亲一直教导孩子，当你试着吃一种从来没有吃过的东西的时候，千万不能说这种食物让人恶心，你只能说你不喜欢这种食物。所以，接触各种食物，就如同置身于各种不同的文化，绝不应该有恶心、憎恶的想法。赫茨菲尔德的母亲据说很喜欢中国菜，常带着孩子们去伦敦一家中餐馆吃饭，她希望以旅行、尝试不同的食物以及讲不同的语言让孩子们有机会去感受差异。她时常会嘲笑那些到国外旅游还随身带着熏鱼罐头的英国人。尽管大多数英国人习惯早餐配上熏鱼，但是赫茨菲尔德的母亲认为，既然到了国外，就应该去试试当地早餐的口味。尝试不同的食物事实上类似于一种人类学的适应性训练，进而适应不同的生活方式，学着接受不同的社会文化。赫茨菲尔德的好友、罗得岛大学的人类学家艾伦（Peter Allan）曾经调侃过赫茨菲尔德超强的适应性，说把他空降到世界任何一个地方，两小时后，你便会发现，赫茨菲尔德吃着当地的食物，已经怡然自得地同当地人打成一片了。❶ 人类学家的潜质在赫茨菲尔德看来似乎首先应该是一个"吃货"。

受到家庭的影响，赫茨菲尔德从小就学习拉丁语和古希腊语，这两种语言的学习是古典文化教育的重要部分，集中体现了包括英国在内的欧洲上层社会以古典文化为核心的自我身份认同。这种认同是西方的，更确切地说是欧洲的。拉丁语和古希腊语的学习为赫

---

❶ 见笔者与艾伦的访谈录音，2009 年 8 月 16 日访谈于美国罗得岛州新普罗维登斯（New Providence）。

茨菲尔德日后探索自身身份和文明的源头做好了铺垫，而考古学则是确认这一身份的实证工具。在欧洲人的观念中，地中海北岸的希腊就是文明的孕育之地，它作为古典社会的化身，不断激发着年幼的赫茨菲尔德的探索欲望，或者更多的是近乎痴迷的憧憬和想象。赫茨菲尔德童年随家人在葡萄牙、意大利和希腊等地游历，接触的多半是罗马斗兽场或者雅典卫城残垣断壁所凸显的古典文明的辉煌壮丽，这种接触当然不是人类学意义上的田野调查，不需要长时间和居于这些历史之地的现实生活中的人打交道。古代建筑是静止的，而人是流动的；建筑本身像音符一样是固定的、华美的，而人的生活则是喧嚣和芜杂的：二者构成了考古学和人类学形态上的分野。当然，对于年幼的赫茨菲尔德而言，他当时肯定体会不到这种区别，他的注意力必然全部集中在历史遗迹之上，而考古学则完全能够满足自己对于古典文明的想象。

1966 年，正是相信考古学与探究古典文明之间的重要关系，赫茨菲尔德中学毕业之后进入剑桥大学学习考古学。或许是选择考古学多少带有一些浪漫主义，而剑桥大学的考古学课程设置与这位青年的浪漫憧憬大相径庭，赫茨菲尔德学习考古学的热情一落千丈。尽管他在 1969 年拿到了剑桥大学考古学学士学位，但是他的考古学成绩一直很差。

在剑桥大学学习期间，据他自己回忆，因为成绩不好，有一位老师特别严厉地对他说，你自己需要多一点自律，我相信只有更严厉的约束才能对你起一点好的作用。老师对一个学习不认真的学生讲这番话的时候，可能并没有意识到其中的粗鲁，然而这番话对赫茨菲尔德的触动依然很大。他当时就反驳道，我下周一定会改进我的工作，但肯定不是用你教的方法。❶ 当然，在剑桥大学考古学系学习的一个收获是友谊，特别是与一大帮希腊学生的友谊。赫茨菲尔德与希腊学生交往似乎也是他人类学意识启蒙的标志之一。德国难民家庭的背景使得他在身份意识上一直处在一种模糊不清的状态，如果只能依照大英帝国的护照来决定自己的身份归属，这显然太过勉强。因为即便在英伦三岛内部也还存在着诸如爱尔兰、威尔士和苏格兰等不同的身份认同意识，更何况再加上德国犹太移民的背景，这一状况就更加复杂和细腻了。一方面，赫茨菲尔德不大认同英国公民的身份，除了他的家庭背景之外，特别是在剑桥大学这一典型的英国传统教育机制下所经历的诸多不愉快的经历，让他认识到自己同"他们"还是有差异的。另一方面，认同自己的犹太人身份吗？显然也不行，因为当时英国的犹太人中兴起的"犹太复国主义"（Zionism）让赫茨菲尔德感到不适和难以接受。然而生活当中怎么能够缺少朋友和友情呢？身份带来的困惑使得赫茨菲尔德同时从"英国的"和"犹太的"两种身份归属中游离出来，转而同希腊的同学打成一片。

显然，与剑桥大学的希腊同窗一起讲希腊语、四处游逛是那一段时间最值得怀念的经历。据当时同在剑桥大学学习的美国人类学家马库斯（George Marcus）回忆，他正是在那一时期邂逅赫茨菲尔德的，后者给他的印象是经常呼朋唤友，混迹于当地的希腊小饭馆中。❷ 赫茨菲尔德整天和希腊朋友混在一起，希腊语讲得越来越好，几乎与希腊人没有什么区别。临近毕业的时候，尽管他的考古学成绩依然没有起色，但是找个机会去希腊留学或是旅游看来是毕业之后一个不错的选择。

---

❶ 见访谈录音，笔者 2009 年 10 月 5 日于哈佛大学人类学系对迈克尔·赫茨菲尔德的访谈。

❷ 见复旦新浪博客，"When George Meets Michael：有关 Marcus—Herzfeld 复旦对谈的反思与断想"。

果然这个机会来了，赫茨菲尔德申请了一个希腊政府专门提供给英语国家学生的奖学金——拜伦奖学金。负责面试的委员会由四人组成，三位英国人、一位希腊人。英国人对自己的这一同胞兴趣不大，但是委员会中的那位希腊人却对赫茨菲尔德表现出浓厚的兴趣，同时也惊异于他太过地道的希腊语。最终，赫茨菲尔德拿到奖学金，赴希腊留学一年，并在1970年获得雅典大学希腊民俗学专业的硕士学位。

逝去的荣光、芜杂的现世

就这样，带着对西方文明源头的憧憬和向往，年轻的赫茨菲尔德来到希腊，就读于雅典大学希腊民俗学系。希腊大学中的院系，即便是民俗学系，也以传授"经典和正统"的民俗学理论和知识为主。民俗学的研究旨趣在正统的院校中主要是为了表明古典希腊的知识、智慧、传统和文明并没有中断，是一以贯之的。通过研究现存的各种民俗完全可以追溯到古希腊这一文明的源头，从而证明当下的希腊就是古希腊的传承和延续。总之，当下的民风民俗让希腊人得以窥见和想象古希腊逝去的光荣和传统。显然，希腊人背负着重塑西方"文明源头"这一重任，继承经典的德国、法国和英国的希腊民俗学研究，如履薄冰地延续着这一既传统又现代的事业。多年以后，赫茨菲尔德将后殖民时期希腊学界仍然无法摆脱西方殖民体系及思想的控制和影响，称作"隐性殖民主义"（crypto-colonialism）。不过，这是后话。

显然，对希腊传统与现世的整合，似乎只有运用人类学的方法才能完成。尽管当时在民俗学系学习的赫茨菲尔德还没有明确自己将来一定要学人类学，但是他已经困惑于民俗学经典表述与现实生活之间的巨大反差。为了寻求答案，赫茨菲尔德不会长时间地停留在民俗学领域。

事实上，赫茨菲尔德的困惑与当时整个希腊学界和社会的困惑别无二致，有同样的困惑当然成为人类学家的潜质之一，因为人类学家撰述民族志的任务就是呈现这种困惑及其形成的过程，而非解决问题和发现真理。❶ 现代希腊人背负着一个沉重的"西方文明发源地"的包袱，这一包袱是希腊现代民族国家建构过程中想象的产物，对于这一新兴的民族国家的建构起了非常关键的作用。然而，种种与"西方文明源头"格格不入且斑驳芜杂的社会现实（包括语言、身份、群体意识和行为实践），又使得这一国家深深陷入了"理想"与"现实"的困境之中，难以自拔。从某种程度上，希腊的现代性是通过西方古典文明这一观念来表述的，而诸多当下的事件以及社会事实（social realities），也必须借助古典文明来救赎和遮掩，以便重建当下与过去的联系，从而获得历史、社会和文化的延续性。这一恢宏的文化工程是摆在希腊历史学家、语言学家、民俗学家和考古学家面前的重大任务，他们必须为现代希腊建构起从柏拉图一直延续至今的历史，以维持这个国家在民族身份、文化传承、历史延续、思想统一等方面的完整性和纯洁性。

正是这样一个西方文明源头的包袱，使得整个希腊学界和社会在"泛希腊主义"的理想和"本土观念"的现实之间摇摆不定，这一两难处境在某种程度上造成了希腊社会、政治、身份表述等多方面的困境。如何弘扬逝去的荣光，同时对斑驳芜杂的现实加以遮掩和辩解，几乎左右了希腊所有学术研究的路径和民众的身份表述策略。对于同样困惑的赫茨菲尔德而言，如何从民俗学的研究之外来

---

❶ 刘珩："民族志认识论的三个维度"，载《中国社会科学》，2008 年第 2 期。

审视其自身的理论建构的方式，呈现学界和大众在理想与现实之间的困境，可能更有意义。尽管系统学习民俗学的时间仅仅一年，但是跳出这一圈子，以便对其保持观察和审视的距离，驱动着赫茨菲尔德向人类学靠近。

艾伦和坎贝尔

1970年，赫茨菲尔德获得了希腊民俗研究的硕士学位，人生再一次面临选择。此时，做一个人类学家的意识似乎越来越清晰，但是如何具体操作以便能够进入人类学这一研究领域同样需要有人指点。此时，赫茨菲尔德人类学生涯中的第一个关键人物艾伦登场了。艾伦如今是美国罗得岛州立大学的人类学教授，同时也是一名希腊研究的专家，整个20世纪70年代，他每年都会在希腊从事人类学的田野研究。两人在雅典大学求学期间相识，等到赫茨菲尔德毕业正在规划自己人类学事业的时候，他觉得应该去拜访已经在希腊从事人类学田野调查的艾伦。

在艾伦做田野调查的村子，两人见面了。赫茨菲尔德此时自然更像是一个民俗学者，因为这次见面中，他不但唱希腊民歌，还大跳希腊民族舞蹈，甚至一度将裤子跳破。❶ 唱民歌体现出来的音乐天赋在艾伦看来与赫茨菲尔德的语言天赋息息相关，因为赫茨菲尔德在那个时期已经熟练掌握了古希腊语、现代希腊语、克里特方言，还有几种连多数希腊人也未必能懂的方言。多年以后，一旦有机会和同样会说希腊语的艾伦见面，赫茨菲尔德都会在他面前大秀

---

❶ 见笔者与艾伦的访谈录音，2009年8月16日访谈于美国罗得岛州新普罗维登斯。

各式各样的希腊语，直到将艾伦说晕为止。艾伦对赫茨菲尔德不变的印象因此得以形成，那就是好胜心太强。❶

艾伦建议赫茨菲尔德去联系当时最著名的研究希腊的人类学家，也就是后来赫茨菲尔德的导师坎贝尔（John Campbell）。对于艾伦这一建议，赫茨菲尔德心中很没底，因为他担心糟糕的本科成绩会影响坎贝尔对自己的看法。恰好当时在塞浦路斯要开一个小型的人类学研讨会，坎贝尔也将参加，艾伦认为这是一个很好的机会，他建议赫茨菲尔德也来参会，顺便与坎贝尔聊一聊。这一次会议显然是赫茨菲尔德学术生涯的一个转折点，因为在这之后，坎贝尔对赫茨菲尔德印象深刻，有意将其招入门下。显然，像坎贝尔这样的人类学导师必须具备一种品质，就是能看到学生身上的人类学家潜质，而不是考试成绩。多年以后，赫茨菲尔德在人类学领域的成就证明坎贝尔当年没有看走眼。据赫茨菲尔德回忆，2008 年，坎贝尔的诸多弟子聚在一起，为坎贝尔纪念文集的出版举行庆祝仪式。当赫茨菲尔德来到老师家的花园时，坎贝尔面带微笑对他说："迈克尔，正是因为你，我才不致湮没无闻（you save me from oblivion）。"❷

---

❶ 见笔者与艾伦的访谈录音，2009 年 8 月 16 日访谈于美国罗得岛州新普罗维登斯。

❷ 2009 年，坎贝尔辞世，赫茨菲尔德在《美国人类学家》杂志发表纪念文章，谈到这一事情的经过。坎贝尔的性格决定他不会在学界大肆宣扬自己的著作，他也从来没有认为自己是一个了不起的理论家。这些因素无疑使得其作品的学术贡献不会很快被认知。赫茨菲尔德为这本纪念文集所写文章的标题是"作为理论家的民族志者"，他认为历史深度以及对希腊语的熟练掌握，再加上简洁的语言以及埃文斯－普理查德的学生们一贯具有的民族志研究非凡的学术洞察力，都体现在坎贝尔的著作之中。坎贝尔的学术研究表明，历史叙述完全可以挣脱民族主义以及大人物、大事件的束缚。在这一意义上，赫茨菲尔德认为他的老师是一位真正的跨越史学和人类学的学者。参见 Michael Herzfeld，"Obituaries，"*American Anthropologist*，2010，Vol. 112. Issue 3，pp. 497-500。

当然，我们仍然感到好奇的是，究竟赫茨菲尔德身上何种素质让坎贝尔印象深刻。根据艾伦的看法，一是赫茨菲尔德学习人类学的愿望特别真诚，二是他地道的希腊语。据说在那次会议上，赫茨菲尔德问了很多很好的问题，参与了大量的讨论，从此开始了与坎贝尔亦师亦友的关系。然而对于此前从未接触过人类学的赫茨菲尔德而言，这次会议让他深有感触的是有这么多人富有见地并且机智敏锐地探讨问题，不知道自己什么时候也能像他们一样观点独到、滔滔不绝。这次会议的另一收获是结识了很多人类学的同道中人，有些后来成为他的老师。这次会议在赫茨菲尔德看来是他的学术生涯中一个重要的转折点，此前他像一个踽踽独行的人，在黑暗的树林中摸索前进。这次会议如同一束光亮，引导他走入了人类学的殿堂。❶

当然，很多年以后再次回忆起在剑桥大学的学习经历还是有很多让人悔恨不已之处，因为当时他并不清楚未来的学术道路，在考古学系学习的赫茨菲尔德，事实上几乎没有受到任何剑桥大学人类学系的熏陶和影响，这难免让人遗憾。赫茨菲尔德在剑桥的时候只是偶尔去听过福蒂斯（Meyer Fortes）的几次讲座，更让人遗憾的是，他也没有结识当时在剑桥大学人类学系授课的谭比亚（Stanley J. Tambiah），而谭比亚后来成为他在哈佛大学人类学系的同事。就连剑桥大名鼎鼎的人类学家利奇（Edmund Leach），也是他到了美国之后才有了最初的交往。

艾伦作为一个研究希腊的人类学家，对作为同行的赫茨菲尔德有过这样的评价：首先，赫茨菲尔德在学术上的一个重要贡献在于帮助改变了欧洲人类学的状况，使得这一领域更多地被学界和公众

---

❶ 见访谈录音，2009 年 4 月 20 日于哈佛－燕京学社对赫茨菲尔德的访谈。

承认和接受，人类学研究的"合法性"地位得到提升。在四五十年以前，当艾伦和赫茨菲尔德这一批学者刚刚进入欧洲人类学这一研究领域的时候，欧洲在大众看来根本不是人类学家该去的地方。他们该去的地方是非洲草原、太平洋上的孤岛、缅甸的高地或是亚马孙的丛林。在公众眼中，去往这些地方的人才算是"真正"的人类学家。而这些"真正"的人类学家聚在一起的时候，也会谈论起自己在"原始部落"中的种种冒险经历，甚至连染上的疾病（比如疟疾等）都必须充满"异趣"。在当时，要是有谁提出去希腊做田野调查，人们马上会觉得这无疑是想拿着钱到希腊海滩晒太阳。然而，赫茨菲尔德以自己的研究帮助改变了这一现状。之后从事欧洲人类学研究的学者的作品变得更容易出版了，找到工作的机会也更多了。❶

赫茨菲尔德对欧洲人类学的第二个贡献在艾伦看来是他那本被引用最多，同时也最理论化的著作《文化亲密性》。即便没有在欧洲从事过人类学研究的学者也大量引用此书中的观点，"文化亲密性"这一概念以自己的方式进入了整个人类学的研究领域，已经超越了任何地域性的人类学研究，在不同的研究语境下同样游刃有余。这一概念对自身研究语境的超越，事实上也意味着欧洲人类学的一种超越，一种对于自身学术边缘性的超越。❷此前长期左右人类学界的是来自非洲、大洋洲等区域的概念或术语体系，如今，欧洲人类学界也开始贡献诸多"本土"的概念，而赫茨菲尔德无疑是其中最为重要的学者之一。《文化亲密性》❸在本书写作的时候已经

---

❶ 见笔者与艾伦的访谈录音，2009 年 8 月 16 日访谈于美国罗得岛州新普罗维登斯。

❷ 见笔者与艾伦的访谈录音，2009 年 8 月 16 日访谈于美国罗得岛州新普罗维登斯。

❸ 此书的中文译本已于 2019 年出版，书名中译为《文化亲昵》，然而"文化亲密性"在此书中文版出版之前便已通用，故本书保留"文化亲密性"这一译名。

由复旦大学的纳日碧力戈老师领衔翻译，翻译此书的目的倒不是因为会有很多中国学者对希腊的人类学感兴趣，而是"文化亲密性"概念所具有的普遍意义，对于中国人类学研究可能同样具有重要的参考价值。

牛津的人类学家

1971 年，塞浦路斯的会议结束之后，赫茨菲尔德打定主意要去牛津大学跟着坎贝尔学习人类学。进入牛津之前，他在伯明翰大学希腊与罗马研究院又拿了一个文学硕士学位，这一时期研究的重点还是与民俗学和文学相关。该学院的两位学者，给赫茨菲尔德留下很深的印象。斯比利达克斯（George K. Spiridakis）讲授希腊民俗的学术研究状况，阿莱克修（Margaret B. Alexiou）讲授中世纪和现代希腊的文学语境。这些课程事实上仍然在帮助赫茨菲尔德延续对希腊古典语言和文学的兴趣。1972 年，拿到两个硕士学位的赫茨菲尔德在进入牛津之前还是遇到了一点小小的挫折。

当赫茨菲尔德找到坎贝尔的时候，坎贝尔也没有把握牛津能录取他攻读博士学位。这主要是因为，首先赫茨菲尔德的本科成绩不太理想，其次他拿到的希腊语言文学研究的学位应该算是一种教育上普遍意义的学历，还不能算作受过专门的人类学学科训练，因此坎贝尔建议赫茨菲尔德不一定非要到牛津学习人类学。事实上除了牛津大学之外，当时的英国还有另外三所大学的人类学学科同样出类拔萃，分别是剑桥、伦敦政经学院以及曼彻斯特大学。坎贝尔建议赫茨菲尔德可以到这三所大学试一试。但赫茨菲尔德还是铁了心要进牛津，因为他希望坎贝尔能成为自己的导师。最终，赫茨菲尔德还是申请了牛津大学的人类学专业，并且被录取了。这是他学术生涯中的又一个重要的转折点，在牛津，赫茨菲尔德突然意识到，他正在做一件自己十分钟爱的事业，因此必须抓住这个机会，发奋努力，把它做好。

坎贝尔事实上更像是一位历史学家，他的教职在历史学系，而非人类学系，他的学生有一半学历史、一半学人类学。赫茨菲尔德申请的是人类学专业，而他就读期间，坎贝尔时常在外做田野调查，所以，他的社会人类学学业是由很多人来指导的。印度裔的牛津学者杰因（Ravindra K. Jain）主要讲授人类学有关口头传统的研究，此人和蔼亲切，从不对学生说自己赞同或者反对他们的观点，但总会从一大蓬胡子后面嘟哝出一些极富启发性的问题。学位资格考试之前，杰因都要邀请学生到家里做客，而他的太太则会烹饪印度菜肴款待大家，学生们一面吃，一面喝啤酒，酒足饭饱之后摇摇晃晃地回宿舍。或许是因为考前营造的轻松氛围，每个学生最后都能得到高分。杰因与学生的相处之道潜移默化地影响了赫茨菲尔德，他自己成为老师以后，也经常款待学生，无论是在咖啡馆喝杯咖啡，还是在哈佛建筑学院的餐厅吃顿快餐，当然可能很多人更难忘的是他在自己家做的川菜，随着嗞啦一声辣椒爆锅，屋里瞬间升腾而起的辣味让众人咳成一片。

在坎贝尔结束长时间的田野研究返回牛津之前，弗里德曼（Maurice Freedman）在赫茨菲尔德通过学位资格考试后的第一个学期主动担任了他学业的导师。坎贝尔回到牛津之后，他和杰因一起指导赫茨菲尔德的学业和毕业论文，杰因的专长是口头传统研究，而坎贝尔则将赫茨菲尔德带上了一条民族志的道路，用来研究复杂细腻的希腊社会。

尽管当时牛津人类学的代表人物埃文斯－普理查德的田野之地

在非洲，但随着埃文斯－普理查德的学生比如坎贝尔等学者获得牛津的教职，牛津的人类学也面临着一次朝向欧洲研究的转型。欧洲人类学研究始于"二战"后期，最初有着极强的意识形态痕迹，主要是为了搞清楚，为什么在一些欧洲的"边缘"地区——比如南欧国家——还存在着西方民主价值的"异类"，从而成为滋生法西斯主义的温床。此外，南欧一些"落后"地区的经济发展、"农民"社会的都市化以及文化转型也都成为普遍关注的问题。而人类学无疑在这些"边缘""异类""落后"或面临"文化转型"的区域更有用武之地。既然政府愿意给人类学家提供经费，后者也没有拒绝的理由。

到了 20 世纪六七十年代，第二阶段的欧洲人类学提出了地中海文化区域研究的概念和范式，即地中海区域的"荣誉和耻辱"并重的文化价值观念被提出和讨论。有关荣誉或声誉的研究本来是一个普遍性的问题，但是地中海区域的价值观念的相关研究却有一个坚实的基础和对象，那就是小型社区中建立在面对面的人际关系基础之上的社会体系，对于地方性社会的研究无疑又是人类学擅长的领域。但是这一时期的人类学的抱负并不仅仅局限在小型社区之中，人类学家力图通过对小型社区的研究，再加上相应的文献梳理和追溯，来说明西欧某些文化价值观念能够在欧洲的一些小型和边缘地区得到印证，后者无疑就是前者的"活化石"。通过对活化石的考察无疑能更好地了解西欧自身。❶ 显然，欧洲人类学的研究与经典人类学的"观他而知我"的信条并不相悖。埃文斯－普理查德对这一转变持欢迎的态度，他在为皮特－里弗斯（Pitt-Rivers）1954

---

❶ Victoria A. Goddard, Josep R. Llobera, and Cris Shore ed., *The Anthropology of Europe: Identity and Boundaries in Conflict*, Oxford: Berg, 1994, p. 6.

第 1 章　社会诗性：学术的传承与发展　**027**

年出版的《希亚拉的人们》一书所写的序言中，称赞皮特－里弗斯在任何意义上都是牛津之子，是一位真正的牛津人类学家。因为在埃文斯－普理查德看来，皮特－里弗斯的研究表明，那些曾经在原始社会的研究中被成功运用的方法和概念，同样可以用来卓有成效地研究我们自己的文明和社会生活。此外，皮特－里弗斯的观察对象是真实的大众，而不是依靠一些统计图表和文献来获取信息。[1] 这一点显然让埃文斯－普理查德有理由相信，"通过这种具体而微的人类学的方法所获得的一种历史意识和社会生活的观念，足以让人类学家在'大型社会'和历史的研究上，与社会学家和历史学家比肩而立"。[2]

事实上，在当时包括牛津在内的欧洲人类学界，大都将目光转向被冠以"荣誉与耻辱"并重的地中海区域研究之中，只不过众多的欧洲学者把考察的目光越过了南欧，在同属这一文化和思维模式的北非一带从事田野调查，而欧洲人类学研究也被划入这一区域研究之内。1966 年，由佩里斯提亚尼（J. G. Peristiany）编辑出版的《荣誉与耻辱：地中海社会的价值观念》一书不但收录了坎贝尔的文章，也收录了布尔迪厄的文章，而后者也论述了"荣誉与耻辱"观念对于人类学研究的意义。布尔迪厄认为在一个需要面对面交流的亲属群体和乡村社区内部，友谊和互助成为一种重要的荣誉观念，构成了人与人之间不论是公共还是私密空间中的交往氛围。这一荣誉的价值体系正好构成了卡拜尔人政治秩序的基础，即社会的诸多规则并不以强制的约束力的形式出现，因为这些规则使得个体的情感成为可以实实在在感受的对象，传统与习俗就在现实生活中被鲜

---

[1] Julian Pitt-Rivers, *The People of The Sierra*, Chicago：University of Chicago Press, 1961, preface ix.

[2] Julian Pitt-Rivers, *The People of The Sierra*, preface x.

活地延续下来。❶

　　尽管地中海的区域研究在后殖民语境下得以蓬勃开展，但也面临很多问题。同时期在地中海区域开展人类学研究的牛津人类学家戴维斯（John Davis）在其所著的《地中海的人们》一书中，认为从事地中海研究的人类学家往往有一种矛盾、焦虑甚至自卑的心情。同那些在非洲和新几内亚从事田野调查的人类学家相比，他们就在自己的家门口进行调查，似乎也就缺少"文化休克"的经历，而这些却被认为是人类学的必备条件。❷同时期在希腊做田野调查的美国人类学家艾伦也提到当时所有人类学家都面临这一问题，这已经成为当时从事地中海区域研究的人类学家必须克服的"情感"因素。此外，戴维斯还提到地中海人类学研究方法论层面的问题，即从事地中海研究的人类学家没有展开比较研究，对一些文化的变迁形式也缺乏相应的理论假设。此外，他们的社区调查缺乏历史的延续性，也就是缺乏历史的关照或语境。❸

　　正是在这样的欧洲人类学研究的语境之下，赫茨菲尔德进入牛津大学人类学系，此时的地中海区域的研究正如火如荼地开展着，

---

❶ Pierre Bourdieu, "The Sentiment of Honour in Kabyle Society," Translated by Philip Sherrard, in J.G. Peristiany, ed., *Honour and Shame: The Values of Mediterranean Society*, Chicago: the University of Chicago Press, 1966, pp. 228-230. 事实上，荣誉的观念作为情感的重要部分，自然也是能动性的重要元素，荣誉观念与制度和社会结构之间充满弹性的互动方式，是否就是日后布尔迪厄"实践理论"以及"规范的即兴而作"等概念的直接来源，是一个很有意思的问题。事实上，地中海的区域研究并不仅仅局限在欧洲人类学界，同时也吸引了大洋彼岸的人类学家的参与。他们中的代表人物当数格尔茨，而拉比诺（Paul Rabinow）、克莱潘扎诺（Vincent Crapanzano）以及杜伊尔（Kevin Dwyer）等人在摩洛哥的田野调查以及撰述的相关民族志也可以看作这一区域研究传统的延续。

❷ John Davis, *People of the Mediterranean: An Essay in Comparative Social Anthropology*, London: Routledge & K. Paul, 1977, p. 7.

❸ John Davis, *People of the Mediterranean: An Essay in Comparative Social Anthropology*, pp. 4-5.

德高望重的埃文斯－普理查德对此也持积极和鼓励的态度。这对于能讲一口流利的希腊语，并且已经获得两个希腊研究硕士学位的赫茨菲尔德而言，从事地中海区域的研究成为一种必然，他早期的人类学生涯也必然是牛津人类学欧洲研究传统的延续。

1972年赫茨菲尔德来到牛津的时候，埃文斯－普理查德年事已高，年轻的学生很少有机会能见到他本人。不过赫茨菲尔德倒确实找了个机会见到这位祖师爷，这次见面是因为赫茨菲尔德写了一篇论文，对埃文斯－普理查德的一些观点或者概念加以质疑，而后者听闻之后将他招来当面训斥了一顿。这次见面之后，埃文斯－普理查德于1973年去世了。但是牛津的学术传统却以一种"社会诗性"的方式得以传承和延续。具体而言，坎贝尔将他的老师埃文斯－普理查德有关非洲社会的研究范式转变（deform）之后灵活运用到自己的欧洲人类学研究领域中，而赫茨菲尔德则将其师坎贝尔的方法和概念又一次加以转变，运用到自己的研究语境之中。这种学术的传承关系类似于一种理论与实践、社会结构与能动性的关系。无论是受过系统学术制度规训、之后从事田野研究的人类学家，还是处于社会结构之中的日常生活的实践者，都必须灵活处理这样一种关系。这种在实践中感知、呈现、表述制度或结构的策略就是"社会诗性"。

在这一意义上，人类学家与其访谈对象并无本质的不同。希腊这一欧洲历史和文明的"源头"以及现实政治中的"边缘"地位所产生的一种模糊的生存意识，自然让人类学家更能感同身受。赫茨菲尔德后来写道，"希腊的民众纠结于希腊这一身份的矛盾和焦虑之中，而我同样也纠结于人类学家这一身份带来的诸多困惑，因为任何用于学术阐释的理论框架在千变万化的现实生活中只是如同县花一现"。❶ 因此，好的民族志本质上与民众日常生活中的实践逻辑和生存策略并无不同，二者同样短暂易变，都充满太多的焦虑和模糊性，都是社会参与者（无论是人类学家还是资讯人）"社会诗性"的体现。

"社会诗性"与学术传承

简单而言，"社会诗性"就是一种将形式（form）策略性地加以转变或改造的能力。对于埃文斯－普理查德这种老派的英国人类学家而言，他们的人类学分析的对象必须是相对"静止"的社区，社区之内的生产、仪式、巫术等制度相互作用，构成了一种功能性和整体性的社区观念。可是对于在希腊伊庇鲁斯地区调查一支名为萨拉卡赞（Sarakatsan）的半游牧民族的坎贝尔而言，这样的族群一年中有一半的时间在四处放牧、居无定所，没有权力机关和有效的组织结构，缺乏传统研究中社区的"内聚力"，因此很难符合人类学意义上的"社区"概念。所以，坎贝尔面临的问题就是如何赋予自己的研究以经典的社区的意义。他认为，萨拉卡赞人的聚居形式作为一种社区的"裂变"形式，还是界定了一个社会空间，在这一空间中人们共享特定的价值观念（"荣誉与耻辱"），包括在家庭和亲属中如何正确行事，以及如何展示与性别相关的道德观念来守护家庭的荣誉。正是这种在力量、财富以及荣誉上的相互竞争才使得对立的家庭或是相关的群体以一种一贯的、规范的方式彼此联系在一起。❷

❶ Michael Herzfeld, *Anthropology Through the Looking-glass: Critical Ethnography in the Margins of Europe*, Cambridge: Cambridge University Press, 1987, preface x.

❷ John Kennedy Campbell, *Honour, Family and Patronage: A Study of Institutions and Moral Values in A Greek Mountain Community*, Oxford: Clarendon Press, 1964, p. 9.

赫茨菲尔德在其早期的文章中已经意识到了埃文斯－普理查德和坎贝尔之间的这种学术传承关系。在他早年调查的希腊东南部罗德岛（Rhodes）一个叫作培夫科（Pefko）的村子里，一种叫作"凶眼"（evil eye）的社区符号体系或者道德评价体系同样构成了一个重要的社会空间。"凶眼"构成的相互评价体系将社区内部围绕荣誉和声望的竞争关系凸显出来，然而这些价值观念在造成彼此竞争的紧张关系的同时，也构成了一种共同的话语空间。从结构功能的视角而言，它们形成了一种社会秩序，从而也是对埃文斯－普理查德有关努尔人裂变型亲属体系研究的一种回应，非洲部落社会的各种世仇，既对立又融合的过程在希腊的这些社区同样存在。❶ 显然，裂变型社会仍然是社区研究的一个重要概念，至少可以算是牛津人类学的一个重要的学术传统。在经典的"部落社会"研究中，既冲突又融合的社会过程，至少构成了一个个相对独立的"道德社区"。道德社区的裂变型特征就在于它们可以独自作为一个个"微观的世界"（mirocosm），从中折射出大的社会实体的思想观念、政治经济形态和话语权力机制，人类学社区调查的合法性和活力就来源于此。而这种学术传统，也一直是赫茨菲尔德从事田野调查和人类学研究的方向。

裂变（segmentation）本来是埃文斯－普理查德用来描述以父系亲属关系为核心的一种群体的聚合形式。群体之间纷争不断，但同时又能够依靠某种价值观念彼此协作、相互认同，并且联结成一个个不同规模的"道德社区"。这些道德社区相对于更高层面的社会实体而言，仍然呈现出一种裂变和纷争的形态。但是它们通向更大的

---

❶ Herzfeld Michael, "Meaning and Morality: A Semiotic Approach to Evil Eye Accusations in A Greek Village," *American Ethnologist*, 1981, Vol. 8（3）, pp. 560-574.

"道德社区"的社会过程却不是封闭的，总是充满各种协商和妥协的机制与可能性。因此，纷争和协作是这些裂变型社会的常态。可是如果将埃文斯－普理查德的"裂变"放在现代的语境之中去考察，可以明显地发现以下几个问题：首先，由于缺少一个民族国家语境（至少是一套话语体系）的参照，我们并不清楚，这些非洲"部落"社会的裂变型父系群体内部又隐含着何种与民族主义互动的逻辑或者观念。其次，这些裂变型团体中的社会参与者又是通过何种实践的策略来展现不同层级的"裂变型"社会成员所特有的身份意识。也就是说，相对于社会结构，他们的叙事能力或者能动意识何在？

1985 年发表的《成人诗学》就是对上述问题的思考，也是对经典人类学社区研究的继承和发展。赫茨菲尔德延续了传统人类学对单个社区以及相对封闭社区的研究传统，但是与以往的社区研究不同的是，他主要考察了地方社区与包括国家在内的各种外在的社会实体在意识形态、政治以及历史等层面的联系。❶ 赫茨菲尔德一方面并不否认包括坎贝尔甚至埃文斯－普理查德对于希腊人类学社区研究的重要作用，但是另一方面他也强调自己的社区研究不会过于关注社会组织的各种机制，而是着重考察言辞（rhetoric）和话语（discourse）以何种媒介的方式，将地方性社区和各种更大的实体调和在一起。❷

当时对希腊人类学的批判主要集中在社区研究上，批评者大多认为人类学家所研究的希腊社区几乎地处边缘，自身毫无特色可言。也就是说，这些社区研究无助于我们获得民族主义以及民族国

---

❶ Michael Herzfeld, *The Poetics of Manhood: Contest and Identity in A Cretan Mountain Village*, Princeton: Princeton University Press, 1985, preface xvi.

❷ Michael Herzfeld, *The Poetics of Manhood: Contest and Identity in A Cretan Mountain Village*, preface xvi.

家建构的相关知识，同样也无助于我们获得一个较为宏阔的历史视野。然而赫茨菲尔德的看法却截然不同，他认为恰恰是这些小型社区在整个民族的程式化形象建构中发挥了关键的作用，它们往往作为整个希腊集体自我表象（self-image）的核心，向外部的世界加以展示。❶ 因此，这些小型社区事实上与包括民族国家在内的更大的实体之间是一种同中心的关系。如果说，贯穿这一中心，将不同的裂变型群体联系在一起的是一种延展后的父系亲属关系，或者如同地中海区域研究之中被普遍遵循的"荣誉与耻辱"的价值观念，那么这些"道德社区"随着民族国家话语建构、改造以及权力的深入，将会出现两种话语体系或道德观念平行运作的形式。民族国家的权力深入这些道德社区唯一有效的方式就是借助亲属关系及其各种意象和隐喻，将"血缘""同胞""祖国母亲"等隐喻嫁接在一套现代民族主义的话语之上。而这些"裂变型"社区在培养民族国家的忠诚意识的过程中，也必须通过这套最初由父系亲属关系培养出来的忠诚意识和道德观念来感知和体认民族国家的存在，并最终将自己打造成合格的"公民"。因此，小型社区的研究为我们提供了一条自下而上的研究民族主义的人类学路径。显然，埃文斯－普理查德的"裂变型"社会结构与坎贝尔的"荣誉与耻辱"并重的社区研究在赫茨菲尔德的民族志作品中，第一次与民族主义话语建立起了诸多平行的、通过实证研究能够加以印证的关系，这既是一种学术传承，也是一种超越。

《荣誉、家庭和庇护制》VS《成人诗学》

《荣誉、家庭和庇护制》是坎贝尔的代表作，他研究的对象是

---

❶ Michael Herzfeld, *The Poetics of Manhood: Contest and Identity in A Cretan Mountain Village*, p. 152.

希腊西北部伊庇鲁斯高地的半游牧群体萨拉卡赞。《成人诗学》在我看来是赫茨菲尔德有关希腊最为经典和传统的民族志，研究的对象是克里特高地的半游牧群体。坎贝尔的作品将姻亲、父系亲属、家庭、乡村以及庇护制度等各种社会机制整合在"荣誉与耻辱"这一价值观念之中，以说明这一"道德社区"建构的过程。而《成人诗学》正如赫茨菲尔德所言，重点并不关注各种社会制度，而是着重考察当地人讲故事或者叙述某个事件的时候所运用的修辞策略和话语形式。正是这样一种对社区研究截然不同的认识，使得师徒二人在描述这两支半游牧群体都存在的"相互窃羊"现象时，采用了截然不同的考察视角和叙述策略。

希腊山地半游牧群体相互盗窃牲畜（主要是羊）可以说是一个传统习俗，这样的行为通常发生在相互仇视或者毫无关系的家庭之间。坎贝尔对"相互窃羊"的分析，主要是为了说明毫无关系的家庭或者父系亲属群体之间的一种交往方式。他们通过一种类似于礼物馈赠般的"盗窃"将彼此联系在一起，从而形成一种"盗窃—报复"（theft-retaliation）的互惠圈子来维护各自的声望、财富和荣誉，并在这一道德社区的空间中将毫无关系的家庭和父系群体团结起来。事实上，不同家庭和群体之间所缔结而成的同盟关系最初都始于相互盗窃，按照当地人的说法就是"我们偷盗是为了交朋友"，颇有点不打不相识的味道。

坎贝尔对"相互窃羊"的描述是以一个全知全能的观察者的视角写出，并且"窃羊"的场景在表述上已经进行了普遍意义上的加工和修饰，使得另外一种文化背景的读者仍然能够清晰、准确地了解这一现象。坎贝尔写道，一般意义上的"窃羊"是一次小规模的冒险行动，要么一人独自完成，要么约上一两个互相信任的亲戚。冒险队的目标是盗窃一个陌生人的一两只羊，得手后迅速将所偷之羊扛回村子。羊被立刻宰杀、烧烤，然后分食，以此来销毁盗窃的证据。父系以及旁系亲属之间通常不会互相盗窃，并且在村落附近草场上的羊群也不能偷，因为人们普遍意识到，如果两个相邻的群体卷入了无休止的盗窃和反盗窃的循环之中，牧羊业将遭受极大的损害。❶ 坎贝尔描述的另外一种盗窃行为规模要大得多，团伙通常由四五名亲戚组成，乘着夜色，开着卡车跑到很远的地方。他们一次窃羊的数量有时高达 50 只，得手后会沿着一条事先精确计划好的路线，将羊运到干涸的河床或者森林的空地加以分发，一部分直接送去屠宰场，一部分分给参与盗窃的团伙成员，一部分则送给住在远处的亲戚。❷

　　显然，在这样的民族志中，作者必须尽可能准确地掌握各种数字，比如参与偷盗的人数，不同规模的团伙所窃之羊的确切数量等。此外，羊在何处分发，在何处屠宰，羊耳朵上的标记如何处理等一系列问题都需要定量的分析和研究。这也是为什么赫茨菲尔德在从事希腊半游牧群体的田野研究时，坎贝尔不停地嘱咐他一定要搞清楚他们每次都偷了多少只羊。

　　但是赫茨菲尔德似乎从一开始就对这种定量研究抱有顾虑。坎贝尔一直对他说，你的研究太注重语言分析，像语言学研究，我们一定要多注意每次盗窃之羊的确切数字。赫茨菲尔德却有自己的看法，他认为人类学家来到这群牧人中间，直接问他们盗窃了多少只羊，是在什么时间、什么地点，羊肉如何处理等问题，恐怕只会令他们心生疑窦、不愿回答。然而，如果让他们讲一讲盗窃的故事，

❶ John Kennedg Campbell, *Honour, Family and Patronage: A Study of Institutions and Moral Values in A Greek Mountain Community*, pp. 206-207.

❷ John Kennedg Campbell, *Honour, Family and Patronage: A Study of Institutions and Moral Values in A Greek Mountain Community*, p. 208.

他们一定会说得绘声绘色、生动形象。此时人类学家需要注意的是他们的言辞策略，以及使用某个具体词语时的细微差异，陈述时可能出现的前后矛盾、意义模糊之处等。此外，克里特高地的牧羊人可能最初不愿意谈及自己参与的盗窃，他们往往兴致盎然地说一些与盗窃有关的经典笑话或者"段子"，这些"段子"似乎平淡无奇，多是些陈词滥调。然而正是这些笑话语言上的细节"真实"地呈现了"相互窃羊"所建构的意义的世界和道德的世界。

克里特山区牧羊人中流传甚广的有关盗窃的段子有两个，其中一个是这么说的：

> 很久以前，耶稣穿着牧羊人的靴子来到他们放羊的山地，他碰到一个牧羊人，就跟他打招呼说，"祝你健康，伙计"。
>
> 牧羊人对耶稣说，"欢迎，伙计"。
>
> 他们俩就在山地上见面了，耶稣告诉他自己是谁。耶稣问他，"你有什么不满意的地方吗？小伙子，就在附近？你有什么不满吗？你生活得好吗？所有的事情都还顺利吧？"
>
> 牧羊人说，"什么，我有什么可以满意的事情呢？你给我们的地方到处都是石头，我们生活都困难，我们困难重重。而你却把所有的土壤都放到平原（指伊拉克利翁）"。
>
> 耶稣说，"小伙子，我把土壤放在那儿，把石头放在这儿，因此平原的人必须工作，而你们必须吃"。❶

"吃"通常意义上传递出的一个信息就是富足。"吃"常常还是"偷盗"的隐喻，在有关牲畜盗窃的叙述中，"吃"在道德上的是非

---

❶ Michael Herzfeld, *The Poetics of Manhood: Contest and Identity in A Cretan Mountain Village*, p. 40.

之间、在偷盗与消费之间创造了一种模糊的含义。在任何针对富足的抢劫和盗窃的描述中，"吃"凸显出的一个重要意义就是某种理想的互惠模式。（叙述中经常使用的一个希腊语词）"aorites"的意思就是攫取其他人的财富，然后吃掉它。这则故事中说到的石头同时也表明那些更靠近自然（以石头为象征）生活的人所具有的一种道德上的优越感。❶

　　显然，赫茨菲尔德刻意让牧羊人来"叙述"他们的故事，而不是以一个全知全能的视角来表述牧羊人社会行为和社会关系的意义。克里特高地的牧羊人在叙述这些外人看来颇为尴尬的"相互窃羊"的"陋习"中，事实上扮演了"理论家"的角色，叙述本身也是能动性的体现，当然也是社会诗学的体现。克里特高地的牧羊人清楚地知道使用何种言辞来描述和建构现实和理想中的社会关系，来区分不同的群体，来获得行为的正当性以及道德的优越感。他们的叙述也是一次展示。如何说就意味着如何做，知与行因此不会被截然分开。既然这群高地牧人生活的意义就在知与行的高度统一，人类学家自然没有理由不让他们现身说法来讲述自己的故事。

　　克里特高地流行的另一个段子是这样的：

　　　　当他们抓到耶稣并把他关进监狱，英国人最先来了。英格利希人（the Inglis）！

　　　　然后他对他说："亲爱的主啊，你在这儿做什么啊，被关进了牢里？"

　　　　然后他又对他说，这个英国人说："我亲爱的主啊，让我把你从这个地狱救出去吧。"

---

❶ Michael Herzfeld, *The Poetics of Manhood: Contest and Identity in A Cretan Mountain Village*, p. 40.

"你如何救我？"

"我给他们金子，把你赎出去。"

"让我祝福你吧，永远都有金子。"

接着俄罗斯人来了，问他，"我的主啊，你在牢里做什么？"

"你瞧，我被关在这儿，什么也做不了。"

"我马上召集军队，把你从牢里解救出去。"

"让我祝福你吧，永远有军队。"

希腊人来了。希腊人！我就是希腊人，是那个意思吧，对吗？

"我的主啊，你在这儿做什么？"

"瞧啊，我被关在牢里了。"

"啊，我亲爱的主，我要把你救出去。"

"你如何救我出去？"

"我要在墙上钻个洞，把你偷出去！"

"让我祝福你吧，永远当个贼！"

好了，这就是我们得到祝福的地方，我们希腊人都是贼。❶

有关国民性格的叙述在世界各地都很普遍，民间流传的笑话、段子与官方正面、高尚的国民性格塑造完全不同。民间叙述中的修辞充满自嘲的意味，也与官方的刻板单调形成鲜明对照。克里特高地牧羊人在叙述中将偷盗作为希腊国民性的一部分，这种国民性意识当然是在与其他国民性的比较中获得的（比如英国人贪财、俄国人好战）。这种意识和叙述策略事实上模糊了实践中的"盗窃"与

---

❶ Michael Herzfeld, *The Poetics of Manhood: Contest and Identity in A Cretan Mountain Village*, p. 41.

理念中的"盗窃"(一种灵活机智的体现，一种互惠关系的策略，至少比贪婪和好战好得多)之间的界限，从一个侧面显示了希腊山区桀骜不驯、藐视权力的牧人如何将自身的观念和实践融入民族国家(此处是以盗窃为代表的国民性)的过程。

《成人诗学》因此在写作风格上与传统的希腊社区研究有着很大的差别，在倾听和描述当地人叙述故事的过程中，人类学家像语言学家一样，留意言辞、句法、隐喻的细微之处。言语在叙述中的游移不定如同行为的转瞬即逝一样，二者都是真实性的体现，暗示着实践与社会关系的弹性和建构的空间。因此不能简单地从字面意义(literalism)加以刻板阐释。受到美国人类学侧重语言学研究的影响，赫茨菲尔德的民族志作品对于语言和修辞的细微之处和变化形式的分析研究，旨在呈现一个时刻变动且纷繁芜杂的意义的世界。正是在语言学研究的意义上，赫茨菲尔德将坎贝尔的社区研究方法加以改造(deform)，运用到自己的田野研究中，以诗学的方式来延续牛津的希腊研究传统甚至是人类学研究的传统。

在某种意义上，赫茨菲尔德是在用美国偏重语言学研究的文化人类学传统，对欧陆更注重结构、制度和功能分析的社会人类学传统加以改造。他的田野研究和概念体系都在人类学"边缘"的欧洲社会，但是这种诗性的改造却使得"边缘之地"的社区研究、概念体系和理论范式进入到整个人类学界。大概是出于这一原因，我们才能领悟坎贝尔说赫茨菲尔德使其不至于湮没无闻的含义。

"经典"与"现代"

受到欧陆社会人类学和美国文化人类学传统的双重影响，赫茨菲尔德致力于发展一种不偏不倚的批判视角。一方面，美国人类学的传统使他获得了一个观察和审视欧陆人类学传统的外在视角。相较而言，欧陆人类学更注重"客观冷静"的观察、量化的研究，进而对文化和社会加以实质性的把握。而美国的人类学则更注重语言学的研究，这一"诗性"的特质在赫茨菲尔德看来是一种"道德的"而非"科技的"民族志的研究和撰述方式。它使得人类学家得以深入到民族志的文化表述、文本分析及写作风格（genre）的讨论中，力图重新审视叙述、手势、音乐、气味、情感、受访者的认知和表述策略等被长期忽略的方面。❶

然而另一方面，赫茨菲尔德也对美国人类学中后殖民、后现代的话语和学术潮流保持反思和批判的态度。在这一意义上，他又像是经典人类学的维护者，不断强调古典知识的训练以及长期"异文化"——此处的异文化更多地体现为母语之外的社会和文化——田野研究的重要性。埃文斯－普理查德作为"殖民主义"人类学的代表人物，难免经常受到美国人类学界后殖民学者的批判，每当这个时候，不论从情感上还是学术上，赫茨菲尔德都会站出来为自己的前辈乃至整个经典人类学辩护。埃文斯－普理查德曾经一度被美国人类学家罗萨尔多（Renato Rosaldo）批判，说他在思考和写作的时候，对于殖民语境缺乏最基本的意识。赫茨菲尔德却认为，如果仔细阅读埃文斯－普理查德的作品，便不难发现他对整个殖民结构持有一种非常强烈的批判意识，他身处殖民语境之中，对此有着深刻的感受，时常流露出不满和憎恶的表情。《努尔人》一书的开头，埃文斯－普理查德论述与努尔人打交道的诸多难处，因为他知道他

---

❶ Michael Herzfeld, *Cultural Intimacy: Social Poetics in the Nation-State*, New York: Routledge, 2005, p. 28.

们憎恶自己生活中出现的这个白人，尽管他是学者，但在努尔人眼中他更是西方殖民势力的象征。❶

马林诺斯基当然也时常成为后殖民批判的对象，特别是当他的遗孀将那本著名的《日记》公开发表之后，美国的人类学界也群起而攻之。美国华裔人类学家许烺光为此写过一篇措辞激烈的批判文章，然而利奇在看到这篇文章以后说许烺光事实上并不懂得英国式的幽默，当然也没看出马林诺斯基字里行间透出的自嘲和反讽的语气。因此似乎完全没有必要对个人颇为情绪化的描述强加揣测，一定要从中"发现"殖民主义的痕迹。后殖民和后现代的话语在美国文化人类学界更能激起共鸣，在赫茨菲尔德看来，可能有一部分历史的原因。美国立国之前长期处于英国的殖民控制之下，很容易将殖民主义的暗喻映射到包括学术在内的各个领域，包括罗萨尔多在内的很多美国人类学家都热衷于在国内寻找所谓的"内部殖民主义"的印记，批判殖民主义似乎成为他们非常称手的一个工具，任何所谓不平等的权力都会被无限放大，并最终与殖民主义联系在一起，❷ 马林诺斯基颇为自嘲和反讽的日记自然未能幸免。因此对美国文化人类学界颇为喧嚣的后殖民话语保持反思和批判意识，在赫茨菲尔德的学术生涯中同样是重要的一面。

2015 年 6 月，赫茨菲尔德与《写文化》一书的编者之一马库斯在上海复旦大学"遭遇"，复旦大学公共政策与社会发展学院的潘天舒教授——他本人在哈佛大学人类学系攻读博士学位时，赫茨菲尔德是他的博士论文指导委员之一——刻意安排两人进行"辩论"，谈一谈人类学在当代社会的作用以及前途何在。我想这一安排缘于

---

❶ 见访谈录音，2009 年 11 月 9 日于哈佛大学人类学系对赫茨菲尔德的访谈。

❷ 见访谈录音，2009 年 11 月 9 日于哈佛大学人类学系对赫茨菲尔德的访谈。

主办方了解，两人欧陆和美国的人类学教育训练背景的不同有可能激起思想的碰撞。相比较而言，赫茨菲尔德显得更加"经典"和保守，而马库斯则更注重人类学的当代作用和未来发展的空间。

赫茨菲尔德首先发问，他的第一个问题是，人类学有未来吗？马库斯认为，人类学在 20 世纪八九十年代发生了一次重大的转折，他认为从那以后，人类学已经有了一个完全不同的发展方向。而这个方向可能多少能够保证人类学会有一个好的将来。❶ 马库斯提出这一转折的时间，是想说明《写文化》一书是人类学这次重大转折的标志。没等马库斯接着往下说，赫茨菲尔德接过话题，直截了当地说他不能赞同马库斯的这一观点。赫茨菲尔德认为 1980 年的"写文化"运动肯定对人类学产生了巨大的影响，可是马库斯将这一影响说成是根本的研究范式转变（fundamental paradigm shift），他本人是不能同意的。说到"写文化"运动，那么这种影响是使得人类学更加忠诚于这一学科最初的目标。❷ 赫茨菲尔德认为反思人类学的殖民主义语境和因素，并不是 20 世纪八九十年代才出现的新鲜事。事实上，人类学对于殖民主义、种族主义的批判在 20 世纪 20 年代，马林诺斯基的时代就已经开始了。

赫茨菲尔德认为，"写文化"运动的一个重要贡献是促使人类学家重新回到他们逐渐开始失去的视角，也就是说早在马林诺斯基时代人类学就已经具有的批判殖民主义和种族主义的意识这一视角。事实上，如果我们去阅读马林诺斯基和埃文斯－普理查德的著作，便会发现他们对殖民结构持十分强烈的批判态度。在那一时期，英帝国给人类学家提供经费为的是了解那些需要被更好统治和

---

❶ 见赫茨菲尔德与马库斯辩论录音，于 2015 年 6 月 18 日录制于复旦大学光华楼。
❷ 见赫茨菲尔德与马库斯辩论录音，于 2015 年 6 月 18 日录制于复旦大学光华楼。

管理的人，人类学家当然不会拒绝这种经费的支持，但事实上他们已经逐渐发展出了较为强烈的殖民主义批判意识。人类学发展到20世纪六七十年代，其研究的异域特征和富有趣味的特点普遍受到认可和追捧，难免显得有些沾沾自喜，这种满足却逐渐窒息了人类学的生机，使得这一学科在面对大量纷至沓来的现实问题时缺少系统的回应，因此这一时期大西洋两岸的人类学研究多少有些单调和乏味。正是在这样的背景下，《写文化》应运而生了，从某种程度上拯救了人类学，它促使人类学家在更多的领域以一种更为有趣的方式写作更好的民族志。"写文化"运动促成了民族志体裁和风格的多样性发展并推动不同技术（techniques）的运用，它还有助于人类学家更深入、更持续以及更广泛地关注社会亲密性（social intimacy），因为同受访者建立起的社会亲密性使得人类学家能够获得一种"文化亲密性"。所以，"写文化"运动并不能代表一种根本的研究范式的改变，然而它确实拯救了一种我们在过去一直不能很好理解的民族志研究和写作的范式，帮助我们认识到了这一原本就存在的范式的重要意义。❶

接着，赫茨菲尔德直接批评了《写文化》一书另一位编者克利福德（James Clifford）有关民族志权威性（ethnographic authority）的观点。他认为，克利福德根本不明白现实主义的含义。事实上，现实主义对于人类学家而言意味着你一方面描述你清楚观察到的事物，同时也要描述那些你自己也并不清楚的经验和事物，因为这就是社会生活的应有之义。人类学家接触社会生活，有些事情显而易见，有些事情则晦涩难懂，还有很多是亟待思考和解决的重大问题。因此，对于人类学的学生而言，他们的博士论文以提出问题作

---

❶ 见赫茨菲尔德与马库斯辩论录音，于2015年6月18日录制于复旦大学光华楼。

为结尾是完全可以接受的。人类学家经过长期的田野研究当然很清楚自己知道的比原来更多，因为你长期在那儿做田野调查，因此你的理解更全面。同时，如果你是一位诚实的人类学家，那么你肯定也深深地意识到，还有很多事情自己并不知道，有很多事情可能永远也不会知道，同时对很多事情你必须提出问题。这就是知识所带来的压力。正如苏格拉底所言，你知道的越多，则越发认识到自己的无知。从民族志这一角度，似乎可以将知识界定为，分类体系倾覆之际所发生的一些事情。因此如果有人从来就将分类看作不证自明，将直接产生很多糟糕的学问和著作。所以我们没有必要劳神费力地将"事实的谬误"（facts fallacy）从我们的思想中清除出去，而这种事实与虚构的分类一直影响着好几代人类学的学生，使得他们不敢将自己的经验或者情感作为知识的一部分呈现出来。❶

　　事实上，赫茨菲尔德在很多场合都对现代和后现代、殖民与后殖民的关系加以反思，从而试图稀释后现代主义对传统人类学带来的负面影响。他曾经在和我的一次访谈中详细阐释了殖民与后殖民之间的关系，因此也间接地充当了欧陆人类学和美国人类学的媒介。在这次访谈中，赫茨菲尔德认为，经验的反思不是纯粹的自我审视，而应该面对民族志研究者的文化假设提出疑问。我们应该认识到现代与后现代、殖民与后殖民之间的巨大鸿沟绝不会轻易被填平，任何人都无法摆脱与现代性、现代理性的瓜葛。文化批评应该在现代与后现代、殖民与后殖民这一"鸿沟"之间进行，针对漫布其间的社会现实并努力拓展理论的实践价值。殖民与后殖民的关系绝不是非此即彼式的改头换面或毅然决然的抵制。企图一劳永逸地同传统决裂，刻意表明自己的反叛精神，忽视社会科学内部早已开

---

❶　见赫茨菲尔德与马库斯辩论录音，于 2015 年 6 月 18 日录制于复旦大学光华楼。

展的自我批判，是极端的后现代主义建立自身权威和话语模式的手段。❶

　　赫茨菲尔德牛津人类学的背景使得他看上去像一个固执的英国人一样，刻板、保守。他坚信经典人类学的学科训练方式，以及长时间的田野调查中文化浸润的重要性。他以是否在"异文化"中做田野调查，以及是否熟练掌握一门非母语的语言作为判别"经典"或者"正统"人类学研究的主要标志，难免过于狭隘。这一严苛的标准似乎部分否定了使用母语在自己的社会和文化中从事人类学研究的"正当性"，这一点也是赫茨菲尔德和马库斯辩论的焦点。牛津的人类学训练背景加上长时期在美国生活和工作，注定赫茨菲尔德对两种文化体系和学科体系保持一种"紧张的焦虑"，这次辩论多多少少是这种焦虑的"展演性的实践"（performative action），本质上与克里特高地牧人试图调和结构与叙述之张力的社会诗性策略并无区别。赫茨菲尔德身处这两种学术体系和制度之间，他强烈的反思和批判意识似乎也必须以一种"不偏不倚"的角度加以调和，这种张力和调和的策略，不但体现在学术论争上，甚至还体现在身份意识上。究竟赫茨菲尔德应该算是一个英国人类学家呢，还是美国人类学家？这一点如同他所说的一样，非此即彼的分类体系毫无意义，最重要的身份就是人类学家。

---

❶　赫茨菲尔德、刘珩："民族志、小说、社会诗学"，载《文艺研究》，2008 年第 2 期。

第2章

希腊乡间：早期的符号学与民俗学研究

流亡的蜜月之旅

赫茨菲尔德早年在希腊学习以及做田野调查的时间正好与希腊军政府的独裁统治时期重合（1967—1974）。他 1967 年第一次到希腊游历，1969 年剑桥大学考古学本科毕业之后在雅典大学读民俗学的硕士学位，1974 年开始在罗德岛的一个村子进行真正意义上的人类学田野调查，之后不久，就被希腊军政府驱逐出境。

1967 年希腊军政府通过政变上台的时候，赫茨菲尔德还是剑桥大学考古学专业的一名本科学生。当时他众多的希腊同学尽管都不同程度地对希腊军政府的所作所为表现出不满和鄙视，但这些都不能浇灭赫茨菲尔德前往希腊游历、求学的热情。希腊军政府时期统治的高压与政局的复杂，是一个涉世未深的英国青年所难以深刻理解和全面认识的。直到将被驱逐出境、个人前途未卜的时候，赫茨菲尔德才认真思考当初的决定是否过于轻率，自己田野调查的方式是否也有问题。

坎贝尔曾经对赫茨菲尔德说，人类学家有时候多多少少就像一个文化间谍（cultural spy），但赫茨菲尔德当时很难理解这句话的意思，更何况间谍是一个他很不喜欢的概念。古典语言和文化的教育背景再加上英国文化中某种程度的"保守"和"矜持"，使得赫茨菲尔德刚开始做田野调查的时候很不习惯到处打听他人的"隐私"以及"窥探"他人的生活。但在希腊的乡村待过一段时间之后，他发现当地村民同样对这位外来的"不速之客"充满好奇，他们不停地打听自己的私事，并用作茶余饭后的谈资。如此一来，人类学家和资讯人相互都充满好奇，相互都在试图进入各自"私密"的领域，二者在这一点上是平等的。窥探别人的隐私原本就是人类学家经过训练之后应该做的事情，只不过资讯人对我们的所作所为、过往经历、婚姻状况等方面同样好奇，双方在这一层面上形成一个可以相互介入（mutually engaged）的"文化亲密性"空间。或许赫茨菲尔德在进行真正意义上的人类学研究的时候，就已经模糊地意识到了这种空间存在的必要性，一是它使人类学家可以更深入和细致地观察和理解他者的文化，二是它也消解了人类学"窥视"他者时所承载的伦理负担。

人类学家一旦进入"文化亲密性的地带"（zone of cultural intimacy），颇有点"人在江湖、身不由己"的意味。他们的出现无可避免地引起社区普遍的焦虑，在当地人眼中，这一外来者不单单是一个文化间谍，或许还是一个为外部敌对势力服务、暗中企图颠覆希腊的"政治间谍"。由于历史的原因，希腊从1821年赶走土耳其人获得独立以来，往往借用"外国敌对势力灭我之心不死"的假想来转移内部的矛盾，加强普通大众的凝聚力。因此在希腊从事研究的人类学家必须用足够的时间介入文化亲密性地带，确立起一种基本的相互信任的关系，进而消除自身"间谍"的形象。

希腊军政府统治时期无疑强化了外来势力的阴谋论宣传，使得形势变得越发不利于人类学的田野调查。人类学家作为外来势力的代表多半被驱逐出境，赫茨菲尔德的老师坎贝尔当时已经被驱逐出境。然而在罗德岛调查的赫茨菲尔德仍然心存侥幸，认为自己只不过是一个学生，并不是知名的大学者，这种事情不可能落到自己头上。事与愿违，赫茨菲尔德调查的村庄的一个警察一直怀疑这位外国学生的所作所为，他经常到附近几个村子散布赫茨菲尔德的犹太人身份，其中一个村子反犹情绪尤其强烈。在军政府时期，民众这种极端的民族主义情绪很容易被煽动起来，并且被不同等级的大小官僚加以利用，来谋取"政绩"或者其他私利。赫茨菲尔德从来没有掩盖过自己犹太人的身份，很多当地人都知道这一点。但是这个警察显然在四处煽动，试图激起更大的排外情绪，不幸的是，赫茨菲尔德显然很符合"外来者"的身份，他首先是英国公民，其次还是犹太人。

　　事实上，赫茨菲尔德可能并不清楚这个警察都对附近村里的人说了什么，村人迫于高压也都对此守口如瓶。或许警察要求村民们一致行动起来，将这个外国人拒之门外。此时村庄中关于赫茨菲尔德的流言四起，但他还想坚持下去。直到驱逐令正式下达，赫茨菲尔德和新婚妻子才不得不离开罗德岛。1974 年 7 月，距离军政府倒台只有一个月的时间，这对新婚夫妇先来到雅典，希望在雅典的朋友能帮忙疏通关系，撤回驱逐令，重回到罗德岛继续田野工作。然而当时的军政府面临种种危机，变得更加敏感和脆弱。大多数的官吏都非常清楚一旦政局发生改变，他们自己的饭碗将会不保，因此没有人愿意帮助他这样的外国学生。情况更复杂的是，土耳其已经虎视眈眈地做好了入侵塞浦路斯的准备，这最终演变成了压垮希腊军政府的最后一根稻草。英国驻希腊使馆的官员鉴于当时复杂的形势，也劝赫茨菲尔德夫妇尽快离开希腊。

就这样，这对新婚夫妇离开希腊，前往意大利。他们希望在意大利停留一段时间，待希腊国内形势稳定下来，再找机会回去继续田野工作。既然一时半会儿不能回到希腊，在意大利度蜜月也是一个不错的选择。糟糕的是，他们到罗马的第三天，赫茨菲尔德夫人尼亚（Nea）的手袋被盗，手袋中装着他们的护照、各种身份文件、旅行的车船票和钱。这对于已经"流亡"在外的新婚夫妇而言，无疑是雪上加霜的事情。好在有家人和朋友的接济，他们二人总算勉强渡过难关，但是度蜜月的心情大受影响。

重返希腊仍然是赫茨菲尔德最迫切的愿望，他为此也不惜冒险一试。赫茨菲尔德的计划是这样的，首先，他们先想办法进入希腊，万一被抓住，大不了就是赫茨菲尔德自己先蹲一蹲监狱，尼亚不在被驱逐之列，她可以前往雅典寻找救兵，或许能将赫茨菲尔德解救出来。年轻的人类学家回希腊的愿望是如此强烈，也顾不上仔细考察这个计划是否周全了。按照预先的安排，赫茨菲尔德夫妇首先设法重返希腊。果然正如所料，赫茨菲尔德遭到扣押，被关进监狱，而尼亚则独自一人去雅典寻求帮助。但之后，尼亚并没有找到愿意帮忙的人，赫茨菲尔德在监狱待了一晚之后，第二天仍然被赶出希腊，不得已只身前往意大利。新婚夫妇不得不短暂分别，直到希腊军政府垮台，二人才再度在希腊重聚。从那时候起，一切就都好起来了。

希腊军政府的统治与安德雷亚斯的流亡

安德雷亚斯·尼内达克斯（Andreas Nenedakis）是一位希腊的

左翼作家，他出生在克里特山区，赫茨菲尔德由于长期在克里特从事田野调查，二人得以结识。1967年希腊军政府上台的时候，安德雷亚斯由于"左翼"的身份，被迫长期流亡海外。他在流亡期间发表了多部作品，以小说的形式描述军政府统治时期的希腊政治、社会生活，以及自己的流亡经历。安德雷亚斯的经历让作为人类学家的赫茨菲尔德很感兴趣，两人在克里特的活动轨迹或部分经验是重合的，可以相互印证，并且还能揭示不同学科（比如文学和人类学）在表述事实上的异同。安德雷亚斯所描述的让赫茨菲尔德感同身受，因为他早期的学术活动正处于这一特殊时期，这些因素促使赫茨菲尔德写了一部关于安德雷亚斯的传记。在追述安德雷亚斯的人生轨迹这本书中，我们发现人类学家赫茨菲尔德的影子不断浮现出来。

安德雷亚斯出生于克里特山区一个具有反叛精神的牧羊人家庭，一生坎坷多艰。他做过小商贩，"二战"期间因为曾领导驻扎在中东的希腊部队哗变而被长期监禁，甚至一度被判处死刑。1952年他获得自由之后，又因为共产主义者的身份遭到社会的长期隔离。复杂的人生经验和多舛的命运，促使他最终从事小说创作，并在希腊文学界有一定影响。1967年希腊军政府上台之后，推行纯净和正宗的希腊人、希腊文化的意识形态，这一纯净化运动建立在简单的类型化的区分基础之上，即将那些不属于真正希腊人和希腊文化的"异类"划分出去。这些"异类"五花八门，包括土耳其人、吉卜赛人、犹太人、共产党人以及各种各样的宗教团体。这一划分自然也将安德雷亚斯这样的左翼作家和赫茨菲尔德这样的外国犹太人归入另类，并加以迫害或者放逐。

军政府推行的这一意识形态实践方式逐渐在最高的层面培育出了种族主义，这种种族主义同爱国主义捆绑起来，憎恨一切在宗教、语言以及政治主张等方面不符合军政府所界定的"真正希腊人"的群体和个人。这一逻辑体现在"希腊基督教的希腊"（Hellas of the Hellenic Christians）这样的宣传口号中，这种口号事实上完全无视希腊正教与前基督教时期的古希腊在哲学和宗教等多方面的矛盾和斗争。任何敢于宣称自己作为少数群体身份的行为都被视为叛徒的行径，人们热衷于诸如爱国与不爱国、真正的希腊人与异己分子的分类机制，并痴迷于在此之下各种更精细的类型划分，一套名副其实的种族主义的划分产业和话语制造机制就此形成了。❶

这套类型学的产业在军政府统治时期极其高效地运作起来，五花八门的"异类"很难逃过各级官僚、警察以及形形色色的执法者"犀利"的目光。这套机制的高效还在于它自身具备一种对个人生活无孔不入的监察和渗透的能力。安德雷亚斯曾经写过一部《黑色四月》（Black April）的小说，作品反映的就是军政府统治之下的社会现实，其中一个场景描写警察突然检查一家酒吧，看看有谁没带身份证。然而不幸的是，有一位年轻人没有带：

　　"该死的，你居然出门不带身份证？"（警察问）

　　"为什么？现在是德国人占领的时期吗？或者我现在是去银行吗？我只不过出来放松一下，所以我没有带。它在我的另外一件外套口袋里。"

　　"你还有一件外套？我们会调查清楚的！"

　　然而坐在角落的这位先生非常固执："我没有带身份证，先生，但是这张是我的名片。"（K. P. 上诉法庭的法官）

---

❶ Michael Herzfeld, *Portrait of A Greek Imagination: An Ethnographic Biography of Andreas Nenedakis*, Chicago：University of Chicago Press, 1997, p. 189.

"你从哪里搞到的名片，嗯？你在搞什么把戏？好吧，跟我们去趟警察局。警长，先生，我们在这儿发现了一位上诉法官。跟我们去警察局，我保证你今天晚上会过得很好。"

"跟我们走吧，别自找麻烦。"

这部小说的主人公当时也在现场，她说："为什么一个人必须靠这种纸片生活？事实上还不只这些，我们还要依靠那些签发它们的人生活，靠各种各样的图章、各种各样的塑料封皮以及各种各样的数字生活。"❶

安德雷亚斯的小说鲜活地描绘出赫茨菲尔德最初从事田野调查时，希腊国内的白色恐怖和排外氛围。这种无所不能、似乎直接穿透个体内心的审视配合着"正统"与"异类"的分类机制，即便是在赫茨菲尔德从事田野调查的罗德岛颇为偏僻的村子里，也在复制着这套审查的逻辑和分类的机制。人类学家作为外来者本来就已经引起社区普遍的不安、焦虑和怀疑，更何况这位人类学家还是一个犹太人。此种形势之下，赫茨菲尔德这样的"异类"自然也不能再藏身于希腊乡间了，他的亲身经历也说明了这一点。赫茨菲尔德起初并没有体会到军政府的高压给自己造成的不便。直到有一天，他没按照交通规则走路，被一个稚气未脱的年轻警察拦了下来，这个警察发现赫茨菲尔德没有带身份证，一下子兴奋起来，但当他发现这是一个外国人的时候，显得有些不知所措。他马上指出，赫茨菲尔德应该随身携带护照。或许是不愿意让一个对希腊还算友善的西方国家的公民太过难堪，这位警察最后不得不自寻台阶，他说：

---

❶ 转引自 Michael Herzfeld, *Portrait of A Greek Imagination: An Ethnographic Biography of Andreas Nenedakis*, p.190。

"我让你走，因为我喜欢你的坦诚直率。我本来可以把你送进警察局的。下次记着带上护照！"❶

任何苦难都孕育着希望，任何严寒都意味着春天的复苏，人类在各种艰难困苦中表现出的坚韧事实上意味着不曾泯灭的希望。只不过在希腊文化中，这种希望总是同种种表示重生（resurrection）的暗喻联系在一起，同一种忧伤（grief）的情怀联系在一起。重生过程中体现出的忧伤似乎已经成为希腊自 1821 年独立以来，在遭受各种压迫和苦难中不屈的象征以及普遍的国民性格。忧伤在希腊文化中表达为一种唯美主义的愿望，一种重新找回失去的爱情的渴望。❷ 在赫茨菲尔德看来，包括"忧伤"（kaimos）在内，任何表达情感的术语都很难被翻译成另外一种语言：

> 在希腊，表示强烈感情的概念通常都同时包含着极度的悲伤和狂喜两种色彩，这和英语不同。比如英语的"狂喜"（ecstasy）派生自希腊语 ekstasi，英文中就没有悲伤的意味。可是在希腊语中，ekstasi 既有激动愉悦之意，也可以指暴怒。同样，kaimos 也包含着两种截然相对的情感体验，这种矛盾的情感可能只有在希腊文化中，在葬礼和婚礼仪式性展演中才隐约传递出诸多相似之处。当一个像安德雷亚斯一样的希腊作家使用 kaimos 这一概念的时候，能同时激起一种矛盾复杂的强烈情感体验。一方面是无尽的哀伤，然而另一方面却是不曾断绝的

---

❶ Michael Herzfeld, *Portrait of A Greek Imagination: An Ethnographic Biography of Andreas Nenedakis*, p. 191.

❷ Michael Herzfeld, *Portrait of A Greek Imagination: An Ethnographic Biography of Andreas Nenedakis*, p. 222.

期望。**❶**

同一时期的另一位希腊左翼作曲家西奥多雷克斯（Mikis Theodorakis）写了一首名为《忧伤》（*Kaimos*）的歌曲，这首歌连同他的其他所有作品都被禁止出版和发行。然而这首歌却表达了希腊人不屈服于压迫的精神，同时也是最终获得重生的一种期许。歌中有两句歌词是这样的：

> 荒凉的岩石，荒凉的岩石，我的忧伤，
> 我揣摩着它的大小，心如刀绞。
> 这就是我的哀叹：
> "母亲，我何时才能再见到你？" **❷**

1974年7月，由于遭到军政府驱逐，赫茨菲尔德和妻子被迫离开罗德岛的田野点，前往雅典。在即将离开希腊的前夜，赫茨菲尔德独自坐在朋友家的阳台上，忧心忡忡。此时暮色凝重，四周即将陷入夜幕中。突然，夜空中回旋着一种温婉的声音，这是低沉而婉转的口哨声，声音时起时落，略显踌躇，似乎是在试探弥漫在周围空气中的危险和不安。此时，口哨的旋律清晰起来，正是《忧伤》这首歌的曲调。在阳台上独坐，内心惆怅忧伤的赫茨菲尔德脑海中迅速闪过《忧伤》的歌词：

---

❶ Michael Herzfeld, *Portrait of A Greek Imagination: An Ethnographic Biography of Andreas Nenedakis*, p. 223.

❷ Michael Herzfeld, *Portrait of A Greek Imagination: An Ethnographic Biography of Andreas Nenedakis*, p. 225.

荒凉的岩石，荒凉的岩石，我的忧伤，

一瞬间，赫茨菲尔德僵住了，泪水模糊了双眼。[1] 第二天，赫茨菲尔德夫妇离开希腊，前往意大利，或许一路上都萦绕着希腊夏夜温热空气中婉转而"忧伤"的口哨声。然而，正如希腊语的忧伤同时又意味着希望一样，赫茨菲尔德很快将重返希腊进行田野研究工作，他对此坚信不疑。

早期的符号学研究

1974 年，还在牛津攻读博士学位的赫茨菲尔德开始了他第一次真正意义上的人类学田野调查。调查地点在希腊东南部罗德岛的培夫科村。对于这一时期新生代的人类学家而言，英国的国内结构功能主义的影响日益衰退，学生们都在兴致勃勃地阅读列维-斯特劳斯、利奇以及道格拉斯（Mary Douglas）的著作，他们讨论最多的话题就是如何在社区的调查和研究中采用符号学的理论和方法。受到列维-斯特劳斯等学者深层结构分析的影响，田野调查的根本目标无疑就是发现隐藏在表面现象之下的深层结构，深层结构意味着事实、规律和法则。发现深层结构也就是对社会和文化的一种实质性把握。此外，由于文化的安排并非无序可循，而是像语言一样可以阅读，因此其背后隐藏的一套分类的符号秩序也就能够被理解。

显然，符号和象征对于人类学家而言，绝对不是陌生的东西。

---

[1] Michael Herzfeld, *Portrait of A Greek Imagination: An Ethnographic Biography of Andreas Nenedakis*, p. 225.

他们一进入田野，就跟各种各样的符号打交道，语言本身就是一个从开始就要掌握并熟练运用的符号系统。此外，仪式以及生产、生活和宗教的所有领域都可以说是符号构成的世界。只要能够理解这些符号系统的分类体系，就可以把握其文化的深层结构，揭示社会得以有序运作的规律和法则。赫茨菲尔德自然也参与到了"解密符号"的大部队中，但是如何将其运用于社区研究，却也存在着很多方法论层面的具体问题。赫茨菲尔德将传统的社区研究与符号学的方法并置一处，提出了民族志的符号学研究方法。

所谓民族志的符号学研究方法，事实上是要强调某种符号或者观念系统的形成与运作，是以其存在的社区作为一个最重要的文化语境。将符号或观念从社区这一语境中抽离出去，而加以类型化的分析是毫无意义的。以地中海区域普遍盛行的"凶眼"❶观念为例，在赫茨菲尔德看来，对"凶眼"的考察必须在特定的社区进行大量的研究，广泛收集这一社区地方性的道德观念、象征体系以及有关边界的概念和信息，否则任何有关"凶眼"的推论都没有说服力。符号学角度的有关"凶眼"的人类学调查应该将人们分析和界定"凶眼"的方式以及相关的条件列为主要考察对象，此外这些看法在其他村民的道德评价体系中所发挥的作用也需要考虑在内，最后还应该包括所有不同的解释。除非对"凶眼"的研究是在其更大的符号语境中进行的，否则必须首先说明"凶眼"这一范畴的局限性。❷

赫茨菲尔德调查的培夫科村位于罗德岛西部，是一个只有

---

❶ "凶眼"是地中海沿岸、西亚、东非等区域普遍存在的一种观念。人们相信受到凶眼恶毒瞪视之人将被诅咒，会招致不幸和伤害。化解"凶眼"的办法就是将其所施加的诅咒转移，或者直接返还于施加者本身。因此化解"凶眼"的护身符还是"凶眼"。

❷ Michael Herzfeld, "Meaning and Morality: A Semiotic Approach to Evil Eye Accusations in A Greek Village", p. 561.

160 人的小村子，实行村族内婚制（village endogamy）。这个村庄将朋友也看作外人，因为朋友通常是外村与自己保持较为紧密的社会关系的人，但还不能算作与自己有亲属关系的内部成员。在希腊，在社区之外通过宗教建立起来的精神层面的亲近关系（spiritual kinship）通常被称作友谊。朋友这一概念在培夫科恰好表明了这个村子的独特性，他们将朋友（外人）与同村人（通常也是亲属）这两种类型做了区分，正好为人类学家从事社会边界的象征主义的研究提供了一个理想场所，特别是区分内与外的不同形式。❶

也就是说，"凶眼"在这一社区之中事实上是一套内与外分类机制中的一环。而社区内部的道德评价机制，包括宿命论式的人格评判和运势分析，甚至地中海式的荣誉与耻辱观念都是"凶眼"这一符号体系得以产生的重要语境。对于像培夫科这样一个极端注重内外分别的社会，尤其是这里人人都有"亲属"关系，"凶眼"作为社区内部的再分类体系，是一种社会边缘性的符号。被认为有"凶眼"的人完全没有任何社会价值可言，并且也不愿意加入这一社区最为重要的互惠机制之中。

田野工作能够将某一符号或者观念置于特定的"社会语境"之中，将其作为更大的社会文化语境所衍生出来的众多术语或观念中的一个，而不是一种居于主导地位的、能产生解释性的话语体系。这种符号学和象征主义的研究就是赫茨菲尔德所谓的"民族志的符号学研究方法"。

在这一"民族志的符号学研究方法"的指导下，赫茨菲尔德

---

❶ Michael Herzfeld，"Meaning and Morality：A Semiotic Approach to Evil Eye Accusations in A Greek Village"，p. 569.

变得一发不可收拾，他早期的研究和论文几乎都围绕着社区之内的符号学或者象征体系的研究来展开。1979 年在《美国民俗社会》杂志发表的一篇文章中，赫茨菲尔德同样认为即便是对隐喻（metaphor）的研究也需要考察其背后的文化语境。符号学的研究因此不能脱离人类学的田野调查，否则形成的一整套抽象空洞的类型学意义上的符号研究没有太大的意义。这一篇文章中用来分析的材料同样也是在培夫科这个村子的田野调查中搜集所得，赫茨菲尔德这次考察的是村人用鲜花精心装饰并象征性地用来存放耶稣遗体的板架（Epitafios）所具有的符号意义。在传统的民俗学研究中，希腊乡间用来存放耶稣遗体的板架是庄严、神圣的，是希腊乡间一直绵延不绝的宗教纯洁性的体现。这种延续和统一的宗教信念，从希腊文明滥觞时起，尽管历经多次外族入侵和不同宗教（主要指伊斯兰教）的"腐蚀"，仍然屹立不倒。民俗学的研究显然是要为"泛希腊"的民族主义在民间找到坚实的证据，以证明广大乡间的民众依然秉持"正统纯净"的宗教信仰，亘古不变。

　　然而赫茨菲尔德却发现，在培夫科村的实践中，板架却明显存在着与"神圣"完全相悖的"亵渎"的意义，因为这一圣物居然有阴茎的喻义。首先，板架被用于一年一度的耶稣受难节祭奠仪式，妇女在相关的仪式中是重要的参与者。她们首先用鲜花装饰圣物，然后值夜守灵，吟诵圣母的丧歌，从而强调了板架被赋予的特定的象征意义（圣母哀悼耶稣的意象）。赫茨菲尔德认为，这一仪式最为重要之处在于它是对日常社会规范的一种颠覆，男性总是在日常生活中居于主导地位，女性通常很难掌握住活着的男性的身体，但是对板架的装饰、值夜守灵在象征意义上使得妇女有机会颠倒男性

的社会中心地位，从而"驯服"和控制男性的身体。❶

　　进而，板架这一圣物在街道上的巡游也是一种颠覆（reversal）。板架在一年中的大多数时候都保存在教堂最为隐秘和神圣的地方，所有的妇女都被禁止进入这一神圣之所。然而耶稣受难节却使这一圣物"暴露"在大庭广众之下，成为参观的对象。这显然也是对日常社会行为规范的一种颠覆，因为教堂将这一象征精神力量的圣物展示给公众的行为意味着死亡和重生的两重含义，对村庄的居民同时具有潜在的好处和坏处。这一短暂的失范期将持续40天。另外，板架同最为坚定、最为内在的基督信仰力量联系在一起，也是教堂最为隐秘神圣的一部分。如果我们不做道德评判的话，板架是阴茎再合适不过的隐喻。这一最为隐秘的部分不但是繁衍后代的至善之本，而且同时会对村庄妇女的贞洁构成潜在的威胁，并进而影响到妇女的丈夫和男性亲属。此外，板架也具有这一层面的意义，它一方面是基督教信仰的力量和源泉，另一方面它所开启的失范期，致使一些被释放的邪恶灵魂对社区构成威胁。所以，宗教的和性的意象重合，从而将一些看似毫不相干的事物在逻辑上建立起了关联性。❷

　　从正统的民俗学阐释来看，这两种东西毫不相干，用阴茎来暗示和取笑圣物更是大逆不道，是典型的亵渎行为。然而在社区从事民族志调查的人类学家则揭示了这一联系得以发生的过程。赫茨菲尔德将其看作对庄严神圣之物的"颠覆性"实践，这初看上去似乎是一种"失范"，然而正是在戏谑调侃的"失范"过程中，众人培养了对这些"庄严神圣"的事物和观念的认同以及忠诚。

---

❶ Michael Herzfeld, "Exploring A Metaphor of Exposure," *The Journal of American Folklore Society*, 1 July 1979, Vol.92（365），p. 290.

❷ Michael Herzfeld, "Exploring A Metaphor of Exposure," p. 291.

显然，赫茨菲尔德在这篇文章中除了强调田野研究对于符号阐释的重要性之外，他的另外一个目的是批判民族主义的希腊民俗学研究。他认为，民族主义的民俗学家们不但忽略了板架与鬼魂的地方性联系，正统的表述方式也禁止他们对亵渎这一现象及其象征体系进行详尽细致的分析，民俗学家以及他们的读者群体只会看见一个没有任何语境的故事或者人物，对他们来说这些故事或人物简直毫无意义。❶

1985 年，随着赫茨菲尔德在美国印第安纳大学安顿下来，其早期的符号学研究似乎也该告一段落了，他在此时对人类学的符号学观念、研究方法、存在的问题加以总结。回顾自己的符号学研究经历，民族志式的田野调查当然是至关重要的基础。社区研究为符号学的阐释提供了一个重要的社会和文化语境。因此不能将符号体系从这一语境中剥离出去。此外，符号学研究需要对笛卡儿式的形形色色的二元论保持警惕。这种二元论在人类学学科体系内主要表现为社会理论与土著理论、口头与文字、语言与言语、文本与语境、历史与非历史、意义与混乱等的论争。受其影响，人类学家在从事符号学分析的时候，总是强调对土著概念图式和符号体系重新加以阐释的能力，也就是说从混乱模糊中去发现秩序和意义的能力。

然而，对于长期在希腊克里特高地从事人类学调查的赫茨菲尔德而言，"土著们"本身就生活在意义的（semasia）世界里，这是一个观念和实践都不会截然分离的世界，而这种叙述能力事实上就是一种对自己生活世界的意义加以认知和呈现的能力，结构与叙述之间绝无学究式的矫揉造作。如果我们将克里特牧人的叙述看作日常的流言蜚语（gossip），那么我们马上就会明白什么是人类

---

❶ Michael Herzfeld, "Exploring A Metaphor of Exposure," p. 300.

学。赫茨菲尔德会立刻用希腊语告诉你，流言蜚语就是古希腊语 anthropologia——人类学之意，现代的人类学者不应该忘记这一希腊语的本意。当然，在他学会说中文的"八卦"之后，他立马告诉中国的学者，人类学是一门研究"八卦"的学问。

显然，我们确认他者"八卦"时所呈现的不是未经加工的材料，而是一套有关实践的逻辑和意义体系，这样的人类学在赫茨菲尔德看来，归根到底是一门在不同文化之间进行"翻译"的学科，并且也是一门将"非言语"（non-verbal）形式翻译成"言语"（verbal）形式的学科，问题的关键就在于对"非言语话语"的确认。人类学将非言语的话语形式转变成一种言语的注释形式，因此我们应该保持一种符号学意义上的意识，人类学或者民族志的撰述其实是一套注释的方式或者阐释的体系。❶

1987 年，赫茨菲尔德为两本符号学的书籍撰写评论再次强调了符号学领域中二元论的危害性。他认为其中一本书主要以一些类型学意义上的分类为架构，不但有明显的二元论痕迹，而且还缺少一种民族志般的细腻和生动，读起来难免空洞乏味。此外，该书作者试图将知识（knowledge）和信息（information）区分开来，比如他认为暗喻具有描述的性质，本身不能算作科学的解释。与此相对的是，另外一本书中收录的多篇文章形式上就体现了一种符号学调和式的对话特点，这一视角将抽象的理论与社会实践放置于一个共同的架构之中，批判性地消解了笛卡儿二元论的影响。❷

---

❶ Michael Herzfeld, "Meta-anthropology: Semiotics in and out of Culture," in Jonathan D. Evans., ed., *Semiotics and international Scholarship: Towards a Language of Theory*, Dordrecht: Distributors for the United States and Canada, Kluwer Academic Publishers, 1986, p. 212.

❷ Michael Herzfeld, Reviewed works, "Semiotic Praxis: Studies in Pertinence and in the Means of Expression and Communication," by George Mounin, *Language in Society*, Vol. 16, No.4 (Dec., 1987), pp. 579-581.

因此，在赫茨菲尔德看来，好的符号学作品应该抵制住对于"指涉意义的偏好"，从"纯粹"的语义学研究中调转视角。符号学研究应该有助于阐释特定话语体系中指涉（refrentiality）与实际（pragmatics）之间的张力。比如在针对法律话语的研究中，符号学应该揭示具有规范性和普遍性的法律条文与法庭审判中充满各种变数的不确定性实践之间调和的过程。总之，符号学的话语本身应该是一个无限的、抵制各种具象化（reification）做出定论的过程，从而让我们认识到，万物都充满不确定性。❶

在另一篇发表于 1987 年的文章中，赫茨菲尔德再次批评了符号学研究具象化、抽象化以及脱离社会实践的发展倾向，他认为，符号学研究不能脱离实践，不能重蹈理论与实践截然相对的二元论研究范式。文章一开始，赫茨菲尔德就批判符号学理论总是试图抬升自己的地位，从而没有认识到自身事实上只不过是一种知识的形式而已。此外，符号学也试图将数据的收集、归类这一普通的分类学特征贴上"学科"的标签，进而发展成一种元语言（metalanguage）。❷

在赫茨菲尔德看来，这一发展倾向是很危险的，因为它忽略了符号获得意义的至关重要的社会和实践语境，逐步变得极端抽象和空洞，然而抽象本身的象征意义事实上等同于一个"僵死的隐喻"（dead metaphor）。❸ 所以，抽象和空洞的符号学总是与现实生活中言辞、意象、符号和隐喻所具有的鲜活灵动、偶发性、即兴发挥的实践语境相割裂。然而在知识与权力的分类体系中，抽象、归纳和提

---

❶ Michael Herzfeld, Reviewed works, "Semiotic Praxis: Studies in Pertinence and in the Means of Expression and Communication," by George Mounin, pp. 582-583.

❷ Michael Herzfeld, "Semiotics as Theory or Theory as A Semiotic of Practice?" In Simon Battestini, ed., *Developments in Linguistics and Semiotics, Language Teaching and Learning, Communication across Cultures*, Washington: Georgetown University Press, 1987, p. 239.

❸ Michael Herzfeld, "Semiotics as Theory or Theory as A Semiotic of Practice?" p. 242.

炼的能力总是被看作知识分子特有的一种逻辑思考的能力（理论），从而与普通的日常行为（言语和社会实践）区分开来。

同样的问题不仅仅出现在符号学领域，赫茨菲尔德认为人类学这样一门具有强烈的符号学色彩的学科，同样在犯各种二元对立的错误。比如在民族志的实践中，人类学的研究范式在不同程度上总会暗含我们／他者的分类体系，并在此基础上复制出了思想与身体（mind and body）、理论与实践相对立的二元模式。❶ 所以，倡导一种符号实践论的意义就在于，符号学家不再将符号与现实目的论式地区分开来，言辞的偶发性将受到关注，从而发展出一种作为实践的符号学理论，而非作为理论的符号学。❷ 赫茨菲尔德显然也认为，符号人类学的研究也应该警惕上述种种二元对立的模式，因为意义、符号的世界必须以日常生活中的实践、社会交往中的言辞作为指涉体系和重要的反思语境，并最终形成具有实践特点的符号学认识论体系。

民俗与希腊

赫茨菲尔德早期学术研究的另一个兴趣集中在民俗学领域。民俗学研究在希腊有着悠久的历史传统，大约在 19 世纪初，德国学者就已经开始系统搜集希腊的民俗、歌谣和诗集，之后希腊本土学者也开始关注并介入这一研究领域。希腊民俗学研究传统的滥觞和蓬勃兴起，大约与希腊的独立运动相配合，因此从一开始就具有较为强烈的政治意识和民族主义因素。由于最初是德、法等国引领

---

❶ Michael Herzfeld, "Semiotics as Theory or Theory as A Semiotic of Practice?" p. 240.

❷ Michael Herzfeld, "Semiotics as Theory or Theory as A Semiotic of Practice?" pp. 251-252.

的，所以，希腊的民俗学研究又分为以德、法等国学界主导的"国外派别"，同时也有希腊的"本土派"。在本土派之中，又有考察古典希腊文明在当代的文化延续的"泛希腊派"，也有主张研究现实生活中语言、民俗和歌谣的"现实派"。对语言截然不同的态度不但构成早期"泛希腊派"与"现实派"主要的方法论和认识论差异，也体现了双方重构希腊文化精神的不同路径。前者希望借助对一种早已"死去"的古希腊语言的复苏，来证明古希腊文明薪火相承、亘古不灭的事实；而后者则希望借助大众当下普遍使用的语言，来传播知识和文化，以开启民智，促成新的民族意识形成，并进而建立新的民族国家。

上述民俗学研究的学科历史以及不同知识论路径，对于1969年在雅典大学学习希腊民俗学的赫茨菲尔德而言，可能一时也不会领会太深，然而希腊民俗学不同派别围绕语言展开的学术论争，毕竟各自留下了深刻而久远的学术影响和传统。两个门派提出的希腊民族语言的不同解决方案在现实的政治实践中，常常出现此起彼落的冲突和较量，这倒为赫茨菲尔德进一步学习希腊不同的语言提供了一个契机。他既可以在希腊学习"复活"之后的古希腊语，又可以通过"采风"等田野调查，接触现实鲜活的各种方言。可以说，对于语言的兴趣似乎是赫茨菲尔德选择学习民俗学的原因，再加上可以借"采风"之机同三五好友在希腊乡间、高地和海滨游荡，使得民俗学这门学科让刚刚从考古学"桎梏"中挣脱出来的赫茨菲尔德有耳目一新的感觉。

1. 村俗中的民族主义种子

总体而言，民俗学学科的成形总是伴随着一种深刻的文化自觉意识，发展到一定程度之后，还可能带有民族主义情绪甚至危险的种族优越论。这一点对于受到外族入侵、长期被外来政治与文化控制和影响的国家更是如此。可以说,民俗学是伴随着民族自尊感的重塑而发展起来的。更有意思的是,多少具有被殖民体验的国家的民俗学,一开始都不是从本土自发的,多半是文化强势的一方首先展开民俗学的研究以及各种民风民俗、诗集民谣的收集活动,受到外部刺激的本土民俗学界因此展开一种回应,并逐渐获得"本土"阐释的话语权力。希腊如此,中国亦如是。中国早期的"歌谣学运动"便是由意大利人韦大列 1896 年发表《北京歌谣》一书而拉开帷幕的。❶

赫茨菲尔德早期的民俗学研究显然就是致力于发现,民族身份意识在希腊建国之初是如何发端和演变的,特别是两种不同的观念,对民族身份意识产生了何种影响。❷ 赫茨菲尔德在《昔日荣光》一书中进一步梳理了希腊民俗学研究的"外来势力"和"本土学派"各自的传统以及彼此间的张力。现代意义的希腊民俗学的一个直接源头在赫茨菲尔德看来是意大利历史学家、语言学家维柯。受到维柯的影响,希腊民族主义者以及作家借助有关"诗性智慧"(poetic wisdom)❸ 的考察方法(主要是词源学),对希腊的方言、歌

---

❶ 徐新建:《民歌与国学:民国早期"歌谣运动"的回顾与思考》,成都:巴蜀书社,2006 年,第 9—11 页。

❷ Michael Herzfeld, *Ours Once More: Folklore, Ideology, and the Making of Modern Greece*, New York: Pella Publishing Company Inc., 1986, preface ix.

❸ 诗性智慧在维柯看来首先来自异教世界初民的智慧。原始人最初的玄学不是现在学者们所说的理性的抽象玄学,而是一种感觉得到的想象玄学。维柯对诗性智慧的知识谱系的梳理和考证旨在说明,知识和智慧的发生是为了引人向善,所以知识最初是指人的这一向善的本性,即这种初民的智慧,而非启蒙运动所宣扬的理性。诗性智慧主宰着人类获得知识和认识心灵的途径,自然也就主宰着经验理性的认知方式和过程。因此,认知的过程应该是"凭凡俗智慧感觉到有多少,后来哲学家们凭玄奥智慧来理解的也就有多少",理智不能超越或取代感官,它只能是第二位的。参见维柯著:《新科学》,朱光潜译,北京:人民出版社,2008 年,第 143—158 页。

谣进行考证，以此说明，语言或者诗歌中的某种潜在的意义可以超越之后任何语义的变化，成为某种文化现象、思维心性或历史事件的"活化石"，得以保存下来。赫茨菲尔德认为维柯的思想作为一种整合的因素，将早期希腊的民俗学研究群体联系在一起。维柯强调，可以借助诸如歌谣、舞蹈、方言一类的民族志材料，帮助我们对一群人的历史加以认识。希腊民俗学者或者民族主义者对维柯著作的兴趣，显然也带动了他们研究自身民俗的兴趣。❶

维柯常用"村俗"和"风俗"等概念来指一切不同于理性的玄学智慧的诗性智慧，认为这种最初的、向善的、由身体和感官来认知和呈现的智慧是世间万物的尺度，具有诗一样的永恒性。从这个意义上，我们大约可以将民风民俗、游吟诗人的诗歌、村汉莽夫的语言等同于维柯所推崇的诗性智慧。因此民俗学致力于发现一种"异族""村俗""质朴"，以及"原初"的智慧，这是一种向善的智慧，在维柯看来这就是知识的本真状态。有鉴于此，民俗学在维柯诗性智慧的论述中，间接地具有发现知识与真理的意味。可以说，维柯以一己之力挑战了启蒙之后推崇理性的思考，即那种摒弃身体感知和情感体验的哲学体系。长期被理性重压之下的民俗研究因此具有了合法性。维柯坚信，在诗性智慧这一不证自明的公理的指引下，一切隐喻，表达每种语言里精妙艺术和深奥科学所用的词，都起源于村俗语言。❷

希腊文明对于大多数西方国家而言都充满魅力，被认为是西方文明的源头，在"认祖归宗"意识的作用下，希腊常常成为各种浪漫主义的投射地。很多西方学者自然需要借助民间歌谣质朴的诗性

---

❶ Michael Herzfeld, *Ours Once More: Folklore, Ideology, and the Making of Modern Greece*, p. 28.

❷ 维柯：《新科学》，第 175 页。

智慧，来认识本真的希腊文化。根据赫茨菲尔德的研究，德国的哈克森豪瑟（Haxthausen）在 1814 年就整理过一本集子，尽管没有正式出版，却以手抄本的形式广泛流传。歌德在 1815 年就得到了这本集子，他也被激发产生了搜集研究现代希腊民歌的兴趣。这一时期西方学者对希腊民歌的搜集和研究的一个特点在今天看来是难以容忍的。他们认为没有必要亲自去希腊搜集素材，从停靠在英国各港口的希腊船只的船员口中，或者从移居欧洲各地的希腊学者相关的撰述中，即可获得可靠的材料。这些西方学者对待希腊民歌的另一个态度就是必须忠实于这些歌谣本来的面目，他们对这些歌谣的作者充满敬意，反对任何学究式的改写。这多多少少类似于维柯对"诗性智慧"的敬意。❶

部分西方学者表现出了对希腊文化由衷的热爱，然而还有很多人对古希腊文化和精神复兴的观念持否定态度。其中的代表人物就是弗勒马瑞耶（Jakob Philipp Fallmerayer），从 19 世纪 30 年代起，这个名字简直就是一个反希腊的符号。弗勒马瑞耶在希腊学界臭名昭著，主要是因为他断然否定现代希腊人是古希腊人的后裔。在众多对希腊民族主义嗤之以鼻的学者之中，当然也不乏温和派，英国贵族道格拉斯（F. S. N. Douglas）就是其中一位，他的观点不像弗勒马瑞耶那样激进。他认为现代希腊语与古希腊语非常接近，还列举了很多古希腊和现代希腊的相似之处，包括仪式、婚姻、宴会、符号以及宗教态度等。因此他认为，希腊人是接受了希腊文化的野蛮人

---

❶ 赫茨菲尔德认为，意大利学者托马赛奥（Niccolò Tommaseo）的观点可以代表这类民歌采集的"忠诚度"。托马赛奥曾这样写道，那些只在印刷品中读过诗，并相信除此之外便没有诗歌的人、那些从来不把民歌作者看作诗人的人就没有必要看这部希腊的民谣集了，因为这部诗集不是为他们写的，让他们去诅咒它，去嘲讽它吧，然而这些在我们看来却是一种褒扬。Michael Herzfeld, *Ours Once More: Folklore, Ideology, and the Making of Modern Greece*, p. 29.

的后裔，当他们的精神和文化能够用其杰出的祖先的标准加以衡量的时候，他们才能够获得真正独立自主的地位。当然，只有欧洲人才有资格评判希腊人是否满足了这些标准。❶

上述两个人的观点事实上都否定了现代希腊人是古希腊人的后裔，这无疑让希腊民俗学家无法接受。早期的希腊民俗学全部的任务就是同这些观点和偏见进行斗争，因为这关乎民族的尊严乃至存亡。希腊学者从不同的角度引用民俗和歌谣，以证明希腊文化和精神的延续性。

希腊民俗学界对西方早期的民俗学家的批判主要集中在以下几个方面：第一，西方学者对希腊民歌的搜集和研究是从日常生活和东正教这一维度出发的，这是一种内省的视角，而希腊文化、民族精神和历史却是要向外展示的。第二，西方学者对希腊习俗缺乏直接的认识。第三，希腊和希腊文化的神秘晦涩是西方学者不可能深入认识和了解的。秉持这一信条的学者深信，一个受过教育的希腊人天然和自发地拥有一种言说和阐释整个民族文化的内在能力。与古典文化的天然联系作为另一信条，也是毋庸置疑的。现代希腊的命运同古希腊的命运是完全一致的。希腊民歌的搜集和研究应该由希腊人来完成。❷

赫茨菲尔德注意到了希腊本土的民俗学研究，由于研究取向、民族建构路径以及启蒙策略的不同而分裂成两派，❸ 大概体现了希

---

❶ Michael Herzfeld, *Ours Once More: Folklore, Ideology, and the Making of Modern Greece*, pp. 75-77.

❷ Michael Herzfeld, *Ours Once More: Folklore, Ideology, and the Making of Modern Greece*, p. 34.

❸ 赫茨菲尔德认为希腊民俗研究分为两派，一是以索罗莫斯（Solomos）为代表的"本土派"（demoticist），倡导一种民族形成的文学性运动和手段，主张借助大众的日常生活用语（demotic language）来引介国外的文学和哲学，以此开启民智。另一派是以赞比柳斯（Zambelios）为代表的希腊派，强调古典知识、词源考据对于理解现实社会和国民的重大意义。参见 Michael Herzfeld, *Ours Once More: Folklore, Ideology, and the Making of Modern Greece*, pp. 35-38。

腊在民族国家的形成过程中所产生的身份困惑，以及相应的表述和应对策略。从希腊民俗学的分裂中，赫茨菲尔德看到了希腊从独立至今一直背负着西方文明源头的沉重负担，而民俗学的研究无疑可以很好地理解这一历史困境，进而分析其与希腊民族国家建构之间千丝万缕的关系。赫茨菲尔德认为，在希腊民族国家建构的过程中，摆在民俗学家面前的困难主要包括：一、如何看待民俗与历史的关系；二、如何解决文化的延续性问题；三、如何处理民族与国家的关系；四、地方的诉求与国家的利益有何种联系。❶

然而，希腊在民族国家建构中碰到的问题远不止如此。希腊在建国之初就必须解决民族意识形态的连贯性这一根本问题，即古希腊人早就销声匿迹了，如何证明现代民族国家的公民就是这些居于西方文明源头的人们的后代？各种与此相关的问题接踵而至，其中就包括："一、一个希腊人如何同时又是正统的基督教信徒，因为在基督教早期，希腊人都是异教徒。二、大多数希腊人在日常生活和交谈中使用的语言与古典的希腊语完全不同，因此如何证明他们仍然是希腊人？三、大多数希腊人在日常生活中的很多行为在本国的政治文化精英以及西方人眼中都是'野蛮'和'带有东方痕迹的'，与希腊精神是完全相悖的，那又如何证明这一行事粗鄙野蛮的群体仍然是真正的希腊人呢？"❷

赫茨菲尔德认为，对这些问题的思考从一开始就决定了希腊的民俗学研究体现出强烈的民族意识倾向，其核心问题在于解决历史和文化的延续性。民俗学的任务就是为新兴的希腊民族国家建构起一个可以被西方社会接受的外部形象，因此具有很强的政治意味。

---

❶ Michael Herzfeld, *Ours Once More: Folklore, Ideology, and the Making of Modern Greece*, p. 5.

❷ Michael Herzfeld, *Ours Once More: Folklore, Ideology, and the Making of Modern Greece*, p. 6.

如果能够在广大目不识丁的农民大众中发现古典文明的种种痕迹，则希腊化的观念将获得最为有力的证据。**❶**

在某种程度上，中国也同希腊一样，民俗学研究一开始都带有较为强烈的民族意识倾向。歌谣运动兴起之初虽然局限在知识界，它的研究对象最终还是普通大众，很有可能是目不识丁的大众，如何将多少还很蒙昧的大众打造成中华文明的传承者，以说明历史和文化的延续性，是早期的民俗学者面对的问题。与希腊一样，中国早期的民俗学运动也必须在目不识丁的民众中去找到中国古典文明的种种痕迹。希腊早期民俗学家的策略是"泛希腊化"运动，而中国的民俗学则是"以国学整合民歌"的方案，**❷** 二者都意图在村俗的思想和语言外面加上一个经典和正统的阐释框架。

2. 希腊化与本土化：民俗学研究的两条路径

然而，希腊的民俗学从最初旨在复兴古典文明这一初衷，逐渐向着极端的民族主义甚至种族优越论发展。在"泛希腊"的民族主义思潮推动下，很多民俗学家致力于复活一种新古典形式的现代希腊语言（Katharevousa）。Katharevousa 其实是在文化层面呼吁欧洲承认希腊是西方文明的源头，因为这种文字意图向欧洲证明，普通的希腊人如今仍然在使用一门与希腊文明密切相关的语言。为了达到这一纯净文字的目的，所有使这门语言"不洁"的外来词汇，特别是土耳其语词汇都被彻底清除。从文化上振兴希腊文明的观点自然不乏众多的追随者，整个巴尔干半岛受过教育的人都愿意将自己称作希腊人（Hellenes），希腊成为一种优越文化的象征。到了 19 世

---

❶ Michael Herzfeld, *Ours Once More: Folklore, Ideology, and the Making of Modern Greece*, p. 7.

❷ 徐新建：《民歌与国学》，第 22 页。

纪晚期和 20 世纪初期，希腊人在种族和血统上具有优越性的观念占据了支配地位。种族优越论一旦在巴尔干地区扎下根来，就将开启种族敌视和仇杀这一潘多拉魔盒。❶

由希腊早期的民俗学运动开启和推动的语言和文化的纯净运动，自然也是一种空间或种族的清洗运动（spatial or ethnic cleansing）。伴随着希腊文化优越论的思想，希腊历史上形成的多族群混居的空间格局被重新区隔和界定。北部马其顿地区大量讲斯拉夫语和马其顿语的族群被迫接受新的古典语言，他们被灌输正统的历史叙事方式，从而掩盖其族群身份和种种社会记忆。与此同时，世代居住在希腊东部的土耳其人，也多次遭到驱赶，以便清洗"奥斯曼帝国"所特有的东方和专制文化对希腊的影响。希腊和土耳其历史上多次族群的双向迁移，就是这种空间清洗和文化净化运动的结果。希腊的民俗学运动与种族优越论的合流所造成的族群迁移，被赫茨菲尔德称作空间清洗，他后来也多次将这一概念运用到"拆迁"和"士绅化"的相关研究中。

当然，对于希腊化的思潮也并非没有批判的声音。根据赫茨菲尔德的看法，即便是在独立之初，"希腊方言论"（Romeic thesis）就已经与希腊化的论调相对立。这种观点认为，希腊社会和文化长期以来的自我定义一直带有拜占庭（东罗马）帝国的印记（east Roman），属于东正教的传统，也是广大希腊民众信奉的宗教。普通希腊人将自己的口语称作 Romeika（Romeic），这一称谓一直被用来指称所有希腊人，土耳其人也用这一称谓来称呼生活在小亚细亚的非穆斯林群体。由此希腊民族国家的建构过程一直伴随着希腊化和东正教传统两种观念的深刻对立。选择前者就意味着一种古老而

---

❶ Michael Herzfeld, *Ours Once More: Folklore, Ideology, and the Making of Modern Greece*, pp. 17-18.

辉煌的异教文明，选择后者则意味着熟悉的社会生活以及东正教传统和吸引力。"泛希腊"和"方言论"彰显了两种文化观念、两种希腊语言、两种希腊历史解读方式之间的对立。❶

由此而生的两种语言的建构策略，以及两种国民身份的认同也不断地困扰着希腊民众，使得他们在追想逝去的荣光时，又必须面对纷繁芜杂的社会现实。虽然土耳其人在经过几次大的强制迁移之后，已经从泛希腊化认同的空间中被清洗干净了，但是土耳其文化的"斑斑劣迹"在语言和日常生活中依然随处可见，让人困惑。同时，从小亚细亚被迫回迁的希腊人，如今虽然居住在希腊境内，但是他们讲的依然是土耳其语。如何界定、认同和接受这群讲土耳其语的希腊人，同样棘手。这种理想与现实的巨大差异，迫使人们采取一种颇为实际的国民身份建构路径。民众必须对两种观念进行平衡，必须同时采取两种自我展示的策略。

希腊化是一种以向外展示为导向的策略，旨在向欧洲社会展示一个统一、延续的希腊形象，这符合西方社会的要求和期待。而"方言论"则是向内的或者内省的，它认同为广大民众所熟悉的日常生活和东正教传统。而后者认同的日常生活、方言俚语以及东正教传统大概属于民众需要掩藏的一种"文化亲密性"，因为这些文化特质以西方要求的希腊文明的标准来看，不但大多粗鄙不堪，并且还带有土耳其落后东方文化影响的印记，因此必须掩藏起来。但是这些在西方国家看来让人难堪的特质，却构成了希腊民众共同的社会性。国家与民众在文化亲密性这一层面具有一种"共谋"的关系，它们一道将"落后"掩盖起来，发展出一套统一的对外的表述体系和逻辑。希腊这两种根深蒂固的文化观念，经过调和之后，形

---

❶ Michael Herzfeld, *Ours Once More: Folklore, Ideology, and the Making of Modern Greece*, pp. 18-39.

成了兼具"内""外"的自我展现策略，民众和国家都参与其中并形成某种默契。这或许给赫茨菲尔德提出他最著名的"文化亲密性"理论提供了最初的灵感。

除了文化亲密性之外，希腊民俗学研究给赫茨菲尔德提供了一个研究民族主义的开端，由此可以探寻民族国家建构的完整轨迹。首先，"与其他国家的民俗学研究相比，民俗学对于希腊民族国家建构过程中文化自觉以及民族意识的形成至关重要，希腊民俗学在相当长一段时期内一直是国家统一、民族同质的民族主义理念的化身。那些充满重生和救赎渴望的诗歌在民俗学家波利提斯（Politis）看来不但是一种普遍的民族诉求，并且其在希腊语世界传诵的广泛性也证明了希腊文化的同质性和身份认同的统一性"。❶

其次，希腊的民俗化运动将原本略显支离破碎的希腊历史联系起来，希腊虽经曲折和坎坷，但又绵延不绝，似乎预示着古希腊逝去的荣耀之光将重新照耀这片大地，开启民族的重生之门。在这一意义上，"口头的民间歌谣具有纪念碑式的意义，不再是深奥的考古学隐喻。歌谣和民间故事不但是过去的文化遗存和精神财富，而且也预言了即将到来的救赎。希腊的这一部文化历史就像一个个阶段性的灯塔指引着民族复兴的航程。在波利提斯制定的希腊民俗学分类体系中，有关历史的歌谣无疑起到了纪念碑或灯塔的作用，将各个不同时期的希腊历史联系起来。这些历史歌谣记录的历史事件从最早的亚德里亚堡战役（378）开始，分为几个主要的历史时期，其中包括公元 1453 年君士坦丁堡的陷落和土耳其人对圣索菲亚大教堂的劫掠，1881 年根据《柏林条约》从土耳其手中重获伊庇鲁

❶ Michael Herzfeld, *Ours Once More: Folklore, Ideology, and the Making of Modern Greece*, p. 129.

斯的大片土地等"。❶ 每一次重大的历史事件都有相关的歌谣得以保存下来，并传唱至今。此外，所有的歌谣都传递着一种抗争的精神，这种精神在希腊民俗学历史学家看来，无疑是希腊一次次奋起抵抗外族入侵的见证，这间接证明了希腊精神不灭，文化绵延不绝。

再次，作为一个人类学家，赫茨菲尔德肯定不会放弃将希腊民俗学研究与人类学进行比较的机会。他认为希腊民俗学家是特殊的人类学家，他们系统考察了民间歌谣运动与民族主义、国家意识形态方面的联系，成效卓著，值得人类学家学习。传统意义上的人类学研究局限在乡村社区这一层面，其地方性的观念很难关照到民族主义叙事，这很让人遗憾。赫茨菲尔德从希腊民俗学中获得启示，他之后的民族志作品尽管都以小型社区为田野之地，但他从来没有放弃从地方性社会发现一种由下至上的身份认同策略和历史叙事方式，从而发现地方与民族国家建构之间的关系。在他看来，"虽然希腊民俗学家研究的对象也主要集中在乡村这一层面，但是他们在这一层面写出了有关艺术和文学运动最为细致生动的民族志，从而考察这些小型且相对封闭的裂变型社区与民族文化的关系，通过仔细审视希腊民俗学家对他们自身文化的研究，我们至少开始领悟到，这些形态各异的裂变型社区是如何与民族意识层面的身份认同建立联系的"。❷ 赫茨菲尔德将这一认识运用到教学上，他告诉学生，民族志研究的意义和价值就在于通过小型社区的研究，折射出了更大的世界。显然，希腊民俗学研究过于强烈的政治意识和民族主义因素，在开启种族优越论这一潘多拉魔盒的同时，本身也具有一定的积极意义，因为在狭小封闭的社区，它无意中找到了埋藏在

---

❶ Michael Herzfeld, *Ours Once More: Folklore, Ideology, and the Making of Modern Greece*, p. 136.

❷ Michael Herzfeld, *Ours Once More: Folklore, Ideology, and the Making of Modern Greece*, p. 9.

村俗传统和歌谣诗集中的民族主义的种子。

对于希腊民俗学的两个主要派别，希腊化派别和本土化派别，赫茨菲尔德并不刻意褒扬其中任何一派。本土派注重现实，对于现存的村俗传统和歌谣诗集不会加以"希腊化"的规范和阐释，他们主张借助民众的日常语言来传播科学和文明，由此开启民智，促进民族进步。这种视角多少与人类学相似，二者都关注地方性的社会现实，强调地方性经验和知识的意义。本土派的民俗学反对学究式的考据在分析希腊民俗、歌谣时的炫耀和卖弄，他们主张去掉华而不实的考据学的辞藻堆砌，以展现希腊歌谣和民俗的本来面目。希腊本土派的一位代表人物曼努索斯（Manousos）曾经这样说道，"那些喋喋不休地主张将希腊文提升为古典文字的学究在我看来正在犯这样一个错误，他们改造希腊文字的企图就如同为一个本已天生丽质的少女整容，他们将这一少女变成一个老太婆，并且认为尽管她现在看上去老迈衰弱，但她年轻时却光彩照人"。❶

3. "雅"与"俗"：人类学研究的古典情结

本土派对希腊化派卖弄考据学知识的批判和指责，可能正好说明其自身古典知识的匮乏，因此无力从谱系学、语言学以及词源学等多个角度，将现存的希腊民俗与古希腊文化之间的关系做一个知识考古学意义上的梳理。这一点在极力推崇古典知识训练、熟悉古希腊语的赫茨菲尔德看来，不能不说是一个遗憾。当然，这不是说，希腊早期的民俗学家的古希腊语或拉丁语的水平不及赫茨菲尔德，而是说，本土派学者的语言学和考据学功底跟同一时期的希腊化派的领军人物相比，自然大为逊色，这也是不争的事实。希腊

---

❶ Michael Herzfeld, *Ours Once More: Folklore, Ideology, and the Making of Modern Greece*, p. 38.

化派的代表人物赞比柳斯就是这些领域的大学问家，赫茨菲尔德对其推崇备至。这首先是因为，赞比柳斯精通古希腊语、拉丁语以及梵语，能够驾轻就熟地在这几门语言之间自由穿梭，很多例证信手拈来，考证精当，让人拍案叫绝。这多少让赫茨菲尔德在赞比柳斯的身上看到了另外一位他推崇的意大利思想家、语言学家——维柯的影子。赫茨菲尔德认为在民歌的考证环节上，赞比柳斯应该受到过维柯的影响。这一点体现在赞比柳斯对于 traghudho（I sing，意为"我歌唱"）的考证上，他举例说：

> 赞比柳斯认为，traghudho 派生自古希腊语 tragodia（tragedy）。这一词源学意义上的联系说明了一个颠扑不破的历史事实：现代希腊还在民间广为吟唱的歌曲中保留了阿提卡悲剧（Attic tragedy）的诸多精神和实质。这一点同样表现在民间婚礼歌谣中的一个悖论上：希腊乡间婚礼歌谣（wedding-songs）的吟唱让人愉悦，听者快乐得好似一只钻入苹果中的蠕虫，然而这一愉快的歌谣却始终伴随着一切终将死亡的忧伤。与此相对的是，赞比柳斯嘲讽欧洲的婚礼如今传递出的仅仅是单薄的快乐。他断言，欧洲文化只不过是对古希腊的一种单纯的模仿和简化。在希腊乡间的歌谣中，赞比柳斯发现了希腊文化延续的证据：乡村婚事的歌谣一直保留着古希腊特有的悲剧气质，而现代貌似复杂的西欧文明却永久地丧失了古希腊这一传统。❶

事实上，只要读过维柯的《新科学》便会知道，凭借维柯卓越

---

❶ Michael Herzfeld, "Performative Categories and Symbols of Passage in Rural Greece," *The Journal of American Folklore*, Vol.94.No. 371（Jan.-Mar., 1981）, pp. 44-45.

的词源学考证能力，我们得以洞见现代玄学和理性的一切知识，事实上与身体、情感和村俗传统之间有着千丝万缕的关系。赞比柳斯的行文和考据虽然具有维柯的风范，但是其所生活的时代是古典知识全面退却的时代，这难免使得他的一些考据不如维柯那样透彻和深刻，但他对古希腊语"悲剧"的认知与亚里士多德对悲剧功效的阐释十分相似。亚氏在其《诗学》中对悲剧的功效加以分析，认为悲剧通过惊异的剧情引发大众的怜悯和恐惧，同时也使人们在体验这些情感中得到快感。❶ 由亚里士多德对悲剧的界定可知，古希腊语原本就包含着恐惧和快乐的双重情感体验。而赞比柳斯无疑深谙这一古希腊语的意义，诸如此类的词源学考据在他的民俗学研究中还有很多。这种词源学意义上的考证对赫茨菲尔德影响很大，他在《成人诗学》一书中，试图通过克里特山地牧民当下的日常语言，建构出一个"业已逝去"的意义丰富的世界，而古典知识是通向这一世界的唯一途径。《成人诗学》折射出太多的怀旧情结，赫茨菲尔德的文风也与早期希腊化派的民俗学家颇为相似。他们都尝试着在桀骜不驯的牧人或者粗鄙的村夫农妇中，通过考察村俗语言和民歌去追溯这一块土地的"昔日荣光"。

　　希腊民俗学研究表明语言考据的重要性，对不同语言的熟练掌握和实际运用，不但帮助人类学家认识到"他者"由言辞表述（同时也是一种实践方式）建构起的意义丰富的世界，同时还是判别人类学家是否介入"文化亲密性"这一地带的重要标志。赫茨菲尔德对于希腊民俗学派语言考据这一传统的偏爱，似乎预示着他到美国之后很快便会投入到语言人类学的研究领域之中，这部分是出于个人的偏好，部分是出于工作的需要。

---

❶ 亚里士多德：《诗学》，陈中梅译注，北京：商务印书馆，1996年，第105页。

第 3 章

初到美国：英美的人类学传统

　　1978 年，赫茨菲尔德基本结束了在希腊的田野研究，和妻子尼亚一起来到大洋彼岸的美国寻找工作机会。尼亚是美国人，这可以部分解释赫茨菲尔德去美国的原因。在纽约州的瓦瑟学院（Vassar College），赫茨菲尔德找到了他在美国的第一份工作——语言人类学助教。瓦瑟学院是一所文理学院，它最初同卫斯理学院一样，是一所女校，直到 20 世纪 70 年代才开始招收男生。这种学院课程设置通常五花八门，什么学科都有一点，但大都缺乏学术研究力量雄厚的专门院系作为支撑，再加上缺少学术领军人物，因此各个学科谈不上有什么研究特色或专长，是一所较为典型的提供通识教育、提升学生人文素养的院校。

　　赫茨菲尔德很快便感受到由于缺少学术氛围带来的不适。学校本身强调的不是教学和研究，而是努力营造师生之间的一种和谐合作的"社区生活"（community life）氛围。此外，瓦瑟学院学生对教师的匿名评价体系，也让刚刚从学生转换到教师角色的赫茨菲尔德感到不适。这倒不是说，他的课上得不好，而是感觉教师授课变成了一件迎合学生这一消费群体的商品。由于过分强调师生之间的协调关系，学术能力的考量受到削弱，这种校园氛围让赫茨菲尔德感到很不自在。他在瓦瑟仅待了两年，1980年便去了印第安纳大学。

赫茨菲尔德在去美国之前，从来没有想到在美国也会经历种种文化差异。英国和美国讲同一种语言，没人觉得这两个国家会有太大的差别，但情况并非如此，赫茨菲尔德来到美国之后，才发现同一种语言的两个"方言"版本之间的细微差异，以及由此引起的交流和理解上的困难。这一点正如丘吉尔曾经调侃的那样，将英国和美国如此截然分开的，正是他们所讲的同一种语言。❶ 尽管赫茨菲尔德在希腊这个有别于英美文化的国家长期从事田野调查，然而当他来到美国之后，才发现他碰到的文化差异似乎比在希腊时更加显著。

为了生存，赫茨菲尔德必须尽快适应环境，但两种"方言"之间的细微差异仍然会时常冒出来，让人感到些许的困惑和沮丧。赫茨菲尔德找到第一份工作之后，想和同事们熟悉起来，这些同事大多是美国人，赫茨菲尔德有时甚至都不太明白他们在说些什么。有一次他请一位同事帮忙看一篇自己写的文章，提提意见。几天后这位同事见到他便说，这篇文章还好（it is quite good）。这让赫茨菲尔德感到一些失望，因为在英国英语中，如果说某物还好（something is quite good），它的意思是，不是很好（it is not very good），但还过得去。然而在美国英语中，quite good是非常好的意思。赫茨菲尔德当时是看到这位同事的微笑，才领悟到他话语中的赞许之意。总之，刚到美国的两年对于赫茨菲尔德而言，是颇为艰难的。环境的不同，从学生到教师角色的转变，瓦瑟学院学术氛围的缺失以及语

---

❶ 见访谈录音，2009年11月28日于剑桥大学赫茨菲尔德寓所。

言上的微小差异，似乎比他在希腊田野调查时碰到的困难还要多。然而人类学家毕竟对环境有着极强的适应性，更何况赫茨菲尔德在艾伦眼中是一位空降到任何一个地方，两小时之后就会和当地人打成一片的人类学家。

赫茨菲尔德首先发现的是美国学者对后学的提携和慷慨支持，他接触到的很多颇有影响和声望的人类学家或语言学家，大都愿意倾听年轻学者的观点，积极参加他们的学术讨论并提供力所能及的帮助。美国学术界的另一个特点在赫茨菲尔德看来是宽容。赫茨菲尔德刚到美国的时候，颇有点初生牛犊不怕虎的意味，在学术论争的时候经常锋芒毕露。有一次他批判美国语言学家施耐德（Jane Schneider）的某一观点时，措辞颇为激烈，然而对方并没有生气，反而写来一封长信，对赫茨菲尔德的质疑逐一回应，态度谦逊而且诚恳。此事让赫茨菲尔德很受感动，他时常对自己的学生说，如果你们想表达对我的尊重，完全可以采取学术论争的方式，反驳我的观点。在美国从教多年以后，赫茨菲尔德认为如果从纯粹学术这一角度来看，自己更像是一个美国人，而不是英国人。

美国人类学界

赫茨菲尔德最初接触到的美国人类学界事实上已经受到博厄士（Franz Boas）"历史文化学派"深刻的影响和塑造。由于博厄士的学生中不乏杰出人士，他本人也一直在人类学的重镇哥伦比亚大学研究和教学，还一度担任美国国家研究中心的主任（NRC），其学生也有多人先后在《美国人类学家》任主编，因此这一学派对美国人类学产生了相当的影响。博厄士的民族学甚至塑造了美国20世纪整个人类学的品质。❶ 简单地说，博厄士的人类学更偏重于"人文"而非"科学"，这一点从当时美国两个人类学研究重镇的不同分工便可知晓。博厄士工作的哥伦比亚大学偏重语言学与人种学（也就是文化人类学），而剑桥的哈佛大学则偏重于考古学和体质人类学。博厄士学派因此更注重语言学的研究、文化与性格的分析。❷ 因此，偏重语言学研究，再加上心理学式的对于文化与性格之关系的考察路径，使得博厄士的历史文化学派更注重内心的体验，注重经验的主观意义，因而相应地忽略了外部的制度性结构以及客观的社会关系的意义，从而成为众多"科学"的或"实证"的人类学批判的对象。事实上，如果我们仔细考察这一所谓内心／主观与外部／客观的分类方式，便会发现这多少是结构／能动性二元论的一种复制模式。尽管我们不能对两种不同的学派做一个泾渭分明的划分，但是博厄士学派更加内省的观察视角，以及更注重人的感受的研究路径，似乎已经成为学界看待它的一种共识，并且极有可能成为欧陆人类学对美国人类学一种颇为刻板化的印象（stereotyped image）。

赫茨菲尔德当然不会轻易接受这种简单而且粗糙的二元分类体系，他一方面倡导一种"道德的"而非"科技"的民族志观点，以此表示对美国人类学人文倾向的赞赏，然而另一方面他也认为人类学家不能像小说家一样贸然深入个体的内心深处，呈现出个体复杂的内心活动轨迹和情感体验。他认为人类学家应该抵制住这种诱惑，从而保持一段恰当的距离和多少"客观"的观察视角。

博厄士学派的"人文"（humanist）倾向，自然也招来很多非

---

❶ George W. Stocking Jr. ed., *American Anthropology, 1921-1945*, Madison：University of Wisconsin Press, 1976, p. 4.

❷ George W. Stocking Jr. ed., *American Anthropology, 1921-1945*, p. 5.

议和责难。博厄士学派中的本尼迪克特于 1934 年出版的《文化模式》一书，常常被相当一部分人类学家视为批判其"人文倾向"的证据。1974 年马文·哈里斯发表了《人类学理论的崛起》一书，宣称自己写作此书的主要目的就是要再次确认，人类学的主要目标在于探索社会行为的基本准则。❶ 在哈里斯看来，本尼迪克特和米德（Herbert Mead）等人对文化模式和性格特征的分析采取的是一种人文主义的研究路径，在此基础上对个体的思想、情感以及个性所做的主观性分析，实在不能算作客观的、科学的研究方法。哈里斯认为：

> 现代文化与性格学派的一个主要特征就是，将民族志的田野调查、理论和方法同诸多心理学的概念和术语简单地嫁接在一起。这种研究的转向主要与本尼迪克特的著作相关，她本人深受萨丕尔以及米德的影响，认为对于文化的全盘分析可以同一到两种主要的心理模式的分析融合起来。❷

哈里斯在书中甚至将本尼迪克特看作一个女诗人，说她"既是一个人类学家，也是一个颇具浪漫主义气息的女诗人，二者难分伯仲"。❸ 他援引本尼迪克特在美国人类学年会上的一篇发言"人类学与人文主义"中的观点来证明自己的判断。本尼迪克特在该篇文章中认为，"人文科学领域讨论的诸多问题的实质与其他大多数社会科学的调查和研究相比，同人类学更加接近"。❹

---

❶ Marvin Harris, *The Rise of Anthropological Theory: A History of Theories of Culture*, New York: Cowell, 1968, p. 3.

❷ Marvin Harris, *The Rise of Anthropological Theory: A History of Theories of Culture*, p. 398.

❸ Marvin Harris, *The Rise of Anthropological Theory: A History of Theories of Culture*, p. 404.

❹ Marvin Harris, *The Rise of Anthropological Theory: A History of Theories of Culture*, p. 404.

也就是说，至少在 20 世纪六七十年代，美国人类学界出现过一种类型划分的倾向——人文倾向或是科学倾向，并依据不同倾向将人类学划分为两大阵营。以体质或者生物人类学为研究导向的属于一个阵营，而另一个阵营的文化人类学家因其"人文主义"的关怀，在方法论以及理论范式上同历史研究、心理学研究以及文化和族群研究联系在一起。形成斯托金所谓的以哥伦比亚大学为代表的语言学和人种学研究取向，以及以哈佛大学为代表的体质人类学研究取向的学术地域格局。❶

哈里斯对以博厄士为代表的人类学"人文主义"倾向的批判显得颇为极端，博厄士本人对于一种主要性格对应一种文化模式的简单匹配的论调，是持怀疑态度的。同时他也认识到一种更加亲密的观察视角对于理解个体思想、行为乃至普遍社会行为的重要性。如果博厄士足够长寿能读到哈里斯的批判文章，他一定会认为哈里斯想要探索的所谓人类行为的普遍准则，一定不能同个体更为隐秘的内在体验和行为方式割裂开来。事实上，人类学"主观"的观察视角往往比简单谈论人类的文明模式更为有效，对于人类学社会行为的呈现也更加生动和细腻。

博厄士在为《文化模式》一书所写的序言中，提到了这种亲密性的主观观察视角的重要性：

> 正如本书作者所指出的那样，并非每一种文化都体现为一种主要的性格特征，但是我们各自文化中存在更为隐秘的亲密性和意识的驱使下所造成的个体行为，也是一个不争的事实。我们对这种情感因素的驱动作用认识越多，我们也就越能够理

---

❶ George W. Stocking Jr. ed., *American Anthropology, 1921-1945*, p. 18.

解某种行为背后的观念。然而如果我们采取一种颇为教条和宏大的文明体系的考察视角，就会错过对个体行为背后情感、思想和观念的理解，从而将某些行为看作违反常态而摒弃到一边。❶

　　博厄士在之前为他的另一位女弟子米德所著《萨摩亚人的成年》一书所写的序言中，已经对系统把握人类普遍行为准则这一观点加以批判。只不过学科历史上不同观点的论争，就如同钟摆一样随着不同的研究旨趣或者理论范式建构的尝试来回摆动。以至于在 20 世纪六七十年代，这种强调文明模式以及人类行为普遍原则的观点又一度居于主导地位。博厄士早在《萨摩亚人的成年》一书序言中就反对整体和系统地对人类行为加以把握的观点，他认为："系统地对人类行为做描述几乎无助于我们认识个体的思想意识……系统地展现整个文化生活使我们忽略了个体生活自我的一面（personal side）。因此研究人的性格是如何对文化机制进行回应的，在人类学领域显得格外重要。"❷

　　博厄士一派的文化人类学显然认为，对于人类普遍行为准则的客观把握，完全没有必要拒斥个体的主观意识。套用现在的概念和术语来说，就是研究社会结构和文化模式一定要考察个体的主观能动性，后者也就是布尔迪厄强调的言辞和社会两种实践方式。社会结构从现实中个体的实践中获得存在的意义，而个体实践的最终目的无非是感知制度或者结构的存在，二者紧密联系，缺一不可。任

❶　Ruth Benedict, *Patterns of Culture: An Analysis of Our Social Structure as Related to Primitive Civilizations*, New York: Penguin Books, 1946, preface xiii.

❷　Margaret Mead, *The Coming of Age in Samoa: A Psychological Study of Primitive Youth for Western Civilisation*, New York: William Morrow & Company, 1928, preface xiii-xiv.

何将结构与实践截然分开的二元对立观点如同哈里斯将"科学的"和"人文的"人类学截然分开一样显得僵化。尽管博厄士及其弟子们并没有系统地讨论个体的主观意识、情感等维度在现代社会科学研究和知识范式中的意义,但他们有关心性与文化类型的研究,毕竟开启了这一更加"诗性"的人类学的人文主义传统,并对20世纪的美国人类学有很深刻的影响,尽管这一"人文"的传统屡屡遭受质疑。对于"自我"层面的意识以及情感在人类学领域的"系统"考察,要等到"符号互动主义"在美国学界的"崛起"。包括米德和特纳(Victor Turner)在内的学者开始关注更具有认知能力的"我"(I,也就是米德所谓的"主我"),在同社会发生关系时所借助的文化手段,并对其加以"科学"的论证。❶

这就是赫茨菲尔德到达美国之前,美国人类学界逐渐形成的"人文主义"传统。这种传统更容易与族群、文化、语言学、符号学甚至女性主义等研究领域结合在一起。这种结合也可以部分用来解释人类学的后殖民主义七八十年代在美国蓬勃兴起的原因。当然,这一"人文主义"传统并非铁板一块,人类学内部围绕"人文"或是"科学"的争论便能说明问题。赫茨菲尔德本人事实上也意识到英美两国文化人类学之间略有不同的研究取向和品性(character)。他认为,我们谈到认识论层面时,大概可以说英国的人类学更注重社会(social),因为他们更关注社会阶级的问题;美国人类学更注重文化(cultural),因为博厄士一派所特有的德国传统对于文化与国民性格的兴趣多少影响到了美国人类学。然而毋庸置疑的是,语言学的传统是美国人类学的一个重要标志。❷ 赫茨菲

---

❶ 刘珩:"民族志诗性:论'自我'维度的人类学理论实践",载《民族研究》,2012年第4期。

❷ 见访谈录音,2008年8月15日于香港尖沙咀假日酒店对赫茨菲尔德的访谈。

尔德当然无意强调和放大二者之间的差异，他一直在充当"调和
者"的角色。

埃文斯－普理查德的遗产

　　与美国更强调符号、象征和语言研究的人类学相比，英国人
类学确实更强调社会结构和文化的制度性研究（比如宗教、婚
姻、亲属等），在此基础上形成了一种社会人类学的研究传统。然
而这种传统并非一成不变，如果我们按照欧内斯特·吉尔耐的观
点，以埃文斯－普理查德作为英国人类学研究的一个分水岭，❶那
么埃文斯－普理查德之前的人类学研究确实受到"理性主义"传统
（rationalist tradition）的支配，强调把握某一社会的观念结构，而这
一社会的成员都认同这种结构，并通过各种方式加以表述。结构和
秩序才是人类学田野观察的重点，之后在民族志中作为系统的普遍
行为准则加以表述。某一特定社会结构中的个体意识相对而言是受
到忽视的，因为按照马林诺斯基功能论的观点，个体的行为只不过
是满足他的生物性的需要，而各种制度的功能无非就是通过相互间
的作用形成一个无缝隙的复合体，保证个体的生物性需要，更多的
时候就是指人类社会的两种生产方式，即物质资料的生产和人口的
生产。显然，结构之下出于生物性本能而活着的个体，多少类似于
乌合之众中可有可无的人。

　　功能主义的人类学传统在吉尔耐看来受到了埃文斯－普理查德

---

❶ Ernest Gellner, "Introduction to *A History of Anthropological Thoughts*," E. E.Evans-Pritchard,
　New York: Basic Books, 1981, p.xiv.

的反思性批判，埃文斯－普理查德因此在英国人类学界具有承上启下的作用。吉尔耐认为：

> 功能主义的一个假设就是过去与现在非常相似，制度持续发挥作用使得社会成为一个具有稳定性的均衡体，但是反过来只有预先假设社会是一个具有稳定性的均衡体，才能将其中的各种制度进行功能式的分析。在这样一个解释的循环中，结论成为前提。功能主义研究方法所面临的悖论主要是对田野工作过度迷信，这种偏执使得他们相信任何有语境的阐释（contextual interpretation）才可信，任何脱离语境的阐释都不真实并且毫无意义。但是他们忘记了有语境的阐释终究也是阐释。这些学者往往对于观察有着一种"我就是照相机"的偏执和迷恋，他们相信只有全部地渗透和融入社区才能获得知识、建构理论，任何推理和历史背景的引入都被他们怀疑。他们的社区全然是一个有机的整体，能够独立发生和存在，与外部似乎没有丝毫关系。
>
> 如果不加以反思和批判，功能主义可能会朝着两个极端的方向发展。第一是可能会导致一种社会的自然历史论，借助科学的比较社会学（scientific comparative sociology），通过对单个社区的功能主义式的研究来概括出不同的发展类型。另一个极端则是一种社会特质（social idiosyncrasy）论，即认为每一种社会合法性地保有其自身集体性的独特的意义体系。❶

正是在这样的历史背景中，吉尔耐认为埃文斯－普理查德同时

---

❶ Ernest Gellner, "Introduction to *A History of Anthropological Thoughts*," p. xxii.

抵制住人类学朝着这两个极端发展，"事实上，他采取了一种调和的策略，对历史批判性地加以使用，同时对于比较方法的使用也严格加以控制"。❶

埃文斯－普理查德的这番努力，体现在他为《地中海的人们》一书所写的序言中。读过此书便不难发现，埃文斯－普理查德主张将历史学的方法引入到社区的研究之中。将历史学引入到人类学研究中，一方面是因为目前人类学对复杂社会加以研究的需要，另一方面也是对偏执或者极端的功能主义观点的一种反动。极端的功能主义将内部关系原则奉如圭臬，对一切无事实根据的假设和推理都一概加以拒斥。这样一种局面长期持续下去就是《地中海的人们》一书中对当时地中海人类学研究的描述，即人类学家将自己局限在单个的社区研究之中，既不比较也缺乏长时段的历史关照。而埃文斯－普理查德正是在比较与历史两个维度，对功能主义人类学加以改造。

吉尔耐认为，埃文斯－普理查德剥除了比较的神秘色彩，认为比较其实很简单，完全没有秘密可言。如果有人想要对某种制度的本质加以概括性的陈述，他必须首先将其放在不同的社会中加以考察。❷ 在吉尔耐看来，埃文斯－普理查德有关努尔人和贝都因人政治的"裂变型"的阐释以及他对阿赞德巫术的社会观念体系或者努尔人宗教的理性研究具有广泛的影响。但是他的声望并不是因为其他学者会将他的研究看作某种具有原创性的思想和理论源泉，而是因为它们来自于细致和高水平的田野工作并且有非常精彩的论述。❸ 格尔茨显然也持同样的观点，他认为，与列维－斯特劳斯相比，埃

---

❶ Ernest Gellner, "Introduction to *A History of Anthropological Thoughts*," p. xxii.

❷ Ernest Gellner, "Introduction to *A History of Anthropological Thoughts*," p. xxxii.

❸ Ernest Gellner, "Introduction to *A History of Anthropological Thoughts*," p. xiv.

文斯－普理查德属于另外一种类型。❶

　　埃文斯－普理查德的另外一个学术贡献无疑就是他提出的"裂变型社会"这一概念。在吉尔耐看来，"虽然裂变型社会的观念来自涂尔干，但遗憾的是涂尔干太过于关注同一层面、相同大小的裂变型单位的横向协作关系，而忽略了其与更大的裂变型单位之间的纵向关系——即大的单位与次级的裂变型（subsegments）单位之间的相似性。涂尔干因此没有认识到，除非裂变（segmentation）既是横向的又是纵向的，否则我们无法解决缺乏政治制度和劳动分工的社会秩序如何得以维护这样一个问题，而埃文斯－普理查德却非常圆满地完成了这一极其重要的观点的阐述"。❷

　　埃文斯－普理查德在英国人类学史中承上启下的作用就表现在，首先，尽管功能主义强调社区的研究多少等同于一个"裂变型"单位，然而，早期的功能主义者关注的视角主要集中在这一社区内部所形成的一种独立运作且自给自足的文化复合体或社会结构上。考察这一多少"封闭"的社区各种制度功能式的相互协作，他们几乎倾注了全部的精力。埃文斯－普理查德的学术贡献就在于将这些裂变型单位加以"纵向意义"的比较，指出他们形成更大的"社会共同体"的可能途径，从而将地方社会纳入一个具有现代意义的民族国家的分析框架之内。这一点同赫茨菲尔德观察到的早期

---

❶　格尔茨认为，《忧郁的热带》同列维－斯特劳斯的其他作品一样，什么是文化的事实并不重要，文化的事实在《忧郁的热带》中是间接和暗指的、微妙的，似乎是毫不相关的，有时似乎离文化的事实越来越近，然而作者却又突然后撤，其所要逼近的事实始终晦暗不明、若即若离。而埃文斯－普理查德却有着完全不同的风格，他的民族志确定、直接而且系统化，有着令人目眩般的透明。这种民族志的写实主义，如同用了西方油画般清晰明了的线条，清楚地勾勒出了田野地点分叉的树叶以及牛栏。或者手持手术刀对着一具躯体进行解剖，让我们可以清楚看到内脏的纹理以及粗细不一的血管。Clifford Geertz, *Works and Lives: the Anthropologist as Author*, pp. 21-23.

❷　Ernest Gellner, "Introduction to *A History of Anthropological Thoughts*," p.xiv.

的希腊民俗学家从地方性社区村俗传统中发现"民族主义"的种子和逻辑具有异曲同工之妙。也就是说,"埃文斯-普理查德高明之处就在于,在看似一片混沌困惑之处,揭示了没有科学的情况下认知的秩序是如何发挥作用的;在没有国家的情况下,政治秩序是如何发挥作用的;以及在没有教堂的情况下,精神秩序是如何发挥作用的。所有这些论述都指向一种关切:我们认为属于真正人类生活的那些基础是如何不必借助我们现代的制度而存在并发挥作用的"。❶

其次,埃文斯-普理查德的裂变型社会的理论致力于在缺乏"国家观念和理性思考"这一现代思想体系下,考察文化"他者"如何在前国家的"无政府"状态中感知秩序的存在,在"蒙昧"中通过特定的观念体系展演或表述理性和逻辑的思考方式,因此这多多少少和人的主体意识、能动性相关。也就是说,埃文斯-普理查德的理论框架中已经包含了一套理论与实践、结构与能动性互动的观念。

埃文斯-普理查德的裂变型社会的观念对赫茨菲尔德影响很大,体现在如下两个方面。首先,这一观念一直是赫茨菲尔德用来分析小型社区与民族国家之间互动关系的主要理论框架。2016年出版的一部有关泰国一个叫作蓬·曼哈康(Pom Manhakan)的小型社区的民族志研究中,赫茨菲尔德将裂变型社会的观念与泰国古老的政治秩序和同胞兄妹的复合形式——moeang联系在一起,从而在不同的层面,复制出了地方与国家的交往互动模式。❷ 这种将形式(form)创造性地加以改造(deform)的能力,在赫茨菲尔德看来就

---

❶ Clifford Geertz, *Works and Lives: the Anthropologist as Author*, p. 69.

❷ Michael Herzfeld, *Siege of the Spirits: Community and Polity in Bangkok*, Chicago: the University of Chicago Press, 2016, pp. 44-48.

是一种社会诗学的能力。埃文斯－普理查德的学生坎贝尔将裂变型社会的观念改造以后在南欧的语境中加以运用，而赫茨菲尔德又将这一概念带入亚洲的语境。

其次，赫茨菲尔德从裂变型社会的观念中发展出了裂变型实践（segmentary practices）这一概念。尽管他本人没有明确解释，但是这一概念意味着，将实践这一能动性的维度引入社会之中，静止的和变动的二元对立体只有在事件或者实践的语境中才能得以更清晰地审视。每一个社会展演者都面临着相对静止的制度或者规范对自身行为的约束，然而让事件发生或者去行动才能产生交往和互动的关系，不同的"裂变型单位"或者不同的群体依着事件和行为才能建构起一个意义的世界。裂变型的实践应该就是面临统一和分裂两难困境的群体试图均衡这一内在矛盾时所体现出的能动性。这种均衡有可能是《忧郁的热带》中描述的一次异文化的遭遇，也有可能是一次针对其他群体的劫掠行为，也有可能是克里特山区牧人通过偷盗同另外一个群体缔结同盟关系的手段。这种行动的逻辑和策略不是简单依靠一套社会结构和统一的社会行动指南来完成的，它是结构或者略显僵化的社会规范的"裂变的实践形式"，并通过事件和行为展现出来，让我们看到了能动性的微光。❶

---

❶ 赫茨菲尔德认为，《努尔人》一书叙述顺序的组织方式在于表达文化关系的一种裂变型观点，这一观点事实上就是埃文斯－普理查德关于世界该如何被治理的看法。《忧郁的热带》并不仅仅是在描述通过仪式，它事实上借助《努尔人》一书中裂变型世界观念（segmentary worldview）——或者是努尔人的观念——使其延伸并超越一个"部落"或一个"国家"的局限，将所有真实的或是想象中的生命体的经验都涵括进来。裂变常常出现在各种社会实践中，这些实践有可能是同异文化的遭遇，也有可能是对武装的敌人进行劫掠。参见 Michael Herzfeld, "Textual Form and Social Formation in Evans-Pritchard and Levi-Strauss," in Richard Harvey ed., *Writing the Social Text: Poetics and Politics in Social Science Discourse*, pp. 53-54。

"无秩序、无信仰、无国家"的裂变型社会中，个体和群体特有的社会实践方式和能动意识，使得赫茨菲尔德将埃文斯－普理查德的学术观点与"现代"人类学并置在一起，从而为经典的人类学家及其著作辩护。这种辩护在感情方面出于牛津的学术传承关系，但也源于赫茨菲尔德意识到，各种自我标榜的后现代理论出于标新立异的需要对于学术传统的肢解和隔离所造成的危害。欧陆人类学与美国人类学、旧说与新论、科学与人文等在学界到处蔓延的二元对立，正是这种肢解和机械的分类体系所造成的后果。因此，考察经典与现代的关系，不失为调和两种学术传统的切入方式。赫茨菲尔德特殊的"跨界"身份，促使他初到美国之后即开始从事这一工作，部分原因恐怕也是迫切需要解决自身的"身份困惑"，以便在新的环境中安身立命。

《努尔人》与《忧郁的热带》

同一时期美国学界重新对经典加以认识和评价，恐怕也并非赫茨菲尔德一人。格尔茨在其中也扮演了重要角色，似乎他在那一时期隐约感觉到，人类学的后现代性正在试图颠覆或者解构人类学百年以来所形成的诸多传统、概念、研究方法和知识范式。格尔茨意识到，反思人类学这一股潮流如果过于泛滥可能带来的影响，因此挺身而出为人类学的经典理论、作品和人物进行辩护。格尔茨当时陷入一种被后现代话语孤立的境地，身边的弟子似乎也一个个离他而去，归依到福柯式的超验哲学思潮的门下，主张放弃传统的民族志田野调查方法。❶ 有鉴于此，格尔茨 1983 年在斯坦福大学发表演讲，对颇为极端的反思人类学思潮加以批判，后来结集成《作品与人生：作为作家的人类学家》一书，于 1988 年出版。尽管该书出版比《写文化》晚了两年，但格尔茨显然早已开始思考民族志的文本形式，并致力于发现"书写"这一颇为诗学和修辞的方式与"科学"的一般性结构和规律之间的关系。

有意思的是，格尔茨认为《忧郁的热带》一书，只不过是古典智慧和知识复兴，所凭借的是一种民族志形式，❷ 从而为经典和传统正名。异曲同工的是，赫茨菲尔德在《努尔人》和《忧郁的热带》中，都发现了维柯"新科学"的重大命题。他说：

> 《忧郁的热带》是一次文本式的通过仪式（a textual rite of

---

❶ 格尔茨的学生拉比诺（Paul Rabinow）对于摩洛哥城市化与现代性的反思，就已经超越了经典民族志的研究路径。拉比诺对法国殖民时期摩洛哥城市化发展的考证是为了替福柯多找一个可以论证其现代性概念的实例。拉比诺认为，现代性是文化的、审美的以及科技的规范（norms）相互作用和影响的结果，此外，现代性需要以一种新的社会和空间形式进行试验，以便实现现代性的诸多观念。参见 Paul Rabinow, "France in Morocco: Technocosmopolitanism and Middling Modernism," *Assemblage*, No. 17（Apr., 1992）, p. 53。

❷ 格尔茨认为，《忧郁的热带》是一本旅游作品，甚至是一部已经过时的导游手册；同时，这是一部以《新科学》为基础的民族志式的报告；这是一部充满哲学话语的作品，意在为卢梭恢复名誉，为社会契约论以及恬淡安适的生活进行辩护。这也是一部对建立在特定审美基础之上的欧洲扩张主义的攻击，本书同时还是一部文学作品，展示并发展了多种文学的格调和手法，这些特点如同展览中的画一样全都并置在一起。参见 Clifford Geertz, *Works and Lives: the Anthropologist as Author*, p. 44。显然，尽管格尔茨认为《忧郁的热带》是一本过时的导游手册，可是他也许体会到，《忧郁的热带》在碎片式的文化体验和穿越中，展示了"偶发""瞬时""变动"的实践和认知格局中不同于结构和形式的另外一种真理意义上的永恒性，然而揭示这种"永恒的真理"正是维柯的《新科学》的重大主题。也许，列维-斯特劳斯从人类学和民族志的角度完成了维柯对"真理"和"诗性智慧"的永恒性探索，因此格尔茨才将《忧郁的热带》认为是《新科学》的民族志版本。虽然形式有所变化，但是对于知识的传统格局并无突破。

passage），一个渴望与熟悉相分离、进而不屈不挠地在陌生和异化中探寻，并多多少少感到苦闷和彷徨的一个暗喻。正因为如此，它非常类似于维柯对于历史轮回（the cycles of history）的探寻和审视。在这一意义上，维柯、埃文斯－普理查德和列维－斯特劳斯这样的学者都拒绝对个体和集体经验加以刻板僵化的解读，他们都试图以自己的学术发现，破除大众根深蒂固的二元对立的僵化观念：艺术或是科学，修辞或是直白，等等。维柯在处理历史事实的时候，认识到将语言的诗性源头完全去除是根本不可能的；而列维－斯特劳斯在充满异趣的热带中的体验，认识到他自己无法丢弃个体和文化的自我。维柯在人类生活（human affairs）中看到无休无止的交互和替代；列维－斯特劳斯则将他的亚马孙丛林之旅看作文化差异的变幻流动的象征。对于维柯而言，任何事件一定有其潜在的轮回；对于列维－斯特劳斯而言，每一次的旅行都意味着最终的回归。维柯的《新科学》一书将人类的认知顺序概括为，从意象到隐喻，再从隐喻到直白（literality），这一认知的过程构成《新科学》一书的组织结构。而列维－斯特劳斯则带领我们穿越亚马孙丛林，经过一次真正和复杂的通过仪式之后，重归我们熟悉的生活。在这些学者看来，理论和表述不可分割地融合在一起。❶

如果说格尔茨是在不同文本所具有相同的功能这一层面，发现了所有人类学实践或者派别的相似性。而赫茨菲尔德却在文本的形式、事件的呈现以及实践的即兴和偶发所共同具有的"裂变"这一

---

❶ Michael Herzfeld, "Textual Form and Social Formation in Evans-Pritchard and Levi-Strauss," p. 58.

层面，将维柯乃至不同的人类学派别的相似性勾连起来。在他看来，埃文斯－普理查德在借用涂尔干的"裂变型"概念的时候，既是一个涂尔干式的社会决定论者，又是一个维柯主义者。但现在关键的问题在于，埃文斯－普理查德身上所具有的维柯的人文主义的一面，帮助他将社会决定论以纯粹"科学"的视角进行修正，正如同他修正涂尔干的"裂变型"这一概念的原义一样。对裂变型概念的修正最重要的意义在赫茨菲尔德看来，就是对笛卡儿式的二元论的回击，而埃文斯－普理查德和列维－斯特劳斯都做到了这一点。

显然，"经典"的《努尔人》和"现代"的《忧郁的热带》所包含的"裂变型实践"的观念，揭示了人类学家及其"观察对象"都同样面临相似的"碎片化"的时刻，都在寻求一般性的意义。二者在知识的形成（如果此处的知识并没有经过笛卡儿式的两分，从而与身体的感知脱离关系）这一过程中并无差别。因此，我们再人为地强调经典与现代、欧陆与美国、科学与人文、观察与被观察之间的界限，在赫茨菲尔德看来，已经毫无意义。为了弥合这一日益扩大的二元论鸿沟，一个有效的方法，就是将彼此看上去互不相涉的两者的比较推向极致。❶ 此时，埃文斯－普理查德的影子，连同他的

---

❶ 事实上，赫茨菲尔德1987年出版了《镜中的人类学：欧洲边缘的批判民族志》一书，首次提出了国家和一门学科的可比性观点，同时也阐述了将人类学作为象征体系加以认识的意义所在。参见 Michael Herzfeld, *Anthropology Through the Looking-glass: Critical Ethnography in the Margins of Europe*, Cambridge：Cambridge University Press，1987，preface x。显然，比较的目的是为了破除刻板僵化的二元论调，这样的比较显然加深了赫茨菲尔德有关"理论即实践"的认识。民族志是一种理论的推衍，但是它同时也是一种实践的展演，人类学作为一种理论和实践的"模糊"形式，其成功之处就在于它再现了另外一种"实践"。以问题结束民族志，而非解决问题的"答案"，人类学的这一认识对于民族主义的启示或许就在于，任何民族主义意识形态的建构策略都不能自诩为建立在真理的基础之上，对于民族国家而言，面对千差万别的个体行为和形形色色的裂变型社会观念、认同意识以及实践方式，最好不要宣称一劳永逸地找到了解决这些问题的"真理"和"答案"。

有关比较的著名论断——认识事物唯一可行的方法是比较，但是比较几乎又是不可能的——持续在赫茨菲尔德的作品中留下烙印。既然比较揭示了裂变型这一概念在不同的民族志体裁中以及知识生产过程中的共有意义，那么何不借助这一概念，将比较再向前推进一步。比如将维柯、埃文斯－普理查德和坎贝尔并置在一起，通过这一概念将不同的田野之地、不同时期的民族志书写串联起来，从而揭示国家与地方、民族与群体、理性与感性、诗学与玄学（维柯最重要的概念体系）、理论与实践的共性。这才是比较的意义所在。

裂变型社会：始自维柯的人类学传统

在"裂变型社会"这一概念的启发下，赫茨菲尔德陆续发展出了"裂变型实践""裂变型修辞"（segmentary rhetorics）以及"裂变型阐释"（segmentary interpretations）等多个概念。目的在于，首先，确定裂变型社会参与者的能动性。其次，借助这种能动性，将非洲的部落社会、南欧的牧人社区乃至维柯所珍视的"村俗传统"等不同的"田野样态"贯穿在一起。再次，人类看似"封闭狭隘"的生存处境，如何衍生出一般性的天下意识，以及此种知识、理性和智慧（维柯所谓的"诗性智慧"）的根源所在。最后，人类学理论推衍与各种看似"纷繁芜杂"的裂变型实践以及地方性知识和社会（二者在这一层面上具有相同的意义）之间的关系。

通过裂变型概念，赫茨菲尔德首先将埃文斯－普理查德和坎贝尔师徒二人加以比较，其目的在于说明非洲的裂变型社会和南欧高地牧人的"道德社区"在观念和组织形态层面的相似性。一般而言，裂变型社会这一概念在欧美的学术界中，总是和非洲或者中东阿拉伯社区的"落后"形态联系在一起，因为涂尔干和埃文斯－普理查德使用这一概念来分析上述地区的社会形态，所以多多少少造成了这一概念使用的范围和语境在学术界中的具象化，它必须用来指与"我者"相对的"他者"。如此一来，坎贝尔在使用这一概念的时候，必须考虑欧美学术界针对这一概念衍生出来的诸多规范甚至"禁忌"。他不得不将自己研究的对象，希腊伊庇鲁斯山区的牧羊群体界定为"没有历史的人们"。❶ 这群人依靠血缘和姻亲关系组成亲属体系，❷ 因此符合"他者"至少是欧洲的"他者"这一传统的人类学视角，所以可以用裂变型概念来分析他们的社会组织。埃文斯－普理查德的裂变型概念本意是指类似于亲属体系的群体之间的一种政治互动。尽管这些群体生活在"前国家"和"前理性"的社会之中，然而他们仍然有着一套类似于现代理性和国家制度下的实践逻辑，以帮助他们不再囿于狭小的地方性观念和亲属体系的束缚，在一定程度上具有了"国家"的视野。在埃文斯－普理查德看来，主要以亲属关系来界定的各个裂变型单位之间的对立纷争，事实上暗含着一个互相接纳并最终融合的趋势，从而形成一个较大的"道德社区"。

　　在坎贝尔看来，萨拉卡赞人纷扰对立的各裂变型亲属体系所具

---

❶ 根据坎贝尔考察的相关研究文献，萨拉卡赞人的物质文化遗存并没有显示出定居的迹象，他们从古至今一直过着一种半游牧的生活，这种半游牧的生活甚至在古希腊时期就已经存在，因此我们可以得出的结论是，萨拉卡赞人是一群没有历史的人，他们或多或少一直都在同一片区域过着半游牧的生活，至今不变。见 John K. Campbell, *Honour, Family and Patronage: A Study of Institutions and Moral Values in A Greek Mountain Community*, p. 6。

❷ 坎贝尔在《荣誉、家庭和庇护制》一书中多次提及萨拉卡赞人亲属关系的重要性，他认为这一群体中没有亲属关系的家庭大多处于相互对立的状态。然而亲属关系形成的网络对于半游牧群体的生活意义重大，分散于各个社区之中的亲属关系为每一个到远处放牧的人提供各种照顾以及信息，包括何处有适合的婚嫁者，何处有牧场，羊奶、羊毛和肉的销售价格和销售途径，等等。参见 John K. Campbell, *Honour, Family and Patronage: A Study of Institutions and Moral Values in A Greek Mountain Community*, pp. 38-39。

有的吸纳和融合能力，同样也形成了更大的"道德社区"。这种道德社区背后运作的价值观念就是地中海社会的普遍文化模式和思维心性——荣誉与耻辱并重的观念。萨拉卡赞人的社会结构之中，显然也包含着裂变型概念中的既对立又融合的因素——"互补性的对立"（complementary oppositions）。坎贝尔认为萨拉卡赞人的价值体系与社会结构中的三种对立和融合的因素密切相关：

> 首先是性别之间的互补性对立，这一群体绝大多数美德都与性别有关。忠贞是荣誉的重要因素，这就要求男女性别差异所产生的两种对立的品质协同起来，共同维护忠贞和荣誉的观念。女性的品质或者美德应该是谦逊内敛，而男性的品质则是男子气概、专行独断。两种对立的品质因此形成互补性，充满爱意、谦卑和安静的女性角色因此与独断专行的男子气概融合起来，在家庭生活的内部形成整体性，共同对付外部充满竞争的敌意世界。社会结构的第二个因素是既主动又被动的家庭的凝聚力。家庭凝聚力的主动性表现为，个体家庭成员获得社区认可的行为对整个家庭道德声誉的提升和促进，反之亦然。主动与被动和力量与虚弱、成功与失败相对应。社会结构的第三种因素体现在那些没有亲属或姻亲关系，因此缺乏纽带联系的家庭之间。相互之间没有亲属联系的家庭与那些有着亲属联系的家庭之间，就构成另外一种家庭单位之上的对立。然而这种对立会被普遍视为个体和家庭对名誉声望的竞争，其对抗性因此受到调和及消解。❶

---

❶ John K. Campbell, *Honour, Family and Patronage: A Study of Institutions and Moral Values in A Greek Mountain Community*, pp. 319-320.

显然，坎贝尔意在说明，毫无亲属关系的不同家庭之间潜在的对立，会被一种共同的荣誉观念整合在一起，从而形成一个超越于家庭之上的社区。如果将依靠亲属关系所形成的社会组织看作裂变型社会单位，那么"荣誉与耻辱"的价值观念就变成一条跨越宗亲血缘狭隘社会关系的纽带，将这些裂变型社区联系起来，萨拉卡赞人对"共同体的想象"显然正是沿着这一价值观念延伸和建构的。与安德森眼中通过阅读晨报作为共同仪式来展开国民身份想象不同的是，坎贝尔笔下的萨拉卡赞人是通过道德的品质来进行民族国家想象的。即他们认为具有相似品质的人在一起，便能化解掉种种纷争与对立，从而造就了一个如同民族国家一样的人的聚合形式。此外，即便是一个家庭内部也存在着诸如性别、个体差异性等多种变化因素，但一个家庭成为一个整体的关键就在于将看似相互对立的双方协调起来，在矛盾中形成有益的互补性。萨拉卡赞人一定意识到了这种"互补性对立的观念"，他们一定也是从日常的生活实践中，去感知包括民族国家在内的更大的实体的存在。同时，民族国家内部的矛盾纷争在他们看来也应该是一种常态，正如同家庭生活的磕磕绊绊一样在所难免。这一点在维柯的思想中也能得到印证，维柯一再强调的"诗性智慧"事实上就是以一种"以己度物"的方式（村俗的传统、言辞，以及人形成群体的基本的血缘观念等）来隐喻式地认知抽象的世界。然而遗憾的是，坎贝尔在论述这种互补性对立的观点的时候，更多展现的是客观理智并且与被观察者保持一段距离的人类学家的视角，以及观察一方的理论推衍能力，他并没有通过细腻生动的言辞、比譬、符号和行为的展示来说明村俗之人"以己度物"的过程。

　　然而这并不能够掩盖坎贝尔将"裂变型"社会带入欧洲研究语境所起的作用和做出的贡献。在赫茨菲尔德看来，坎贝尔的研究表明用人类学的方法来研究欧洲的某一群体是完全可能的，这一研究标志着人类学正在回归其起源地。坎贝尔的成就在于运用《努尔人》一书的策略，在希腊官方的浪漫主义渲染和人类学的异趣之间保持了一个不偏不倚的立场，为具有历史自觉意识的欧洲增添了一个建立在民族志基础之上的批判性视角。这一著作在具象化的民族历史与萨拉卡赞人社会和文化的自我意象之间，带来的是又一次裂变（disjuncture），而非认同。❶

赫茨菲尔德通过比较埃文斯－普理查德和坎贝尔师徒二人有关裂变型社会的观念，将其带入了欧洲这一语境之内。当然，这一观念的适用范围仍然是受到限制的，坎贝尔描述的萨拉卡赞人必须是一群没有历史的人，他们主要依靠亲属关系形成最基本的社会组织体系。然而既然比较已经展开，接下来需要思考的恐怕就不是裂变型社会和某一群生活在非洲、地中海阿拉伯世界或者希腊高地的群体的对应关系。人类学家接下来要做的是直接进入欧洲这一国家和理性观念的策源地，探究其现代思想和制度"遮蔽"之下的诸多裂变型社会的痕迹。然而这种想法在人类学家刚开始在欧洲一些边远地区从事田野研究的时候，无异于天方夜谭，欧洲的社会和文化绝不能成为人类学窥视和观察的对象。可是有些固执的赫茨菲尔德似乎有意循着裂变型这一概念，将比较深入下去。

将裂变型概念带入欧洲社会的初衷其实很简单。人们最初总是倾向于和他们认为联系更紧密的人在一起，而不是那些有距离的人，这种社会经验不证自明。因此，"现在的问题不再是一个给定的社会是否是裂变型的。所有的社会都应该是裂变型的，它们都认

---

❶ Michael Herzfeld, *Anthropology Through the Looking-glass: Critical Ethnography in the Margins of Europe*, p. 59.

识到社会差异性会在不同的层面表现出来。因此，现在更有意义的工作在于探究那些刻意将各种裂变型关系（segmentary relations）变得晦暗不明甚至刻意压制遮盖的流行观念……欧洲的意识形态自身也包含了一套裂变型机制，欧洲的裂变型观念极具讽刺意味地以文化多元主义这样的话语来表述。欧洲中心主义言辞相应地确认了一种最为根本的欧洲身份原则，然而每一个成员国都会争先恐后地申明只有自己最符合这一原则。在这一意义上，欧洲的一体化思想所遮蔽的裂变型的意义，体现在如下一句希腊谚语之中——所有的手指都不可能一般长"。❶

　　显然，国家观念、民族主义建构单一纯净身份认同的话语，以及相应的历史叙事，事实上都不可避免地面对各个层面的社会差异性。文化的自我意象、呈现方式以及身份表述的策略，同样千差万别。我们现在大多愿意将后者称为地方性知识，但它更像一种地方性的裂变型实践。民众在日常生活中同样努力发掘一种对立且互补的实践逻辑，只不过现代意义的裂变型实践受到了民族主义观念的影响，必须以此作为言辞和行为的参照体系，这与坎贝尔笔下的萨拉卡赞人以某种价值体系为参照物多少还是有区别的。赫茨菲尔德用裂变型概念对现代民族国家加以考察的主要目的是对西方现代性加以解构，以便说明，现代民族国家同样需要借助地方性知识系统中的血缘宗亲等观念，将民族主义与各种裂变型概念嫁接在一起。看看近代中国民族主义建构过程中涌现出的大量词语——比如国族、祖国、祖国母亲等——便能明白二者的同构关系（当然，这些词语的词源学意义不再受到关注，最终变成一种极度"拘泥于字

---

❶ Michael Herzfeld, *Anthropology Through the Looking-glass: Critical Ethnography in the Margins of Europe*, pp. 159-165.

面意义"的概念，而被不加思考地接受，是一种从"文化"到"自然"的演变过程）。现在的问题是，民族国家可能会刻意遮蔽自身与裂变型实践和观念之间千丝万缕的关系。❶从而如同福柯所说的那样，将知识的生产和权力运作的方式掩盖起来。然而，一味地遮掩，终究不是办法。民族国家越是认识到"对立的互补性"所具有的积极意义，则越能良性、自如地运作下去。在这一意义上，民族国家如同萨拉卡赞人一样，也需要处理家庭内聚力之内暗含的各种对立，只不过民族国家的处理方式远远不如后者灵活自如罢了。

裂变型是一种社会经验，裂变的单位之所以要将"同类"聚在一起，将"异类"、陌生和危险排除在外，本身就是对一种不确定性的体验。除非能够证明，更大的一群人在早上阅读相同的报纸并进而形成相同的举止和气质，或者如同萨拉卡赞人一样说服自己相信，自己社区之外还有其他群体也遵循和珍视相同的荣誉观念，否则裂变型的观念和实践将在不同的层面长期存在。迄今为止，能够最为成功地"抑制"住各种裂变型实践和社会差异的意识形态，无

---

❶ 赫茨菲尔德的另一个努力方向就是在理性的西方官僚制度乃至民族国家中，发掘其与地方性"裂变型实践"之间千丝万缕的关系。他认为，宗教的、父系的、血缘的等社会经验既是社会的，也是文化的被同质化和本质化的模式，它们的象征意义更是成为民族主义、国民身份的基础。同时普通民众也在发掘国家、民族以及官僚机制中宗族、父亲、血缘以及庇护的象征意义，并在实践中对诸如国家一类的想象共同体进行颠覆。民族主义和情感都是从诸如家庭、血、亲属、祖先、祖国等一类表示社会关系（文化亲密性）的社会范畴开始的，因此，西方官僚机制有效运作正是依靠文化同质化与地方社会的裂变型概念之间的相互关系来发挥作用。他认为，裂变型的社会关系是对表面整齐划一的社会的一种有距离的补充形式，这是一种指示性的关系（indexical），即社会关系是由处于相对位置的参与者在特定语境中的一种互动，从中可以看出社会关系的互动性和易变性以及时间的偶发性；与此相对的是文化的同质性，这是一种图像化的关系，追求的是永恒性。赫茨菲尔德认为，官僚机制正是在这两者之间发挥作用。参见 Michael Herzfeld, *The Social Production of Indifference: Exploring the Symbolic Roots of Western Bureaucracy*, Chicago: The University of Chicago Press, 1993, pp. 76-108。

疑就是民族主义的一整套话语和历史叙述方式，但这并不能表明民族国家从此一劳永逸地根除了各个层面的社会差异，民族国家同样面对着各种不确定性，同样需要经历裂变式的社会经验。赫茨菲尔德认为，"完全的国家形成事实上包含着对于其他历史经验和社会差异的抑制，然而这两者在裂变型的模式中是完全可以相互转换的"。❶也就是说，民族国家虽然可以暂时抑制住各种社会差异，形成一个"单一同质"的整体（这至少是民族国家建构的一个目标，或者在赫茨菲尔德看来是民族国家向外展示的一种策略），然而，因不确定性社会经验引起的各种地方性实践，将长期在民族国家内部潜伏，并且完全有可能将其再次分割成各种新的裂变型单位。裂变型社会这一概念因此很恰当地说明同质与差异、国家与地方的对立及其互动和转换的形式。

正是在这一意义上，赫茨菲尔德将维柯与埃文斯－普理查德加以比较。维柯反对任何一个古老民族妄称自己保存了几万年的历史，并最终以某种历法、法律以及文字书写传统的一致性来呈现这样的虚荣说法。这种虚荣在赫茨菲尔德看来类似于一种压缩时间的工具（telescoping machine）。❷维柯事实上认为任何存留至今的民族都意味着对多种多样习俗和传统的抑制甚至篡改，因此才能将一种"理性"和"玄学"的哲学、政治和文学当作绵延数万年而不曾

---

❶ Michael Herzfeld, *Anthropology Through the Looking-glass: Critical Ethnography in the Margins of Europe*, p. 168.

❷ 赫茨菲尔德的历史观多多少少带有维柯的永恒历史的复归这一观念，他认为历史过程的循环往复是人们保持身份认同的手段。一旦历史成为任何极权统治的话语——不论是学术的或是政治的——它都会借助这一特殊的能力将时间压缩成神话所特有的一部分，列维－斯特劳斯认识到了这一点。见迈克尔·赫茨菲尔德：《人类学：社会和文化领域中的理论实践》，第 65 页。此处的神话我们大可以理解为维柯所谓的任何一个古老民族妄称自己保存了好几万年的历史。

断绝的假象加以表述，并以此作为维持这类民族存在的证据。维柯
当然是反对这种忽略诗性传统，掩盖知识认知途径，抑制异民族实
践的虚骄讹见。这种虚妄或者虚荣在维柯看来是人类心灵的一种特
性，即不确定性。❶ 事实上，这种不确定性完全可以按照赫茨菲尔
德理解的那样，用来解释为什么人类要依靠远近亲疏的关系形成不
同的裂变型群体。在维柯的心目中，古埃及人、亚述人以及中国人
即是这样的民族。维柯的《新科学》所强调的认识异民族实践的重
要性，使得它具有了一种最初的人类学视角，同时也使我们认识到
种种异质杂陈的实践被某些具象化、简约化的概念（比如古埃及、
亚述人等）加以遮蔽，并非是现代民族国家才有的逻辑，事实上这
是一种普遍的人类心智。对这种心智的批判一要认识人类知识的源
头，即诗性智慧和村俗传统，二要通过对异教民族的研究。维柯的
目的是要破除一种根深蒂固的民族的虚骄讹见，"即认为自己比一
切民族都较古老，早就已创造出人类舒适生活所需的事物"。❷ 然
而在维柯看来，"一切民族的历史都是在时间上经历过的一种理想
的永恒历史中的个别事例"。❸ 用现在的话来说就是，相对于维柯推
崇的永恒历史观念而言，一切民族自诩为最古老最辉煌的文化和历
史，只不过是这一永恒历史上的一次碎片化事件。维柯反对将某一
民族法律、文化看作古已有之、亘古不变，其目的就在于揭示这些
规范和统一的形式，最初常常来自于裂变型实践这一事实。而民族
文化的概念和表述，显然是对这些差异性的抑制过程。因此他一直

---

❶ 维柯在《新科学》第一部分即批判了埃及人、西徐亚人、中国人等自诩的古老文明，
认为这是人类心灵的一种不确定性——由于这种不确定性，人类心灵就相信它所不认
识的东西远较实际伟大。由不确定引起的虚荣就是维柯一直要批判的各民族的虚骄讹
见。见维柯：《新科学》，第 44—46、82 页。

❷ 维柯：《新科学》，第 82 页。

❸ 维柯：《新科学》，第 77 页。

强调他的《新科学》"自始至终要经常进行的工作之一就是要证实各部落自然法都是在互不相识的各民族中分别创始的，后来由于战争、信使往来、联盟和贸易，这种部落自然法才被承认是通行于全人类的"。❶

裂变型概念使得赫茨菲尔德在埃文斯－普理查德和维柯之间建立起了某种联系。他认为，埃文斯－普理查德受到维柯主义派学者——哲学家和历史学家科林伍德（R. G. Collingwood）的影响。维柯的相关思想很有可能使他获得了直接的灵感，并用来分析努尔人政治生活的裂变形式。❷ 此外，赫茨菲尔德认为，维柯和埃文斯－普理查德的思想中都暗含着一种政治反思性的逻辑，这种逻辑类似于理论与实践的关系。赫茨菲尔德代替维柯和埃文斯－普理查德归纳并表述如下：

> 任何将自身起源和发展时期遭遇的种种对抗和愤怒的历史保存在记忆之中的政府和国家，这样做无疑是明智之举，因为这更容易在将来维持统一的局面。这一点如同记住了抽象的理论源于最初的粗鄙和诗性的学者一样，可以确保他们不至于很容易地陷入自欺这一愚蠢的境地。❸

此处的自欺就是维柯所认识到的民族主义式以及学究式的虚骄谬见，而埃文斯－普理查德也在国家和理性的"现代思想"中发现

---

❶ 维柯：《新科学》，第 87 页。

❷ Michael Herzfeld, *Anthropology Through the Looking-glass: Critical Ethnography in the Margins of Europe*, p. 169.

❸ Michael Herzfeld, *Anthropology Through the Looking-glass: Critical Ethnography in the Margins of Europe*, p. 169.

了同样的"虚骄讹见"。他的裂变型的概念无疑证明，生活在非洲社会、地中海阿拉伯世界中的"他者"，虽然被现代思想异化为另类，但同样也以一种"另类"的理性、国家以及现代宗教的框架来思考并安排自己的生活。甚至在某种程度上，这些裂变型社会的观念和实践应该是现代理性的直接来源，正如维柯宣称的身体和感官是第一位的，理性和玄学是第二位的那样。理性和玄学不僭越、替代和遮蔽身体和感官的作用，预示着一种"理论即实践"的知识观的形成。

维柯的思想显然是人类学这一学科古典知识（特别是修辞学和语言学传统）的一个重要源头，赫茨菲尔德是深受维柯古典人类学思想影响的人类学家。尽管有很多维柯作品的评论家都注意到了维柯思想中包含的人类学种子，[1] 但似乎只有赫茨菲尔德身体力行地将维柯的人类学思想贯彻在自己的人类学研究和民族志撰述中。赫茨菲尔德这一古典人类学的情结，在他 1978 年到达美国时，与这个国家人类学界正在形成的后现代和后殖民思潮有点格格不入。

---

[1] 比如研究维柯的学者威尔森（Edmund Wilson）就曾写道："在《新科学》中发现现代的社会学和人类学思想既令人惊奇也使人激动，特别是这些思想是在 17 世纪末的一个外省法律学院的尘埃中苏醒起来的，而且用一种陈旧的半经院的论述方式来讲话。"转引自马克·里拉：《维柯：反现代的创生》，张小勇译，北京：新星出版社，2008年，"导言"第 3 页。

第 **4** 章

现代与后现代：不偏不倚的人类学视角

20世纪末的美国人类学界大致经历了两种后现代思潮。其一是后殖民理论对于殖民时期的人类学的批判。其二是有关人类学后现代性的讨论，民族志的文本形式、体裁、修辞手段等诸多"书写"的环节，也是这场后现代性讨论的重要方面。由于历史原因，后殖民理论又演化成美国人类学界对英国人类学界的群体"围攻"。由于同英、美两国的学术因缘，赫茨菲尔德也参与了这一时期人类学话语的交锋和建构的过程。他一方面赞同后殖民理论对于人类学殖民印记的"清算"，但同时也反对将殖民时期的人类学具象化和程式化的极端做法。主张采取一种"不偏不倚"的视角，来审视漫布在现代与后现代、殖民与后殖民这一巨大"鸿沟"之间，诸多剪不断、理还乱的问题，而非再创设出一套缺乏建设性的二元分类体系。

后殖民批判

根据斯托金的研究，由于强调参与式的人类学田野调查的重要性，如何取得研究经费成为现代人类学的当务之急。迫于经费的压力，马林诺斯基确实提倡也支持如下的观念：受过训练的人类学家应该像受过训练的专家一样形成一个群体，他们相关的功能论的分析对于殖民有着实际的用场。❶库珀（Adam Kuper）认为，人类学在当时采取如此策略性的一个立场，有利于这门学科获得制度性的认可和经费的支持。❷然而当时的这一权宜之策，却成为人类学与殖民主义的直接证据，并进而成为后殖民批判的对象。

由于后殖民批判的声音大多来自美国的人类学阵营，而他们批判的"殖民时期"的人类学家大多在英国的大学和研究机构任职，所以在某种程度上这种后殖民的批判变成了部分美国人类学家对英国人类学的批判。这一时期的代表人物阿萨德编著了《人类学与殖民遭遇》一书，首次系统批判了早期人类学与殖民主义之间据信一直存在的某种共谋关系。阿萨德认为，社会人类学在殖民早期作为一门学科出现已经是不争的事实。这门学科在殖民时代行将结束的时候欣欣向荣地全面发展起来，在这一时期内，这门学科主要致力于一种被欧洲权力支配的非欧洲社会的描述和分析——这一描述和分析由欧洲人来进行，分析的结果提供给欧洲读者。然而让人感到奇怪的是，至今仍然有很多人类学家不愿意认真审视他们的学科是在一种权力结构中发展成形的。❸

阿萨德将欧洲与非欧洲社会之间的"观察描述"与"被观察被描述"的关系看作是一次权力不对称的遭遇（encounter），并且认

---

❶ George Stocking, *The Ethnographer's Magic and Other Essays in the History of Anthropology*, Madison: University of Wisconsin Press, 1992, p. 416.

❷ Adam Kuper, *Anthropology and Anthropologists: The Modern British School*, London and Boston: Routledge & Kegan Paul, 1983, p. 101.

❸ Talal Asad, "Introduction," in Talal Asad ed., *Anthropology and the Colonial Encounter*, London: Ithaca Press, 1973, p. 15.

为人类学就起源于这一权力不对称的关系之中。他认为：

> 人类学源自西方与第三世界国家的一种不对称的权力遭遇……这种遭遇赋予了西方某种权力——在已经被它逐步支配的社会中获得文化和历史信息的权力，如此一来不但衍生出一种确定无疑的普世性的阐释观念和体系，并且也在不断强化欧洲与非欧洲社会在能力上的不平等，进而形成了欧洲式的精英与第三世界"传统"大众的二元格局。❶

欧洲与非欧洲社会的不对称的权力关系一直是阿萨德主要的理论范式，他断定所有殖民时期的人类学都与殖民主义有着共谋关系。尽管这一打击面过大的观点常常受到批判，但这似乎并不妨碍阿萨德运用这一理论模式。《人类学与殖民遭遇》出版二十年之后，阿萨德在其另外一本著作《宗教谱系》中，再次重复同样的看法。他认为：

> 人类学嵌入当代历史主要通过两条路径：首先是通过欧洲在政治、经济以及科技力量的不断增长，这些优势为人类学家职业化的存在和学术动机提供了各种各样的手段。其次是通过一种发展进步的时间观念的启蒙图式，从而为人类学提供了一个现代性的概念场域。人类学是欧洲与非欧洲遭遇的现代性的创生形式，其现代意识来自于其研究对象（非现代、地方性、传统等）的非现代性，二者形成鲜明对照。❷

---

❶ Talal Asad, *Anthropology and the Colonial Encounter*, p. 16.

❷ Talal Asad, *Genealogies of Religion: Discipline and Reasons of Power in Christianity and Islam*, Baltimore and London: the Johns Hopkins University Press, 1993, p. 19.

1986 年，美国人类学界已经开始了"民族志的诗学和政治学"讨论，民族志在呈现文化事实中所运用的文学、修辞、隐喻等多种"艺术"手段，重新受到审视。民族志书写中不可避免地内含着不对称的权力关系，一直是现代人类学自我反思的主要方面。然而阿萨德似乎认为这样的反思还是不够，他认为：

> 我们都知道民族志表述的模式最初作为欧洲帝国主义（主要是英国）扩张不可分割的一部分逐渐演化而来。民族志作为帝国主义扩张的一部分，迫切地需要了解并且管理那些顺从于帝国主义势力的人。然而民族志与帝国主义之间的关系依我看来在当下的各种讨论中并没有被充分地揭露出来。我并不是说可以将民族志简约为帝国统治的某种政治，但人类学为欧洲在政治上统治非欧洲确实出了不少力，这也是不争的事实。因此民族志不可避免而且在某种程度上是不可原谅地沾染上道德的污点，并进而以不同的方式嵌入到帝国的扩张这一过程之中。然而现在的问题是我们并没有彻底理解这些帝国扩张的项目有哪些，并且它们是如何付诸实践的。❶

英国人类学由于与殖民主义的"密切"关系，自然成为这一类话语指责的主要对象。1976 年，伦敦政经学院组织了一次研讨会，邀请包括利奇、弗斯在内的多位著名人类学家出席，意在对这些指责加以回击。参会的很多人曾经在 20 世纪 30 年代至 60 年代在殖民地从事田野调查，一直被看作与殖民势力相互妥协。此次会议事实上也是对后殖民话语的一次回应和批判，批判的第一个焦点是

---

❶ Talal Asad, *Genealogies of Religion: Discipline and Reasons of Power in Christianity and Islam*, p. 269.

说，后殖民的批评家们将殖民时期的人类学看作"铁板一块"，"整齐划一"地为殖民势力服务，难免以偏概全，打击面太广。大会的组织者罗卓斯（Peter Loizos）认为：

> 后殖民的批评家们并没有分清楚这一时期从事田野调查的人类学家实际上有几类人，其中一类人可能认为殖民体系多多少少还算是一个让人满意的制度，因此大可不必太多考虑它何时才会结束。然而还有一类人类学家则想方设法试图减轻殖民统治带给殖民地人民的负担。他们在很多场合、以不同方式对殖民主义加以批判，并且通过很多实际行动支持调查地的土著头领们争取独立的运动，为他们出谋划策。此外，后殖民的批评者事实上对政权（regime）的观念也模糊不清，他们似乎将所有的殖民政权都看作内在的或者本质上一定比独立的政权更加压迫人、更加剥削人。❶

此外，罗卓斯也注意到，后殖民批评者大多是来自北美的学者，人类学的后殖民批判似乎变成了美国人类学家对英国人类学的批判。罗卓斯认为这一批学者成长的环境与他们颇为激进的观点很有关系，他说：

> 对英国人类学最为激烈的批判声音大多来自年轻的北美学者，他们当中有很多人因为越南战争的缘故变得颇为激进。许多美国社会科学家加入了由美国军方主导的卡米勒计划

---

❶ Peter Loizos, "Personal Evidence: Comments on An Acrimonious Arguments," in R.M. Berndt(ed.), *Anthropological Research in British Colonies: Some Personal Accounts*, Special Issue of Anthropological Forum, Taylor & Francis Group, Vol. 4, No. 2, 1977, p. 139.

（Project Camelot），意在对拉丁美洲国家的社会发展进行预测乃至施加影响，并在必要时参与"制止暴动和叛乱"的计划，他们事实上也在为某种政治利益服务。包括人类学家在内的很多美国学者，都在为美国在拉丁美洲、加勒比地区、南亚的利益服务。因此很多美国学者错误地认为，殖民后期的英国人类学家与英国政府的关系，就如同 1950 年至 20 世纪 60 年代美国社会科学家同美国政府的关系一样。很显然，正是这样错误的假设才导致了措辞激烈的批判。❶

同时，包括利奇在内的英国学者也并不认同这种批判，他们并不认为自己的人类学研究是在为殖民势力服务。❷ 根据利奇的传记作家——哈佛大学人类学家谭比亚的观点，利奇那一代的人类学家相信，包括马林诺斯基在内的早期"殖民主义人类学家"，都间接地表达出这样的观点，即如果殖民者能够从他们的研究中受到一些人类学对地方性知识研究的熏陶，他们的统治无疑会更开明些。此外，那一时期职业人类学家（不管你有何种政治观点）的一个重要道德原则就是，人类学是一门客观地以推导和归纳一般性原则为出发点的科学，因此学者们没有必要对殖民政权的统治进行评价，人

---

❶ Peter Loizos，"Personal Evidence： Comments on An Acrimonious Arguments，"p. 139.

❷ 亚当·库珀有关那一段殖民时期的观点颇有代表性，他认为，马林诺斯基之后，人类学家将他们的方法建立在参与观察这一基础之上，这就要求人类学家与他们的研究对象建立一种亲密的自由的联系和交往方式。他们因此必须破除在殖民地普遍存在的肤色的界限，他们必须挑战殖民势力设定的一切根本的和不言而喻的规则。他们自身的经历很好地说明了"聪明理性"的欧洲人如何才能够愉快地适应诸多部落的习俗，并且在友爱的基础上同这些目不识丁、穷困潦倒的人和谐相处。人类学家的这些"毫无理性"和"疯狂"的举动无疑会惹恼欧洲移民和殖民官员。然而人类学家的经历和田野实践的需要，证明他们不可能是一个彻底的殖民势力的支持者。参见 Adam Kuper，*Anthropology and Anthropologists: the Modern British School*，p. 120。

类学家任何时候都不应该卷入到统治一方和被统治一方的政治批评和行动中。● 显然，那些被指责与殖民势力妥协的人类学家，他们没有像后殖民者那样批评殖民统治，一方面是由于秉持政治态度中立的这一学术伦理原则，另一方面是他们对殖民统治的批判常常是间接和隐晦的，有时充满调侃和揶揄的味道。按照赫茨菲尔德的话来说，这是一种特有的英式幽默。

赫茨菲尔德当然主张对殖民主义时期的人类学加以反思和批判。他认为人类学的起源带有殖民主义的印记，具体而言，就是殖民主义在治理非西方的"他者"时，根据治理与被治理的逻辑划定"我者"与"他者"的分类体系，进而演化成一种在精神、思维和道德层面的"我者"与"他者"的分野。然而这一日益形成的根深蒂固的二元分类体系，使人类学陷入一种自我矛盾的境地。他认为：

> 人类学家一直以来所做的学科陈述，通常包括相互对立的两个方面。人类学家一方面相信，这门学科建立在心性一致的假设上，然而另一方面，他们所考察和研究的每一种地方性社会和文化观念自身，却又是独一无二的。殖民主义的分类体系就这样在人类学的"普遍"和"特殊性"之间，制造了一条鸿沟。这门学科在确认人类思维心性普遍一致的同时，也需要同其历史起源中的殖民主义所设定的各种二分法做斗争，比如"我者"与"他者"、西方与非西方、治理与被治理甚至洁净与肮脏等。因此，反思和批判早期人类学的这一段历史必须意识到，这门学科在弥补这些二元论的理论和实践过程中所遭遇的

● Stanley J. Tambiah, *Edmund Leach: An Anthropological Life*, Cambridge：Cambridge University Press，2002，pp. 414-420.

种种挫折与失败，而不是一味罗列其所取得的成就。**❶**

　　事实上，赫茨菲尔德还认为人类学所具有的种族中心主义意象——这一殖民时期的历史遗留物——使得其在非洲研究中的作用和地位大大减弱，大有被社会学取而代之的趋势。他认为不幸的是，人类学一直带着其起源时的殖民主义和种族中心主义的印记。在非洲，人类学不得不让位于社会学，因为后者在当地人看来更少一些颐指气使的高傲，同时也少一些对当地人的冒犯。由此可见，人类学的理论具有一种紧张关系。人类学一直被看作西方文化种族符号学的一部分，其理论总结和归纳的目的就在于将一些显著的悖论理性化，不论是拉德克利夫－布朗的"符合规范的"（nomothetic）以及"个别任意的"（idiographic）人类学理论的武断区分，或者笛卡儿式的"社会理论"和"土著的意义理论"的二元论观点，都是这种种族中心主义的体现。将他者的社会和文化"理性化"和"标准化"，是人类学家在"田野"中拾取的麦穗。他者的社会和文化是"自然"的，还没有经过我们文化的加工和提炼，他们是"种族和文化的"，而不是"科学的"。如果要绘制一幅种族社会文化的图表，那握笔的人一定是人类学家。**❷**

　　显然，殖民时期盛行的种族中心主义留给人类学的印记，就在于形成并固化了一套笛卡儿式的二元体系。这种东西方的"差异"被刻意放大之后，使得殖民时期的人类学家在土著中颇有些颐指气使，这也是不争的事实。然而，让问题更糟糕的是，在认识论

---

❶　Michael Herzfeld, *Anthropology Through the Looking-glass: Critical Ethnography in the Margins of Europe*, p. 13.

❷　Michael Herzfeld, "Meta Anthropology: Semiotics In and Out of Culture," in Jonathan D Evans ed., *Semiotics and International Scholarship: Towards A Language of Theory*, Dordrecht: Nijhoff, 1986, p. 210.

层面，人类学会陷入一种二元论式的两难境地。人类学所倡导的普遍理论推衍和普同人性的假设，总是有悖于地方社会和文化的特殊性。人类学家因此要耗费大量的精力来自圆其说，从而将漏洞百出的笛卡儿式的二元论修修补补，掩人耳目。因此破除人类学界到处弥散的二分法，成为这一学科的当务之急。❶

此外，与激进的后现代、后殖民主义保持恰当的距离也颇为重要。激进的后殖民批判将某一时期的人类学冠以"殖民"的字眼，以此来表明"后"与"前"的截然分野，这一做法本身很有问题。一方面，正如英国人类学界对后殖民批判所做的回应一样，将所有那一时期的人类学家和人类学作品视为带有殖民印记，是一种不加区别的批判，其积极的意义受到很大限制。另一方面，将某一时期的人类学称为整体性或者同质化的殖民人类学，本质上是要将"现代"与"后现代"截然分开。如此一来，后殖民话语不经意间又落入二元对立的泥淖中，而且也没有意识到自身的话语和事件中，同样带有诸多"殖民"的烙印。殖民时期在军事、政治和文化上对某一地区的长期控制这一政权和治理的形式尽管已经终结，但殖民主义会以很多更隐秘的方式在现代"潜伏"下来，依然试图在观念形态上建立一种新的全球范围内的价值等级体系——"隐秘的殖民主义"（crypto-colonialism）。❷ 再加上学界

---

❶ 赫茨菲尔德：《人类学：社会和文化领域中的理论实践》，第95—99页。

❷ 赫茨菲尔德提出这一概念，旨在分析地方性知识和传统所深深地嵌入的一套价值的分类体系。这一体系类似于价值的全球等级体系（the global hierarchy of value）观念，西方自然居于这一套体系的主导地位，这是继殖民主义的军事结构之后的另一种道德的、伦理的以及审美的殖民体系。这种等级体系是一种严重具象化之后的文化观念，暴露了其欧洲和殖民主义的来源，因为它源自继殖民主义之后的现代民族国家对空间以及诸多观念的界定，本身就是一种偏执的思维方式。只不过这套体系比殖民时期的军事、经济、文化的操控，更加隐秘，却又无孔不入。参见 Michael Herzfeld，"The Absent Presence：Discourses of Crypto-Colonialism，"*The South Atlantic Quarterly*，101：4，Fall 2002.

已经有深入研究的"内部殖民主义"的事实存在，后现代的学者们可能不知不觉会在不同的程度上加入这些研究计划之中，为某种政治目的服务。因此，使用"后"作为一种标志，与所谓的"前"断然分裂，事实上不利于当下人类学进一步反思和批判各种"改头换面"的殖民形式。

后殖民批判话语中的另一个问题是，他们通常只注重统治与反抗、扩张与回应这一简单的对立模式的分析，并据此认为"殖民时期的民族志"无非就是这一对立模式的简单呈现。事实上，如果我们考察"被殖民地"人们的能动意识，便会发现情况绝非如此。很多时候，这些被统治的人也会在殖民话语和治理模式中获取资源，并为己所用。在殖民地中进行田野调查的人类学家当然不会对此视而不见，只不过他们当时并不使用"能动性"这样的现代概念，来表述这种个体的自主意识。因此，某种权力（比如殖民势力）与特定的知识体系（比如人类学的田野实践、知识范式），并非如福柯所言的那样呈现出完全的对应关系。殖民时期的人类学家事实上在各自的田野之地，不可能不会认识到殖民势力并非铁板一块这一事实。他们的著作在不同程度上，已经开始质疑"统一"和"同质"的殖民权力及其统治的效力。对地方性知识的认识以及个体能动性的体认，帮助人类学快速从殖民的阴影中走出来。根据赫茨菲尔德的研究，塞浦路斯殖民统治时期，本土的新古典主义同殖民势力所形成的"共谋"关系，就是地方能动意识的体现。在塞浦路斯，殖民者同充满地方性生存策略的新古典主义合流了，尽管二者之间的紧张关系并没有彻底缓和。生存主义（survivalism）在某种程度上使得殖民的统治具有了正当性。因为这一套生存哲学找到了将古希腊文明和古老种族与"现代"英国联系起来的策略——

我们进入文明的时候，英国人还是茹毛饮血的野蛮人，而英国人的殖民统治帮助恢复了这一古典文明的本来面目，从而通过一种统治与被统治双方的合作关系，将这一久已逝去的传统加以拯救。❶

赫茨菲尔德的祖师爷——埃文斯－普理查德在殖民时期对利比亚贝都因人的研究也表明，意大利人显然意识到殖民秩序与地方性的语言、风俗、信仰、生计方式之间的巨大差异，因此不得不调整自己在昔兰尼加（Cyrenaica）的殖民政策。这一地区殖民统治的状况在埃文斯－普理查德看来，如同其他地方欧洲殖民势力的政策一样，总是充满了各种矛盾冲突。❷ 埃文斯－普理查德描述道：

> 意大利人在利比亚非常小心，尽量不在宗教问题上冒犯当地人。从意大利人一入侵利比亚开始，他们就信誓旦旦地到处宣扬将遵守阿拉伯的习俗、文化以及宗教。他们在利比亚到处修建清真寺，修复之前被破坏的圣人墓。他们尊重伊斯兰的法律和习俗，殖民地实行的民法、商法和刑法如同在意大利一样井然有序。伊斯兰教所赋予的个人地位和财产继承的法令都受到保护，学校里头也不教授任何有悖于伊斯兰教义的内容。❸

对于贝都因人而言，他们似乎已经熟谙与外来殖民者的相处

---

❶ Michael Herzfeld, *Anthropology Through the Looking-glass: Critical Ethnography in the Margins of Europe*, p. 73.

❷ E.E.Evans-Pritchard, *The Sanusi of Cyrenaica*, Oxford: The Clarendon Press, 1949, p. 211.

❸ E.E.Evans-Pritchard, *The Sanusi of Cyrenaica*, p. 203.

之道：

> 贝都因人对这样的宗教宣传不太感兴趣，他们都觉得基督徒修建清真寺的行为荒唐可笑。贝都因人不会到意大利人修建的清真寺中去祷告，他们更喜欢部落之内的祈祷场所。他们似乎也并不关心意大利人是否愿意恢复他们的圣人墓，如果意大利人能为自己的朝圣提供便利和帮助，他们也乐于接受。尽管意大利人一再表示自己尊重伊斯兰的宗教和习俗，却很难让贝都因人感受到诚意。❶

显然，意大利殖民者为了证明自己尊重伊斯兰的各种宗教习俗和文化传统，必须给予被殖民者一些切实的好处。而贝都因人当然也不会拒绝这种赠予，现实的政治迫使他们采取一种与殖民者合作的态度。埃文斯－普理查德写道："殖民者和阿拉伯人都意识到，双方都不可能改变彼此的生活和习俗，并且双方相互都不能容忍，就必须接受这一现实。尽管双方很多直接的利益往往演变成冲突，但是他们都意识到合作（co-operation）最终能给彼此都带来好处。"❷

显然，殖民统治并非铁板一块的高压和强权，而被殖民的一方也并非一味地抵制和反抗。埃文斯－普理查德此处的描述，肯定不是为了歌颂意大利殖民者的仁慈与开明。他是想说明包括贝都因人在内的阿拉伯人，在特殊时期因势利导的生存策略，这当然是能动性的体现。囿于早期职业人类学家不公开表达政治见解

---

❶ E.E.Evans-Pritchard, *The Sanusi of Cyrenaica*, p. 204.

❷ E.E.Evans-Pritchard, *The Sanusi of Cyrenaica*, p. 210.

这一伦理原则，埃文斯－普理查德在书中始终试图以一种"客观"的视角，来说明 20 世纪早期利比亚这一殖民地的状况。然而在赫茨菲尔德看来，"埃文斯－普理查德的作品其实反映了他反殖民的立场，他本人有时会批判英国殖民者对于苏丹社会和文化的严重干预"。

此外，后殖民颇为激进的批判在赫茨菲尔德看来，是因为他们对于欧洲人类学研究并不了解或者也不愿意去了解。事实上，当人类学家将研究的视角从非洲和亚洲等非西方社会，转向西方社会自身的时候，体现的是一种反殖民的自觉意识。因为过去"观察一方"的社会文化现在被同等地置于"被观察"的对象，人类学因此得以进入到欧洲这一知识的生产和垄断的中心进行田野调查，至少可以将殖民时期不平等的权力关系在象征性的层面颠倒过来。埃文斯－普理查德无疑对欧洲的人类学研究是持欢迎态度的，他自己的很多学生（包括坎贝尔在内）都在欧洲进行田野调查，就已经说明了这一点。尽管坎贝尔将裂变型社会观念带入欧洲语境的时候，将其限定在一群没有历史的"欧洲他者"的研究之中，多少还带有一些殖民话语"我者"和"他者"的二元论印记，但欧洲毕竟已经成为一个观察的对象。

与后殖民批判同期进行的，还包括由后现代思潮所引发的反思人类学话语的建构，具体表现在对传统民族志"书写"的批判上。现代与后现代的争论，似乎只是一套空洞的二元体系，多少呈现出毫无意义的一种累积叠加的分类形式。后现代的标签，更多时候是在现代的语境中被贴上去的。即便在很多被看作是后现代的人类学家眼中，当代如何取代现代和后现代的无谓争论，成为人类学转型时期的一个主要考察对象。

现代与后现代之间：何为当代的民族志？

20 世纪末的美国人类学正在经历现代性的讨论和转型，至少在持这一观点的学者看来，人类学在 20 世纪八九十年代发生了一次重大的转折，从那以后，人类学已经有了一个完全不同的发展方向。而这个方向多少能够保证人类学会有一个好的将来。这次转向表现在如下几个方面。首先是人类学的田野之地。田野之地逐渐从"非西方"的地域研究转向"西方"或者"欧洲"这一文明空间。同时，包括家庭组织、亲属制度在内的传统研究，逐渐转向因为工业、科技、城市化发展而引发的诸多当代问题的研究上，西方官僚体系本身也应该纳入这一新的研究领域。其次，民族志的体裁、书写方式和文本结构的多样性，也多少标志着人类学的民族志书写从过去的"自然""科学""客观"，向着"道德""情感""自我""交互""对话"以及"复调"等更注重人的主观体验的维度转向，重建一种"诗性的民族志"因此成为可能。❶ 第三，人类学将时间观念上的"他者"，看作与我们同处一个时代，因此西方的现代性在某种程度上不能再通过反观他者在西方历史序列中的位置来获得，这就意味着人类学必须进一步反思现代性的问题。第四，人类学传统的训练方式也同样面临转向，并以此作为对上述三种转向的回应。

有关社会变迁和社会转型的观念可能是人类亘古不变的一种本能，人们总是认为自己正处于一个转型或者即将发生较为重大变迁

---

❶ 刘珩："民族志诗性：论自我维度的人类学理论实践"，载《民族研究》，2012 年第 4 期。

的时代。这种本能似乎将传统、现在和未来有机地联系起来，从而构成人类理解历史过程的方式。这种"转型"思考的本能从学界到大众都概莫能外，每一个时代自诩的现代性都会被新一轮的"后现代"思潮所覆盖。有鉴于此，"当代"这一概念因为直接关涉社会现实，从而避开了不必要的现代性的争论，预示着人类学这门学科未来的发展方向。

人类学要想在当代的社会科学中仍然占据一席之地，就不得不集中反思当代人类学的研究方法、旨趣、问题意识、田野调查方法及其要素，并且亟须重新认识和界定文化等方面的问题。当代社会的各个领域正在经历制度和思想的深刻变迁，人类学应该深入其中，一探究竟。这一方面是出于这门学科特有的现实关怀，另一方面是因为这门学科特有的文化视角，可以在金融、资本、科技、基因、城市规划、乡村发展以及遗产保护等领域，提供不一样的视角和深刻的洞见。尽管整个社会在当代科学、技术和理性的导引和规划下，日益变成一个具有调试和自控能力的系统，但是人类学家依然相信，即便未来出现这样一套系统，其内部仍然充斥着人与人之间的交往互动。未来社会虽然极有可能变得面目全非，但是文化仍然是社会系统、经济制度、官僚体系构成的重要因素。研究这些领域的文化因素是如何在日常生活中来运作和实践的，应该成为当代人类学研究的一个重要方面。

2008 年，德国学者雷斯（Tobias Rees）采访了拉比诺❶、马库

---

❶ 事实上，拉比诺对于民族志当代性的感悟是从对格尔茨的批判中获得的。他说格尔茨的美学观念仅仅是一种与形式相对的格式，是某种书写的能力、传达某种意象（而非检验标准化的表述）的能力，是唤起而非论战。尽显作者品位和风格的民族志本来应该只是人类学的一部分，现在竟成了全部。我们从这一类民族志中不能获得任何知识（拉比诺在文中反复强调这一点），只能看见人类学家自身的修养以及一条所谓宽容的准则，尽管我们能从这一人类学中知道事物的千差万别，但在我们是谁这样的问题上却保持沉默。拉比诺批判以格尔茨为代表的人类学家不敢面对现实，耽于幻想而

斯以及福本（James D.Faubion）三位 20 世纪末美国"当代人类学"转向的代表人物。四位学者以谈话的方式，回顾了 20 世纪末推动美国人类学转向的三个重要因素：

　　20 世纪七八十年代在人文科学领域展开的批评主要是因为三个重要因素的出现。一是一种日益加剧的对于权力和政治偏见的敏感性（多以运动的形式表现出来——反殖民运动、民权运动、平权运动等），其次是一种新的人类学项目（anthropological program）的形成。这主要得益于格尔茨对于文化与文本之关系以及文化阐释的经典表述，开启了民族志的语言学转向。民族志如同文化一样更多的是一种可供阐释的文本，如同文学文本一样。而《写文化》一书的整个篇幅，事实上都在论述民族志作为文本的所有特质。第三是一种新的概念工具，这些概念工具的生成与美国六七十年代的各种政治运动息息相关，随之而来的是对于权力和政治偏见的敏感和认识。当然这些与政治敏锐性高度融合的概念的生成，也与大多来自法国的思想家的名字联系在一起，比如罗兰－巴特、德·赛图、德里达以及米歇尔·福柯。总之，对于权力和政治偏见的敏感，再加上法国思想界提供的一套后殖民话语的分析概念和理论架构，当代的人类学不可避免地也走上了后殖民的路径。其目的就是要批判经典民族志所塑造的没有时间、缺少流动、一成不变且具有原始心性的他者形象，从而将民族志从一种偏

（接上页）不容于时代，他说，我们在时间之外不但因为我们如费边所言不承认与他者同处一个时代，而且我们还拒绝承认与我们自身同处一个时代。如果康德地下有知，他一定会跳出来问，书写，写什么？参见 Paul Rabinow，"Beyond Ethnography：Anthropology as Nominalism"，*Cultural Anthropology*，Vol.3（4），1988，p.360。

狭的地方主义中解救出来（deparochializing）（1—6）。 **❶**

纵观全书，便不难发现马库斯和拉比诺对于现代性的理解是有严重分歧的。马库斯显得更像是一个经典人类学的维护者，而拉比诺似乎更适合被贴上后现代主义者的标签。尽管分歧明显，但是二人都认为人类学在 20 世纪末面临的一个重要问题，就在于如何应对当下社会发展、文化变迁、技术革新乃至全球化进程所引发的一系列问题，亦即如何建构一门当代的人类学（contemporary anthropology）：

> 目前人类学应该关注和研究"此地和当下"（here and now），而不是"异域和非时间"（faraway and timeless），在这一点上两人是有强烈共识的。人类学在当代颇为剧烈的社会"震荡"中，显而易见很难确定一个稳定的研究场域和一成不变的研究对象。此外，如何在当代的震荡和危机中收集、处理、分析各种民族志的信息和数据，也是一个问题，如何形成理论则更是一个问题。总之，人类学在认识论、本体论和方法论上都面临这一个当代的转向，其所采用的各种概念都需要重新厘清，并被赋予当代研究新的含义。马库斯主张批判性地修正建立在田野研究基础之上、在方法论层面上的人类学文化（anthropological culture），以便能够在新的研究领域和已有的方法论"库藏"之间，建立一个必然的联系（7—8）。 **❷**

---

❶ Paul Rabinow, George E. Marcus, James D. Faubion and Tobias Rees, *Designs For An Anthropology of the Contemporary*, Durham & London: Duke University Press, 2008, pp. 1-16.

❷ Paul Rabinow and George E. Marcus and James D. Faubion and Tobias Rees, *Designs for An Anthropology of the Contemporary*, pp. 7-8.

在这样一种当代和社会变迁的焦虑中，人类学开始了细致的理论设计。古塔和弗格森主张重新去发明田野（reinventing "the field"）。他们认为，"'家'在人类学的常识中长期以来一直是文化共同性的地方，'海外'才能找到差异。然而近年来很多从事性别研究的学者，却在'家'的地方同样感受到了差异的存在"。有鉴于此，人类学面临一种空间观念的再理论化过程。这门学科目前面临的一个转向，就是从传统的空间维度的"田野之地"，转而关注社会政治所形成的多元节点（multiple social-political locations）之所在。古塔和弗格森认为：

> 田野工作表明，一种具有自我意识的有关社会和地理空间位置的转移，对于我们理解社会和文化生活具有重大的方法论意义。这一转移不但使我们发现了从前可能一直隐匿不现的各种现象，而且赋予我们一种全新的视角，以便思考一直以为已经全然了解的事物。田野工作因此可以理解为一种动机明确且风格鲜明的错位形式（a form of dislocation），而不是一套贴在某一群体身上，以表明其身份和观点的标签……当然，我们并不是在鼓吹应该放弃田野实践，而是认为这一概念必须重新加以建构，从而将其从人类学一直以来最为重要的，知识得以形成的一个显著的中心位置，加以"去中心化"的重构。此时，我们再来谈论人类学的调查之地，便会发现其传统的"田野"的意味正在减弱。它更多的是指一种研究的模式，更加关注多元的社会政治在何种节点和位置相互交织在一起。❶

---

❶ Akhil Gupta and James Ferguson ed., *Anthropological Locations: Boundaries and Grounds of a Field Science*, Berkeley: University of California Press, 1997, p. 37.

显然，古塔和弗格森是想说，过去与田野绑定在一起的某种文化区域观念，内含某一特定群体颇为刻板和僵化的身份、思维心性的标签，妨碍了人类学对于地方性知识产生多元语境的洞见和审视能力。如果我们跳出基于"西方"和"非西方"地域分类模式衍生出的"田野"观念，那么人类学的任务就在于"定位"，或者找出那些社会政治得以发挥影响的"位置"，这些位置构成了地方性知识得以形成的重要语境。无论西方还是非西方社会，人们都在这些位置发挥作用，进行展演，交流协作。可以说，这些位置就是能动性和社会政治形式相互交织的"节点"。有鉴于此，人类学当然应该选择这些节点作为自己的"田野之地"，尽管这种田野之地可能并不对应已经贴上二元论标签的地域或者群体，但是它仍然在方法论的层面大大扩展了人类学传统的地域性田野空间观念，使得人类学在现代社会复杂的文化交流、人群流动这一变化的环境中，依然可以发掘问题意识，确定新的田野之地，成为一门具有当代意识的文化研究和文化批判的学科。

古塔和弗格森从空间观念上，将人类学最为重要的"田野"这一概念重新建构，具有重要的现实意义。毕竟在当下全球化的时代，几乎不可能再找到一块更加纯净、更加自然也更加封闭的"田野之地"。即便最为偏僻和封闭的群体，如今也能够借助各种媒介获得信息，全然的土著在全球化的时代几乎无处藏身。在这样的情况下，如果人类学家还要劳神费力论证他们将要研究的群体和田野的"独特""另类"，可能将会错失转向当代并关注社会现实的机会。

如同在空间概念上需要重新发现田野，并建构新的方法论一样，人类学的时间观念同样需要这样的重构。费边认为正是由于时间上的年代误置观念（allochronism），才在空间上造成了"西方"与"非西方"的一种区隔。"一种自然化和空间化的时间（naturalized-spatialized time）观念，确定了人群的空间分配的方式和意义。人类学这门学科的历史已经表明，这种对时间的利用方式几乎毫无差别地出于这样一个目的——将被观察的一方远远地与观察一方的时间区分开来。"❶ 显然，空间上的位置对应着观察一方和被观察一方不同的时间序列，人类学要想破除这种自然化和时间化的空间观念，就必须承认"我者"与"他者"、"西方"与"非西方"的同时代性（coevalness）。

费边认为同时代性才是这门学科转向的标志，他说，"承认同时代性不会是一个一劳永逸的解决方案，但至少是转向的开始。人类学现在需要吸纳一些过程化和物质主义的理论因素，以便对付分类和表述方法在这个学科中的霸权地位，而分类正是人类学年代误置取向的重要理据"。❷ 事实上，我们完全可以将同时代性看作"当代性"的一个重要方面，被观察的一方即便没有生活在"现代性"的时间序列中，他们至少和我们一样都生活在当代（借用当前流行的术语，也可以说是"当下"），都处于古塔和弗格森所谓的当代社会政治所形成的多元节点这一"位置"之中。这种"位置"不仅仅是用来规范某一群体或者个体的，更是他们以社会实践等方式参与其中，所形成的一种获得知识的语境或者局面。这些"位置"和"节点"将社会政治语境与社会参与者的实践有机地结合起来，他们不再是生活在某一特定文化区域，脑袋上都顶着相同的气质、宗教、文化模式或者思维心性标签的一群人。他们的文化不再表现为空间的同质化区域，而是在碎片式的节点和位置上的社会交往互

---

❶ Fabian, *Time and the Other: How Anthropology Makes Its Object*, New York: Columbia University Press, 1983, p. 25.

❷ Fabian, *Time and the Other: How Anthropology Makes its Object*, p. 156.

动、实践方式。总之，人类学的同时代性颠覆了"空间位置上遥远的他者"这一刻板化的形象，我们便进入到了一个异质杂陈的当下社会中，这无疑也增强了人类学应对当下诸多偶然的突发问题的能力。

既然人类学长期发展而来的"田野之地"和"时间观念"，已经从这门学科最为重要的认识论层面加以"去中心化"，那么民族志相应地同样需要加以审视，以反思其"发现真理"和"陈述事实"的方式。面对纷繁芜杂的当代社会，民族志作为一种多少经过创作和虚构的"文本"，还能否呈现这些事实呢？如果我们不能再将民族志看作一种公布重大历史发现、推演普世概念、形成基本公理和原则的权威手段，那么它的价值和意义又在何处？这些问题都促使当代人类学必须从认识论的层面对民族志加以反思，并对文化书写的意义加以厘清。《时间与他者》的作者费边曾经说自己 1974 年结束第二次在非洲的田野作业，准备离开之际，突然意识到，他自己即将用作证据的访谈和对话的文本，是否可以作为形成事实的依据。而民族志作为一种文本，同样面临相似的尴尬境地。他认为：

> 如果我们使用一种文本来作为我们的思想、洞见和发现形成的基础，那么"以什么为基础"（based on）究竟意味着什么？通常而言，当我们使用"以什么为基础"的时候，我们通常是想要表明或者宣称我们呈现的知识是建立在证据基础之上的。然而如果我们说的证据是某种文本的时候，这又意味着什么？情况更糟糕的是，如果以一种"经验主义"的思维来看，这样的"文本"看上去似乎什么都没有、空空如也——没有通过观察或标准化调查问卷搜集而来的数据，没有通过档案文献

的梳理累积起来的各种事实。如果用这样的文本作为我的研究计划的主要部分，是否会被批判为"纯文本主义"？**❶**

费边所焦虑的正是对经典民族志加以界定的方面，强调实证、经验的研究，注重数据的搜集、统计和分析，强调文本的事实依据。对照上述的经典定义，费边所采用的文本显然很像是一个"三无"产品，他必须思考用这些"三无"产品来呈现事实的合法性依据。这些经典定义的反面正好是当代民族志的要素，它的关键就在于破除"事实"与"虚构"、"科学"与"修辞"的二元对立对于文本真实性的界定。经典民族志的对立面让费边豁然开朗，他接着写道：

> 我们的文献不是事实的基础，它也不是支持结论的依据，正是由于这一个简单的原因，文本并不会静止在某处，成为呈现某种真实性的恒久形式。文本当前呈现出的固定状态，只不过是一系列事件中的一个阶段。文本不是事实的储藏地，而是一种媒介质。**❷**

显然，文本并不是呈现事实的永恒形式。因为首先没有这样的事实，其次也没有这种永恒。文本本身也是一次事件，是一次过程，如果它正确呈现出了某种社会真实，那么它的形式也应该像这种社会真实一样，充满着模糊和不确定。文本总是以碎片化的形式表现出一切都交织在一起的文化事项，并且呈现一切都在流动变通中的过程和事件。民族志的文本被赋予过程化、阶段性和媒介质等

---

❶ Johannes Fabian, *Ethnography as Commentary: Writing from the Virtual Archive*, Durham & London: Duke University Press, 2008, p. 7.

❷ Johannes Fabian, *Ethnography as Commentary: Writing from the Virtual Archive*, p. 7.

特点之后，无疑增加了表现当代社会的张力。

　　人类学的空间、时间以及文本的观念经过认识论层面的重新辨析之后，采取了一种当代研究的导向和视角，也就是马库斯经常提起的以《写文化》的出版为标志的一次重要转向。赫茨菲尔德尽管没有参与到当代人类学和"写文化"的讨论之中，但是他自己多多少少也参与到了这一场"后现代"的运动之中。不过他肯定不会赞同马库斯关于人类学在20世纪八九十年代与传统的人类学发生了一次重大转折这样的观点。因为赫茨菲尔德并不赞成将这一阶段的人类学影响说成是根本的研究范式（fundamental paradigm shift）转变，"写文化"运动的意义在于促使人类学家重新找回他们逐渐开始失去的视野，在更多的有趣的领域，以一种更为诗性的方式写作更好的民族志。❶ 事实上，在有关当代人类学田野之地的讨论中，并没有过多地将欧洲人类学的研究现状、理论架构和概念体系纳入其中。因此在赫茨菲尔德看来，这种缺失使得他们在理解后殖民和后现代等诸多概念的时候，难免有所偏颇。欧洲这一边缘地位的人类学研究，对于当代人类学的田野之地、时间观念以及民族志文本结构等诸多讨论，都具有极为重要的批判和启示的作用。就这样，赫茨菲尔德从自己有关欧洲的人类学研究出发，参与到当代人类学的话语建构之中。

人类学在希腊：边缘中的当代性

　　有关欧洲的人类学研究在人类学学科中一直处于"边缘"地

---

❶ 见赫茨菲尔德与马库斯辩论录音，2015年6月18日录制于复旦大学光华楼。

位，赫茨菲尔德因为长期在希腊从事田野调查，所以多多少少也算是人类学圈子里头的"弱势群体"。在欧洲语境中生产出来的各种理论范式和概念体系，还需要一个自圆其说的语境，否则很难让大多具有欧洲中心意识的读者所接受。毕竟关于非洲、亚洲或者其他"土著"聚集区域的人类学研究和发现更容易被他们所接受，因为在人们的观念中，这些地方不证自明地就是人类学的研究地域，在时间序列上也符合"他者"的界定。此外，如果人类学家是在希腊这样一个区域进行田野工作，那么情况可能更加糟糕。首先，希腊在地理位置上处于欧洲的"边缘"，和地中海南岸的北非地区一道，被划在具有"荣誉与耻辱"并重观念的文化区域内。这一区域内的人往往争强好胜、凶狠彪悍，靠着极强的荣辱道德观念来形成社会体系，完全有别于西方和欧洲法治理性的形象。然而不幸的是，希腊的很多群体都体现出了这些非西方的土著才具有的文化特质，肯定是欧洲的另类。此外，即便在欧洲内部也有一套所谓"热欧洲"和"冷欧洲"、"快欧洲"和"慢欧洲"的分类模式。"热欧洲"顾名思义就是指地中海沿岸的南欧国家，可能"热"在此处与热情奔放、缺少理性（很多环境决定论者都荒唐地认为，因为天气太热所以不利于人的思考），以及休闲懒散有关系。这些欧洲的"另类"文化与"冷欧洲"暗示的冷静理性的"真正"的欧洲社会大相径庭。

然而，对于希腊而言，情况就更加复杂了，这是因为希腊一方面被认为是欧洲文明的起源地，而如今这一文明的滥觞之处却"堕落"成为边缘和另类。历史与现实、中心与边缘、纯净与污染，各种关系悖论式地在希腊交织在一起，使得希腊看起来既是一个时空错位之地，也是一个从欧洲伊甸园被放逐出去的边缘之地。然而正是这种放逐开启了希腊现代民族国家的建构之旅，因为希腊必须从对昔日荣光的憧憬中，暂时抑制住种种"神话式"的想象，进而面对纷繁芜杂的现实，来探讨建构民族主义统一话语和意识的可能性。这种困境在赫茨菲尔德看来，正好也是人类学面临的一种困境，或者说是人类学转型时面临的一种困境。尽管赫茨菲尔德并没有将这种转型冠以当代性的意义，但是他巧妙地借助一个国家和学科加以比较的视角，暗示了当代人类学所面临的问题、困境以及解决的策略。从某种程度而言，这当然是人类学的一个当代性策略，只不过很巧妙地同某种古典的文明和气质结合在一起。维柯的影子再一次若隐若现地浮现在人类学的当代性建构过程中。

赫茨菲尔德认为，"维柯是在'基督教的神圣性'和'非基督教的堕落'之对照关系来看待历史的。事实上，人类学的神圣性也起源于这一对立关系。人类文化和精神上的不完善，就是人类被逐出神圣家园（伊甸园）后'堕落'的一个隐喻，现实的社会生活和实践的千差万别也是这一隐喻的一部分。人类学同国家主义（statism）的任务一样，就是要寻求合法性的原始文本（Urtext）和具有普适性的理论体系，重返已经失落的伊甸园"。❶

显然，在希腊现代民主主义意识中，现代希腊是从古希腊辉煌文明这一"伊甸园"中被驱逐出去的。为了重返昔日的荣耀，就必须寻找到一种绵延不绝的文化证据，来证明自身与古希腊的传承关系。希腊的民俗研究因此致力于寻获古典文明遗留在民间的证据，希腊的语言学家则致力于在现代民众中推广一种早已逝去的古希腊语言，借此向欧洲表明，普通的希腊人如今仍然会使用一门与希腊文明密切相关的语言。为了达到纯净文字的目的，所有使得这门语言不洁的外来词汇，特别是土耳其词汇都被彻底清除。然而正

❶ Michael Herzfeld, *Anthropology Through the Looking-glass: Critical Ethnography in the Margins of Europe*, p. 32.

是这些由强烈的民族主义意识来推动实行的语言文字净化运动，民俗歌谣的搜集、整理和展示的运动，以及统一的历史编纂，使得一种"泛希腊"的民族概念深入人心。古希腊文化传人的自豪意识和自我救赎意识被广泛地激发起来。与文字净化运动相应的是对各种文化"污染"的清除，比如外来的土耳其文化以及斯拉夫文化。当然，各种愚昧落后的地方性实践也要加以抑制或遮蔽。最终以一种纯净、同质并且高度具象化的文化形式，与古老的文明建立起联系。

在赫茨菲尔德看来，从完美中堕落不但是世俗社会为人类自身的诸多问题开脱所找的借口（这一看法后来形成赫茨菲尔德颇为重要的世俗神正论观念），而且还是因为这一原罪而必须实现自我救赎的动力。一群人是如此，一个正在建构民族主义的国家是如此，一门学科同样也是如此。赫茨菲尔德认为，人类总是沉溺于人性最初完美无瑕这一浪漫的幻想中不能自拔，这既是世俗社会对于堕落的理解和重塑，同时也是人类学这门学科的重要遗产。事实上，人类学这一希腊词源"anthropologia"自身属于神学范畴，它暗指灵魂在起源上的神圣性；因此，人的目标就是要重返这一神圣性的源头。神圣性代表完美的成就，这一点如同民族主义历史和抽象的理论一样，它们都必须通过压缩时间和事件的偶然性来获得。❶

显然，人类学也是从一种建构普适理论的理想状态中被驱逐出去的。人类学家通过训练，获得了阐释文化和社会理论的"武器"和装备，然而当他们来到世界各地、千差万别的土著社会中时，他们的各种完美的理论原型，一下子失去了用武之地。如同从完美状

---

❶ Michael Herzfeld, *Anthropology Through the Looking-glass: Critical Ethnography in the Margins of Europe*, p. 32.

态堕落的人类，通常会自动获得某种自我救赎的动力一样。人类学也致力于通过"压制"各种实践的差异性，通过不同的个案和社区研究，推导出"完美"的一般性理论。因此，"从神学的观点来看，历史的发展导致的不完善，将人类从其原初完美状态分割开来，但是只要通过不懈的努力，人类就有可能克服自身的问题。这种乐观的态度差不多在人类历史上持续了一千年，成为各种国家观念运作的目标，同时也成为人类学探寻人类思想基本结构的动力"。❶

现在，国家主义和人类学多多少少都处在一种"不完善"的状态，它们都需要自我救赎，但是两者马上会在时间观念上陷入一种费边所谓的"年代错置"的困境。对于希腊的国家主义而言，由于迫切需要将现代的民众塑造成古希腊人的后裔，因此可以将欧洲社会分配给自己这一国民身份建构和表述的负担，嫁接在希腊高地半游牧群体身上，将他们藐视权力的品质、在外族入侵时期自由抗争的勇气和毅力，说成是古希腊精神和气质的"活化石"。这些与自己生活在同一时代的高地牧人瞬间被穿越历史，他们的同时代性受到否认，然而吊诡的是，对外身份建构及展示的压力一旦消失，同样的一群人又成为希腊现代社会野蛮、凶悍、不守法律的代表，备受公众的指责，成为整个社会的替罪羔羊。显然，国家在自我救赎的过程中，会年代错置式地寻找"活化石"或替罪羊。而人类学的自我救赎对于赫茨菲尔德而言，是企图以一种单数的历史去压制或覆盖复数的历史。

费边在《时间与他者》一书中使用了"同时代性的否认"（denial of coevalness）这样一个概念——由于人类学研究的他者所居

---

❶ Michael Herzfeld, *Anthropology Through the Looking-glass: Critical Ethnography in the Margins of Europe*, p. 33.

住的空间被分配在一个遥远的，可能通常是远离西方文明中心的等级式的边缘地位，因此这些被研究对象的同时代性和当代性被否认。这样的时间结构将人类学家和他们的读者放置在一个优越的时间框架内，同时将他者驱逐到一个没有经过发展和开化的阶段。[1] 赫茨菲尔德将这种时间观念称作一种知识的形式，同时也是一种历史观念。这种历史观念同希腊的近代民主主义一样，同时包含着接纳和拒斥两个方面。[2] 也就是说，费边观察到的西方人所设置的优越性的时间框架，在赫茨菲尔德看来是建构一种单数历史形式的企图；而费边所谓的他者被驱逐到不发展不开化的阶段，正是单数的历史形式对复数和多元的历史叙事的一种刻意遮蔽。此外，费边的时间模式相对而言较为静止，而赫茨菲尔德借助接纳和拒斥的辩证关系，将他者的历史叙事这一能动意识揭示出来——被分配在不发展不开化时间段的他者未必一直哑口无言，任人摆布。

赫茨菲尔德这一人类学的时间和历史观念，最初肯定受到希腊民族主义的启示。他认为："被逐出伊甸园这一普遍的堕落观念，形成了一种由历史和社会经验裹挟在一起的知识形式，知识因此一开始就是有瑕疵的。当知识作为一种历史，它就变成了整合政治和文化差异性，并使其具有正当性的工具。当知识作为社会经验，它就变成了有关他者、异化和差异的知识。"[3] 事实上，人类学正是这样一种知识，它由单数的历史形式和复杂的社会经验糅合在一起，本身充满着各种瑕疵。人类学在这样的分裂和差异中，必须设计出

---

[1] Johannes Fabian, *Time and the Other: How Anthropology Makes Its Objects*, foreword, p. xi.

[2] Michael Herzfeld, *Anthropology Through the Looking-glass: Critical Ethnography in the Margins of Europe*, p. 52.

[3] Michael Herzfeld, *Anthropology Through the Looking-glass: Critical Ethnography in the Margins of Europe*, p. 41.

一种优越性的时间框架，将各种大异其趣的文化实践，整合在某种单数的历史和普遍性的理论之中。人类学的这一时间框架在费边看来，是一种按照蒙昧与文明的等级进行分配的方式。而在赫茨菲尔德看来，这恰恰意味着一种线性和同质的单数历史，是对各种差异的压制（suppression）。历史如同神话一样，也是一部压缩时间的机器。此外，被分配在欧洲边缘地位，与欧洲其他地方相比多少显得更像是他者、更具差异性的希腊，并不会固守着这一强加给自己的时间序列，他们也通过一套吸纳与拒斥的策略，来形成不同的身份表述方式。赫茨菲尔德认为，"今天的希腊人对于他们的文化归属有着模棱两可的倾向，关键在于他们如何使用'欧洲'这一概念。纳入欧洲这一框架，就意味着自身要扮演古典希腊在欧洲文明进程中的奠基的作用。拒斥这一框架，就意味着他们出于自身现实需要，可能刻意凸显东方文化的影响"。❶

　　显然，被安排在遥远时间序列的他者也有自身的一套能动性，并且通过它对各种权力和政治的偏见发起挑战。希腊的民族主义话语中，对欧洲这一观念模棱两可的运用，正是这种能动性的体现。它促使民族主义话语在建构的过程中不能回避当下的现实问题。救赎这一意象再一次浮现出来。对于希腊而言，救赎就意味着对现实的整合和吸纳，而对于当代性的处理，成为这一过程的关键。就人类学这门学科而言，又何尝不是这样呢？人类学要进行自我救赎，就必须摒弃对各种单数的历史，以及"理论永恒性"的执着和迷恋，转而以一种"理论即实践"的态度，面对他者日常生活中纷繁芜杂的实践方式。人类学本身也是这样的一种变动和瞬间的实践方

---

❶ Michael Herzfeld, *Anthropology Through the Looking-glass: Critical Ethnography in the Margins of Europe*, pp. 41-42.

式，总是充斥着诸多不确定性，并且异质杂陈。赫茨菲尔德从希腊这一民族国家的当代性实践中，为人类学设计了一套复数的研究方法。其要点就在于突破由政治和权力偏见支撑的时间框架，从而让他者进入到我们同时代（当代）的时间层面。他们的种种当下的实践同我们一样，也在各式各样的社会政治"节点"（locations）下展开（古塔和弗格森语），他者不再是"没有历史的人群"，他们与我们拥有共同的当代性。

对于当代民族志的讨论，事实上有助于我们重新认识后现代性，当然也包括人类学这门学科的后现代性。赫茨菲尔德以这样一种方式，参与了人类学有关后现代、后殖民的讨论和实践。由于自身所受的古典知识的训练，加之深受维柯的影响，在他谈论"后现代"最多的《镜中的人类学》一书中，几乎没有出现后现代的字眼。他对后现代的理解以一种典雅的方式显现出来。借助历史和社会经验的关系，赫茨菲尔德将后现代置于这一裹挟在一起的、有瑕疵的知识形式之中予以考察。二者的每一次对立、每一次学术论争、每一次理论的形成、每一次民族主义对政治和文化差异性的整合、每一次单数历史对复数历史的挪用和刻意遮蔽，都包含着一种从伊甸园堕落之后的自我救赎。将现实差异性抹去、将瑕疵清除、将外来文化和群体加以清洗，无疑就是后现代性话语得以运作的关键。赫茨菲尔德当然希望如此的后现代化运作逻辑，不要出现在人类学界。

20世纪80年代，在美国兴起"写文化"思潮，人类学界针对科学民族志的"真实性"和"权威性"，开展了一次极具后现代意识的反思和批判运动。赫茨菲尔德虽然赞同并肯定这场运动的意义，但他本人并不欣赏一门学科运作一套更为"现代"的话语和分类体系。在他看来，"后现代"的人类学家对于古典知识的隔阂，妨碍了他们对"知识"本义的理解。事实上，只要稍微运用一点词源学的考证，便不难理解这些概念的应有之义。此外，我们也不必大费周章地在后现代的话语和逻辑中，去考察知识得以生产的过程，伴随着手工劳动的艺术品生产方式，比如雕刻，事实上能够完全回应"后现代"民族志书写的全部程序。总之，赫茨菲尔德致力于在古典知识体系中，完成对后现代性的知识考证。

"雕刻"民族志：呈现"事实"的艺术形式

1. 民族志的权威性

"写文化"运动所标榜的民族志的后现代性，一是突破其长久以来形成的"民族志权威"(ethnographic authority)，二是回归"诗学"的书写方式。"写文化"运动的代表人物克利福德在为《写文化》一书所作的序中，表示这部论文集中的多篇文章，都认为文化是由相互激烈竞争的符码和表象构成的❶。当然，克利福德此处所谓的各种符码和表象有点玄学的意味，但是它们之间处于一种冲突和竞争的状态却也是不争的事实。赫茨菲尔德将这些"冲突的符码"，通俗地表达成人类学家与资讯人在交往之中的各种偶然性、人类学家因为知识背景所产生的不同的研究旨趣、人类学家在田野调查中观察的强度和质量的不均衡性，以及在后期民族志写作中，对于事实加以经验地呈现的不确定性等。但是民族志在这些充满张力的过程中生产出来，应该是二人的共识。克利福德认为"艺术意指对有用之器具物品的熟练地精加工，打造民族志是一件手艺活儿，与写

---

❶ 马库斯、克利福德编：《写文化：民族志的诗学与政治学》，高丙中等译，北京：商务印书馆 2006 年，第 30 页。

作的世俗之事相关"。**❶** 而赫茨菲尔德将民族志看作类似于雕刻的技艺形式，二者有异曲同工之妙。

此外，民族志要回归诗性的语言，并且呈现出艺术品创作的过程，就必须对语言，特别是所谓科学的语言，予以考察和澄清。对民族志语言的科学性的批判，在赫茨菲尔德看来，是一种"后现代性"的体现。根据他的观察，"这种批判在人类学领域由克雷克（Malcolm Crick）发起，而在符号学领域则由艾柯（Umberto Eco）提出，他们二人从不同的学科领域表达了如下相似的观点，即传统意义上，我们一直认为科学的语言不适合用来表述变幻无常的社会生活，这种认识恰恰是不科学的。因为它事实上是表述的一种模式，也就意味着我们观察的对象需要我们科学性地代为表述，这对我们研究的对象显然是不公平的。"**❷** 有鉴于此，如果民族志的语言不是将各种修辞去除之后的科学式的语言，那么事实也不是现实主义所理解的事实。

然而对于克利福德所说的"民族志的权威性"，赫茨菲尔德却有不同的看法。1983年，克利福德发表了"论民族志权威性"一文，将阐释人类学之前的民族志的权威性归结为，一种建立在参与观察基础之上的"科学"的研究及土著文化体验的怪异组合形式。克利福德认为，"'民族志的经验'（ethnographic experiences）使得马林诺斯基那一代人类学家建构起一个意义丰富且具有普遍性的世界，这种经验主要利用包括感受、观察以及各种各样的臆测在内的本能。这一行为大量运用各种线索、痕迹、手势以及零零星星的感官体验，而不是发展出一种相对完备且稳定的阐释体系。这种零

---

❶ 马库斯、克利福德编：《写文化：民族志的诗学与政治学》，第34页。

❷ Michael Herzfeld, "Serendipitous Sculpture," p. 5.

星琐碎的经验形式，应该被划归为审美或占卜这一范畴"。❶ 由于这种经验比较隐蔽，因此长期以来，人们并没有意识到它与民族志权威性建构之间的关系。克利福德认为，"经验唤起了一种参与式存在的意识、与需要理解的世界的一种体验式接触、与研究对象的一种密切关系，以及观察的具体可依性。经验同时还意味着一种完满的、有深度的知识形态（'……她对于新几内亚十年的经验表明'）。这些感官体验协同发挥作用，赋予了民族志者以权威性的描述，真实地呈现出她或他的观察对象。然而，这种真实性事实上往往是某种不能言说的感受和洞察力"。❷

也就是说，人类学家刻意突出自身参与式存在的形象，以表明自己沉浸在各种异文化的体验中，以此来获得民族志的权威性。如此一来，殖民时期人类学家有关田野之地的各种体验和感受的描述以及照片，往往成为克利福德嘲讽戏谑的把柄。他指出，"马林诺斯基为我们呈现了新型人类学家的形象——蹲在篝火边，观察、倾听、提问、记录并阐释特罗布里恩得人的生活。《西太平洋航海者》的第一章就是关于这种权威性的富有文学性的描述，而这一章所配的图就是人类学家支在克里文利人（Kiriwinian）村子中的那顶显眼的帐篷"。❸

然而，如同早期的人类学家在各自的民族志文本中，需要营造一个"附加"的权威性语境一样。《写文化》一书中的各篇文章同样需要附加一个"权威性的批判语境"，要么批判殖民时期人类学家来到田野之地所体现出来的权力意识，以便为自己的文本寻求一个"同情弱者的道德语境"；要么批判殖民人类学家在呈现自身异

---

❶ James Clifford, "On Ethnographic Authority," *Representations*, No.2（Spring 1983）, p. 128.

❷ James Clifford, "On Ethnographic Authority," p. 130.

❸ James Clifford, "On Ethnographic Authority," p. 123.

文化在场时的矫揉造作；要么批判殖民时期人类学家同当地人建立亲密关系（rapport）时的虚伪。然而不论是何种批判，后现代人类学者同样意识到，他们自己也不可能脱离附加的语境而就事论事，他们同样需要在自己建构起来的道德的、意识形态的和宇宙论式的权威性中展开论述。他们因此不经意间，事实上"犯了"与他们所要批判的经典民族志者同样的错误。

事实上，在赫茨菲尔德看来，人类学家来到田野，与田野之地最为世俗的生活之间的关系除了"体验"（embodiment）之外，还能是什么？人类学家到达"那儿"，自然会以一种审美（aesthetic）的眼光描述在"那儿"的诸多感受。此时我们不能忘记，英文中的审美这一单词来自古希腊语"aesthesis"，意为感受。因此人类学家到达"那儿"，顺便谈谈超出理性思考范畴的感受，完全没有必要同所谓的"民族志的权威性"扯上关系。此外，人类学家经过"在那儿"的亲身体验，当然要比那些没有体验过的人知道得要多，因此他们多说几句，也很自然。❶

显然，人类学家谈自己的"感受"是民族志写作的一个必要过程。民族志确实是要用来呈现事实的，而对于感受或体验的细致描述当然也是事实的一部分。事实的呈现要依靠技艺和形式，如同列维－斯特劳斯《忧郁的热带》一书巧妙的文本结构一样。此外，人类学家的"感受""审美"抑或"占卜"式（克利福德语）的种种"非理性"的描述，也对应着一种真实，亦即格尔茨所谓的"在那儿"。因此这种体验是一种真实性的体验，反过来说他们在体验真实亦无不妥。如果将这种体验看作纯粹的、远离事实的"虚构""附加"或者"掩饰"，那才是对事实的视而不见。赫

---

❶ Michael Herzfeld, "Serendipitous Sculpture," p. 6.

茨菲尔德将这种对事实的视而不见，称作后现代主义的不负责任（postmodern irresponsibility）。现在关键的问题，是如何处理人类学长期以来形成的经验、实证以及现实主义等诸多传统，使其适应"诗学"式的书写需要。赫茨菲尔德认为，"我们是经验性的学者，因为我们可以体验民族志写作的'技艺'（techne）的完整性，并进而运用这一完整性'技艺'的诸多审美原则，同时批判实证主义式的简约论以及后现代式的推脱责任这两种极端形式"。❶

也就是说，与其在后现代这一多少混沌不清的语境下阐述实证、经验与诗学及修辞的关系，倒不如借用传统的"技艺"观念，去还原知识及其生产过程的本意。

2. 如何"雕刻"民族志

要进行民族志的文字"雕刻"，首先必须思考理论与实践的关系。赫茨菲尔德对于民族志理论推衍与实践关系的论述，首先从"理论"这一古希腊语的词源学考据中进行。民族志不但是人类学家收集各种社会经验、文化差异和实践方式的文本，同时也是一种最终需要归纳、推衍、简化为某种理论范式的文本。在这一意义上，民族志也是一种将社会经验与单数历史裹挟在一起的知识形式，因此也不可避免地具有各种"瑕疵"。为了解决这一问题，现代人类学的民族志文本更强调"理论"的部分，也就是困扰费边的现代民族志的规范问题，即所谓的经验、实证的研究视角，科学化的问卷设计、数据信息的收集和分析，并且可能还要加上类似于自然科学的各种图表、公式的设计等，❷ 因为这被普遍认为更像一种

---

❶ Michael Herzfeld, "Serendipitous Sculpture," p. 6.

❷ Johannes Fabian, *Ethnography as Commentary: Writing from the Virtual Archive*, p. 7.

知识的形式。在此种知识的生成过程中，各种差异性的实践、情感体验和自我意识是受到压制的。这一过程在赫茨菲尔德看来就像是对菜肴的加工过程一样，"在传统意义上，民族志总是被看作是一些'生的原材料'（raw data），需要理论的加工，腐烂的部分被扔掉（或者这种选择和抛弃产生了某种满足感），然后开始加工（烹调？）从田野中收集到的各种素材，使其作为符合某种规范的实体形式呈现出来，就如同符合餐桌礼仪的烹制好的菜肴一样"。❶

　　然而，如果我们考察"理论"这一希腊语的词源，便会明了理论的本意。赫茨菲尔德认为，"理论"一词源自古希腊语"theoria"，意思是"观察"。动词"thoro"如今在希腊克里特地区以及其他的几种方言中，还有"看见"（see）的意思。至少在克里特高地的牧羊人中，thoro 传递出一种视觉接触的意味。从根本上而言，这种视觉接触表明交往的社会性。❷ 因此，理论本意上应该是一种伴随着目光接触的社会交往方式，当然也是一种最基本的实践方式，理论最初与实践并没有分离。然而，随着人类启蒙以来对自身理性的虚骄讹见（维柯语）和盲目自大，他们将理论从这一原本与视觉感官和社会交往体验休戚与共的实践维度中剥离出去。"将理论看作审视和观察的神圣性基础，并且作为学术理性的重要源头，居于优越性地位。这是人类自从将身体与理智分开以后，对于维柯所谓的神圣认知秩序的一次歪曲和劫掠。因为在维柯的神圣秩序中，感官体验是第一位的，理论是第二位的。"❸《写文化》一书的很多作者

---

❶ Michael Herzfeld, *Anthropology Through the Looking-glass: Critical Ethnography in the Margins of Europe*, p. 202.

❷ Michael Herzfeld, *Anthropology Through the Looking-glass: Critical Ethnography in the Margins of Europe*, p. 203.

❸ Michael Herzfeld, *Anthropology Through the Looking-glass: Critical Ethnography in the Margins of Europe*, p. 202.

都意识到，现代人类学家在田野中洞察一切、审视一切的目光所暗含的权力的不对称性（观察与被观察、研究与被研究双方的权力不对称性），但是没有人从古典的词源学考据中去揭示人类在启蒙之前，对于观察和社会交往之关系的理解和表述。这种被标榜为"后现代式"的问题意识，事实上早就隐匿在古典知识体系之中，而我们要做的就是一次词源学意义上的考证。

所以，民族志撰述的关键就在于摒弃理论和素材、理论与实践的对立关系。因为归根到底以一种理论面目出现的民族志，本身还是一次实践的过程和事件。这种实践的方式同人类学家在田野中的各种因缘际会（serendipity）大有关系。然而，仅仅依靠摒弃理论与实践的二元对立，并不意味着就能写出好的民族志，在赫茨菲尔德看来，事实与虚构的二元对立关系同样需要予以破除。

我们以小说为例，一个显而易见的道理是，尽管小说中人物、场景、事件都可能是虚构的，但是无可否认的是其呈现出的社会图景、文化的象征意义以及给予读者的个人体验都是真实的。小说之所以成功，就在于它打破了事实与虚构的二元界限，从而以一种"虚构"的方式艺术地呈现事实。❶ 人类学家与小说家一样也是情感的动物，他们的书写都经过自身经验的选择、过滤和建构，因此民族志在赫茨菲尔德看来，所呈现出的是一种"经验化之后的事实"

---

❶ 人类学家汉德勒（Richard Handler）将简·奥斯丁的小说加以民族志的分析之后，同样认为争论何为事实、何为虚构并且人为地为二者设定界限毫无意义，他认为"我们的目的不是回避文本能否表述事实这样的问题，而是不应该假设事实与虚构、文本的世界与现实的世界以及数据与分析之间的显著差异"。从简·奥斯丁的作品来看，文本的世界和现实的世界不是截然分开的，文学并不能让事件发生，但是它可以巧妙地利用社会生活的虚构性规则（fictive rules of social life），从而揭示这些规则的偶然性以及社会行为的多重意义。参见 Richard Handler & Daniel Segal, *Jane Austen and the Fiction of Culture*, Lanham：Rowan & Littlefield Publishers Inc., 1999, pp. 151-165。偶然性以及多元异质当然是真实性的重要维度。

（experienced reality）。一旦承认这一点，我们就可以在隐喻的层面将民族志看作一次艺术的雕塑形式，其间充斥着各种差异和不均衡，而这种不均衡是大多数人类学书写的主要特点：

> 事实上，在任何一部民族志中，有的部分需要微调、润色，使其契合任何能够想象到的细节。同时，某些社会生活的其他方面却总是显得非常的粗略。由于受到可利用数据以及记录手段等因素的限制，随着作者关注点的变化，语境也在不断变化，因此这些"粗略"的社会生活方面也在民族志文本中时隐时现。然而正是这种不均衡性捕捉到了社会生活的一个重要方面——混乱无序，或者是社会交往中的踌躇不决以及偶然侥幸，总之这才是更为现实的表现方式。❶

在赫茨菲尔德看来，包括格尔茨在内的人类学家过分强调田野工作的复杂多变以及表述的诸多困境，却没有关注写作这一行为同样有复杂多变的感知性维度（sensory dimensions）。❷ 也就是说，他们虽然意识到了民族志的魅力在于艺术地呈现田野研究的种种际遇，但同时却将写作这一行为同事实区分开来，艺术在他们的语境中与"虚构"无异。有鉴于此，如果要将民族志视作模糊了诸多二元对立的一种艺术形式，那么首要的问题就在于说明，写作这一行为不但是呈现事实的艺术形式，其本身也是生产事实的重要方式。"雕刻"这一概念颇为完美地将民族志生产（书写）这三位一体过程中的诸元素表现出来，民族志的写作类似于一次"文字的雕塑"

---

❶ Michael Herzfeld, "Serendipitous Sculpture," p. 4.
❷ Michael Herzfeld, "Serendipitous Sculpture," pp. 3-4.

（verbal structure）。赫茨菲尔德认为，"雕塑民族志这件艺术品将采用一种新的方法——不但要拒绝科学主义（scientism），而且还要拒绝纯粹的审美简化论，同时还要拒绝将思想活动和身体行为相分离的观点，因为这事关我们学习的方式。如此一来，我们就可以将'艺术'（art）、'技艺'（craft）和'技巧'（technique）三个概念融合在一起，用古希腊语'techne'来表示，这样就可以打破物质与象征相对立的藩篱，同时把书写看作语言的雕塑"。❶

3. 田野素材的民族志雕刻：以"段子"为例

对于人类学家而言，各种段子是他们在田野中经常会接触到的素材，然而在民族志"加工"的过程中，出于科学主义的需要，这些素材通常会被抛弃。这主要是因为段子通常都带有即兴创作的痕迹，转瞬即逝，很难与某种永恒的社会规范和文化制度联系在一起。但正如上文所述，如果我们不再将民族志的理论推衍与被观察对象的日常生活实践截然分开；不再将这些段子简单地看作个体情感体验以及宣泄的方式、与社会事实毫无关系，我们就能承认资讯人民族志理论合作者和贡献者的身份。如此一来，这些即兴的创作同样是一种细腻生动的呈现事实的技艺形式，从中折射出他们所生活的世界的全部意义。

赫茨菲尔德在其《成人诗学》一书中，❷ 大量引用当地人讲述的有关窃羊的段子，意在说明，"在大多数民族志中，粗线条、碎片式的素材的使用，实际上体现了一种真正的经验式的渴望（a genuinely empirical desire）。以此试图表述甚至塑造大多数社会生活

---

❶ Michael Herzfeld，"Serendipitous Sculpture：Ethnography does as Ethnography goes，" *Anthropology and Humanism*，Vol.39（1），2014，p. 3.

❷ 前文已经引述过该书中体现国民性格和互惠式窃羊的两个段子，在此不再赘述。

知识（在认识论层面上有所不足和模糊）。这种知识既属于人类学家，也属于他们所研究的地方性的群体"。[1] 也就是说，克里特高地的牧羊人在叙述这些外人看来颇为尴尬的"相互盗窃"的"陋习"的过程中，事实上扮演了"理论家"的角色，叙述本身也是能动性的体现。他们在与人类学家交往这一短暂、即兴且相互试探的语境中，非常清楚地知道使用何种言辞，来"刻画"现实和理想中的社会关系、区分不同的群体、获得行动的正当性以及道德的优越性。山地牧人对自己社会生活的刻画，使用的同样是粗线条的、碎片式的素材（段子），以此呈现出的同样是认识论层面的不足以及视角的散漫，其中可能充满着诸多的夸大、灵感突发时的兴奋以及言不达意的焦虑与困惑。生活原本如此，知识的形态也原本如此，创作（雕刻、写作）的过程也理应如此。

此外，赫茨菲尔德将山地牧人玩笑戏谑的段子放在民族志中，可能是民族志写作的一种尝试（至少与自己导师的写作风格迥然不同）。这种多少有点无意识的尝试，一定程度地体现了艺术创作的过程。因为如此书写，"确认了这样一个事实，只有当我们最平和舒缓地吸收各种信息数据的时候，当我们最无自我意识地塑造这些信息的表述方式的时候，我们在田野中的各种认知和理解，才能源源不断地向我们涌来……民族志写作最为精彩的地方，就在于我们无意识地侵犯了诸多既定准则，这些准则是迄今为止我们无法通过'合法化'的手段去绕开的"。[2] 同样，希腊山地牧人不能对外人言的"互惠式盗窃"，也侵犯了民族国家诸多文明和现代的准则，但似乎这个不能"合法化"绕开的实践方式，使得他们的生活更为绚

---

[1] Michael Herzfeld, "Serendipitious Sculpture," p. 4.

[2] Michael Herzfeld, "Serendipitious Sculpture," p. 4.

丽多彩，更能激发他们社会展演的"诗性"和灵感，并赋予其创作者的角色。

此处所特有的文字雕刻的"技术性"，需要我们运用一点想象的能力，能激发起我们画面般想象的文字，作为雕塑的细节和局部，也是一个技术活儿。牧羊人调侃时对自己的知识和身份所显示出来的自信，他们绘声绘色、意气风发、神采飞扬的表情，或者叼着烟跟人类学家打着各种手势时的侃侃而谈，眉宇间或许还流露出几分狡黠和揶揄的意味（似乎在说，我这么说，你能听懂吗？）。此时，如果旁边有一部不为人察觉的摄像机，显然更容易捕捉到这些属于格尔茨所谓的"深描"的细节。然而这样的文字"雕刻"所展示出来的一个自信、自负、颇具男子气概的希腊山地牧人形象，最大限度地"换取"了一部摄像机这种技术形式才具有的所有深描的特点。牧羊人讲段子时所特有的"创作者"的身份，跃然纸上，如果我们换一幅民族志交往的场景，牧羊人在人类学家的盘问甚至拷问下，对各种专业化的问题一脸困惑、抓耳挠腮，在这种状态下讲述的东西又能给人类学家多大的启发呢？

显然，"雕刻"应该成为人类学有关民族志书写的一个重要概念。这是因为，其一，"雕刻"将田野中社会交往的种种因缘际会（serendipity，多少类似于古塔和弗格森所谓的"节点"），与书写（创作）过程中各种不确定因素结合起来，显示出二者原本应该表现出的一种对应关系，这当然是民族志真实性的一个基本要义。其二，"雕刻"呈现出了创作（写作）这一事实生产的过程。素材的堆砌、线条的勾勒、细节的打磨、修辞的运用等方面，如同一幅明暗对照的艺术品。"明"（理论、观点、制度、结构）依靠各种"暗"（日常实践、即兴的话语、情感以及自我）来映衬并投射自身，二者同时又处于一种相互转换的地位，是各种二元对立得以模糊各自边界的重要"隐喻"。

　　总之，人类学家应该是经验的，而非经验主义的；是实证的，却是非实证主义的。经验的和实证的其实就是经验主义、实证主义与极端的后现代主义之间的一个"不偏不倚"的位置（middle ground position）。经验主义注重简单机械的事实，强调科学严谨的语言对于呈现事实的重要性，从而否认语言的修辞性、写作的艺术和表述的技艺。而极端的后现代主义，则强调事实的虚构性。吊诡的是，他们通过否认呈现事实所必需的审美体验、感受、文学性的描述，从而强调事实的虚构性。他们一方面强调写作（writing）的重要性，但同时却将写作看作解构事实的依据，而非呈现或者再现事实或者文化的过程。最终，极端的后现代主义将事实连同虚构一道给解构了。因此，只要认识到民族志"雕刻"过程中"书写的艺术""表述的技艺"以及"记录的技术"这种三位一体呈现事实的方式，既可以缓解后现代主义对于事实和经验的"疑虑"，也可以抵消经验主义对于事实认知的简单机械，总之，技艺使得写作一种经验式的民族志成为可能。

　　从古希腊、拉丁语词源学的考据中去发现历史、文学、宗教、民族等"现代"概念的最初含义，从村俗传统和技艺形式中去发现"诗性智慧"推己及物的认知过程，这些无疑是维柯留给启蒙时代的一项宝贵遗产。赫茨菲尔德运用同样的方法，对知识、经验、观察等经由现代性建构之后的观念，加以知识考古式的辨析，试图重建诗性被理性割裂和遮蔽的过程。这一多少有点"反现代"性的视角，使得他更像是一位维柯式的人类学家。

第5章

维柯式的人类学家：诗性、语言及实践

赫茨菲尔德是当代人类学界的一位"维柯式"的人类学家，这既是他自身所受的古典知识的训练使然，当然也与维柯及其《新科学》一书对他的影响密不可分。赫茨菲尔德在《镜中的人类学》一书中，将国家与一门学科并置在一起加以比较的灵感，显然来自维柯有关人类被逐出伊甸园的经典论述，其间充斥着"堕落"、自我救赎以及最终的复归等意象。赫茨菲尔德颇为"复古"的学术路径表明，对于一门学科的考证完全可以经由古典的词源学考证来完成。如同维柯从"艺术""科学"等概念的拉丁语词源，证明知识最初必然起源于"善"以及一种叫作"诗性智慧"的村俗传统。人类学这门学科的重要性，并非因其所具有的各种玄学和理性的智识传统（这在维柯看来是知识分子们的虚骄讹见），而是它必须面对世俗社会千差万别的风俗和实践。面对这种差异性实践的能力应该是这门学科知识的源泉。

受维柯诗性智慧的影响，赫茨菲尔德的人类学事业中带有一种古典知识的情结。这种古典知识的情结注定他不会与所谓的"传统"决裂，同时也对任何现代或者后现代的主张都抱有怀疑和批判

的精神，这些在上文的论述中已经有所体现。赫茨菲尔德始终认为，人类学的研究应该始终位于现代与后现代这一巨大"鸿沟"之间的地带，这些都清楚地体现在他与马库斯的辩论中。

维柯的人类学思想

意大利历史学家、语言学家维柯 1725 年出版《新科学》第一版时，恐怕并没有意识到这一部著作所具有的人类学意义。在某种程度上，维柯的人类学思想直到更加注重语言学和符号学研究的美国文化人类学❶诸学派兴起才被"揭示"出来，"诗性智慧"这一概念因此也被赋予人类学意义的阐释。

在维柯经典论述中，诗性智慧具有以下几个方面的特点。首先，诗性智慧就是要让一切科学和理性回到其村俗和神话的本源。维柯为了说明各民族的起源及其自然（或本性）的共同性都是冥冥之中天意（或神意）的安排，并且诗性智慧必定早于哲学的玄奥智慧这一观点，在《新科学》一书用了约一半的篇幅对"诗性"详加论述，目的是抵制学者们自认为他们所知道的一切和世界一样古老的虚骄讹见。❷维柯引导我们关注诗性，就是要让万物回到其源头，也就是万物依照天意生长变化的源头。诗性接近人的自然本性，未经雕琢修饰，但又不缺智慧和逻辑，因此暗示着真实和本

---

❶ 社会人类学和文化人类学是惯常设定在英国人类学和美国人类学之间的界限，如今这种二元对立的学科界限已经饱受批判，但是美国人类学确实有更注重行为意义和符号研究的传统，这一传统之下的语义人类学、象征人类学和符号人类学研究使得美国人类学更具有文化人类学的特点。参见 George W. Stocking Jr., *American Anthropology, 1921-1945*, pp. 61-64.

❷ 维柯：《新科学》，第 83 页。

源。此外，诗性是要重新发掘一种与我们断绝已久的历史意识，从"粗鄙""野蛮"和"荒诞"中去反观人性的智慧和光辉，而这一切却都同氏族的、权杖的、盾牌的、神话的、洪荒的和混沌的原初先民的知识紧密联系在一起。诗性就是我们照见这些人、词与物之智慧的一缕光芒。其次，诗性智慧在维柯看来是有关诸民族共同本性的新科学的诸原则，因此也就构成了原始初民共同的真理基础。马克·里拉认为这些共同的真理基础就是诗性智慧本身，后者是一切"民俗的"神话传统和最终历史源泉。❶ 第三，诗性智慧就是一种创造性。诗性就是要在原始初民中发现他们类似于诗人的创造性。维柯说，因为能凭想象来创造，他们就叫作"诗人"，"诗人"在希腊文里就是"创造者"。❷ 维柯将原始初民这些粗浅的玄学观点全都加以诗性的限定，并作为《新科学》一书中论述的主要部分，显然是要表明诗性智慧是一切创造性的来源。

人类学家发现维柯有关诗性智慧的论述时的欣喜若狂是可以理解的，因为他们从中几乎可以窥见整部人类学的发展史，而这些早在启蒙运动时期就被预言家维柯说中了。首先，维柯说自己不得不从我们现代文明人的经过精炼的自然本性，下降到远古那些野蛮人的粗野本性，这种野蛮人的本性是我们简直无法想象的，只有费很大力气才可以懂得。❸ 由此可见维柯认识野蛮人思维的初衷，与人类学的兴起颇为相似。其次，维柯所提到的各民族的共同性或者本

---

❶ 马克·里拉认为维柯对智慧的诗性特征的发现，使他确定了"理想的永恒历史"，也就是诗性神话讲述的真实历史。由此，他认为民俗传统共同的真理基础就是诗性智慧本身。里拉将诗性智慧的发现与语言学的考证等同起来，甚至将诗性智慧看作语言本身，这样的观点显然过于狭隘。可能也是作者在论述诗性智慧时语焉不详、寥寥而过的原因。见马克·里拉：《维柯——反现代的创生》，张小勇译，第166—168页。

❷ 维柯：《新科学》，第159页。

❸ 维柯：《新科学》，第138页。

性，与人类学意义的人类常识颇为相似。维柯认为，我们的批判所用的准则，就是由天神意旨所教导的，对一切民族都适用的，也就是人类的共同意识（或常识）。❶ 人类学也致力于发现这些适用于一切民族的共同意识的准则，所以才将自己定义为一门比较人类常识的学科。❷ 此外，维柯论证，"因为最初的城市都只是贵族们的，而这些土生土长的人一定就是些土人"。❸ 从某种程度上，现代人类学的浪漫主义情结之一也是要去寻找"高贵的野蛮人"，从而在"土著"身上发现其自然哲学、逻辑观念和分析推理的能力，❹ 或者是发现值得西方借鉴的理想人性。❺

维柯反启蒙的努力对于人类学的启示在于：首先，对他者诗性智慧的承认、理解和尊重，直接反映了人类学这门学科特有的道德立场；其次，维柯奠定了文化多元论这一人类学研究的基点。伯林认为，这些著作揭示了一种认识其他文化的新方法，这种方法允许我们通过外族人用自己的语言来理解他们，而不是像启蒙运动曾经声称的，在不变的、永恒的理性的最高法庭上去对他们

---

❶ 维柯：《新科学》，第143页。

❷ 迈克尔·赫茨菲尔德：《人类学：社会和文化领域中的理论实践》，刘珩等译，"前言"，第1页。

❸ 维柯：《新科学》，第243页。

❹ 埃文斯–普理查德认为，巫术的概念是阿赞德人的自然哲学，他们借此可以解释人与不幸事件之间的关系，并衍生出了一套完整的模式以应对这些不幸事件。此外，巫术的信仰也促成了一整套价值体系的形成，并用来规范人们的社会行为。参见 E. E. Evans-Pritchard, *The Witchcraft, Oracles and Magic Among the Azande*, Oxford：The Clarendon Press, 1937, p. 63。

❺ 玛格丽特·米德曾以充满感情的笔触描绘了萨摩亚人的性行为和性观念。在米德看来，萨摩亚人的性是艺术，是社会交往的方式，是教育的手段，是男性和健康的象征。她说，对性的熟练，并且意识到有必要将性作为一种艺术来认真对待，使得萨摩亚人的社会交往关系中绝对没有淫秽的场面，没有性冷淡，男性也充满阳刚之美。参见 Margaret Mead, *The Coming of Age in Samoa: A Psychological Study of Primitive Youth for Western Civilisation*, New York：William Morrow & Company, 1928, p. 151。

加以裁判。❶ 第三，维柯的诗性智慧是有关我们认知的经验来源的智慧。维柯有关诗性逻辑的观点使得文化他者表述自我、认知事物的种种修辞策略和村俗语言，成为我们理解他者和地方性知识的重要途径和文化手段，民族志的研究和撰述从而得以在"可操作、可比较、可反思"的经验层面来展开。上述这三个方面就几乎等于后现代人类学对民族志研究和撰述的理解，维柯的《新科学》无疑是对这一重要研究转向最好的注释和有力的证据，也是后现代人类学为自己的观点和方法找到的一个重要的"以古释今"的筹码。

当然，这并不是说，维柯的人类学思想等同于后现代的反思人类学，而是说后现代刻意标榜的"后"，事实上并不是现代理性批判这一土壤中孕育出的种子，它早在各种"反理性""反启蒙"的"前现代"经验中存在着，关键是我们借助何种方式，将自身的"现代性"或者"后现代性"与"古典"建立起联系。

事实上，维柯的人类学观点与笛卡儿的人类学思想截然相对，而后者以哲学的形式转换成一种对人（主要是观察一方"理性"的西方社会和文化，以及目光犀利、冷静客观的人类学家）的精神、理智和逻辑思辨能力的肯定。从而假定这种能力在发现他者，从而建构一幅完整的人类历史和文化图景这一过程中的正当性和合法性。❷ 遗憾的是笛卡儿的人类学思想成为现代人类学的主流观念，

---

❶ 这是以赛亚·伯林（Isaiah Berlin）在《维柯与海德格尔》一书中的观点。转引自马克·里拉：《维柯——反现代的创生》，"导言"，第 6 页。

❷ 根据卢夫特的研究，在海德格尔看来，现代人类学的兴起是笛卡儿思想的一次胜利。因为笛卡儿不但将人转变成主体，而且将人的本质简化为思想，从而开启了将哲学自身转变为人类学这一过程。卢夫特认为，海德格尔不但批判现代人类学的这一基础，而且认为现代人类学的整个传统从柏拉图时期就开始了，经过笛卡儿和尼采等哲学家的发展，人本主义以及以人类作为阐释宇宙的中心（anthropocentric）的观念，

而维柯的人类学思想却逐渐湮没无闻，使得人类学沉溺于普遍和永恒理论的建构，长期以来没有给予他者的主体性以足够的重视，因此逐渐发展成为一部"压缩"社会差异性的机器（这样的策略包括时间上对他者同时代性的抵制，空间上运用田野观念将他者划入"文化边缘"地位等）。

根据美国学者卢夫特的研究，维柯也是以传统的人本主义者的身份开始自己的学术生涯，并且也相信人类在创造其自身的社会和世界中的能力，但是他的伟大之处就在于他对于人的意义有着独特而且丰富的理解，他的人类学观念因此超越了主观性知识论层面的关切。维柯抓住了人类诗性这一本质，并且提出诗学（poiesis）的概念，在肯定人类行为的重要性的同时，他认为"诗性"是人类语言和社会实践的结果，不但具有本体论的意义，而且是人类在世间最为根本的存在形式。总之，人类在世间的存在是一种诗性的存在。❶

维柯的论述将人的本质再一次从笛卡儿的"理性"的桎梏中解救出来，回归诗性这一维度。人的本质在维柯看来，是语言和社会双重实践所体现出来的诗性智慧。维柯当然并不是反理性主义者，他是要证明诗性在人类认知的过程中是处于第一位的，而理性和玄学是第二位的，后者不能取代前者。维柯将人的本质回归到诗性这

（接上页）赋予人类精神、灵魂和思想以优越性地位，而人在世间的存在形式（being-in-the-world）受到抑制和轻视。参见 Sandra Rudnick Luft, *Vico's Uncanny Humanism: Reading the "New Science" between Modern and Postmodern*, Ithaca：Cornell University Press, 2003, p. 68。然而，正如赫茨菲尔德对于古希腊语"anthropia"加以词源学考证所揭示的那样，这一希腊语对应着人的种种充满瑕疵的世俗生活和世俗经验，因此人类学应该是一门研究人的世俗经验的学科，而不是建立在以人为中心的具有高度抽象推理能力基础之上的一门纯粹理性的学科，如果我们不去辨析此处的理性与各种感官体验和自我意识之间的关系，则这种理性试图建立的永恒性和普适性也将灰飞烟灭。

❶ Sandra Rudnick Luft, *Vico's Uncanny Humanism: Reading the "New Science" between Modern and Postmodern*, p. 121.

一维度，为我们开启了一扇通向"诗性"的人类学和民族志研究的大门。具体表现在如下三个方面：其一，"诗性"的民族志研究可以最大限度地接近被现代理性所遮蔽的他者的最初智慧，重新发掘一种久已隔绝的知识考古意识。其二，民族志诗性强调了感官、感觉、想象甚至情感在获得善和知识这一过程中的重要地位，这对当下的人类学的理论实践具有重大启示，它改变了经验和实证的民族志对文化和社会理性观察、客观分析并进而加以实质性把握的知识范式。其三，民族志诗性是有关人们认知的经验来源的智慧，因此，文化他者表述自我、认知事物的修辞策略、村俗语言及行为实践，成为理解他者和地方性知识的重要途径和文化手段。❶

永恒与短暂：人类学的理论与实践

从赫茨菲尔德的人类学作品中，我们大概可以归纳出维柯的人类学遗产表现在如下三个方面。首先是维柯运用词源学对于权力、智慧、人性、历史以及国家主义的知识考古，同样有助于人类学家认识这门学科在田野研究和书写等不同层面，所体现出的"权力"的原初样态。其次，维柯强调人类历史从"神圣性"这一完美状态的"堕落"（fall），旨在提醒我们"不完善"或者"异教的差异性"，是人类社会生活的常态，同时也是知识的一种常态。基于人类这一"堕落"和"不完善"的普同性的认识，维柯并没有将西方排除在"差异性实践"之外，并不认为西方拥有所谓的"理性"而可以高高在上，可以审视、研究并阐释他者。维柯的这一洞见对于人类

---

❶ 刘珩："民族志诗性：论自我维度的人类学理论实践"，载《民族研究》，2012 年第 4 期。

学而言，同样具有很重大的启示。维柯认识到人类语言和社会双重实践所展现的"诗性智慧"具有本体论意义，人类学同样也应该以展现人类社会和文化的纷繁芜杂和各种差异性实践为其根本的"存在"形式。人类学在长期的田野调查过程中，深切体会到个体之间情感的交往互动、经验的短暂易变以及交互式的言辞和实践的"过程性""事件性"的特点。从而在民族志书写过程中，将这些"短暂""易变""不完善"融入其中，抵制人类学对于"普适永恒"的理论范式的追求，不至于陷入一种维柯所谓的"虚骄讹见"之中。人类学研究和民族志撰述的种种"瑕疵"和"困惑"，甚至很多尚不能解决的"问题"，反而是其真实性的重要体现。

第三，维柯对于民族国家的认识，事实上是人类学地方性知识与民族国家之关系相关论述的最初"版本"。赫茨菲尔德认为，"埃文斯-普理查德和布尔迪厄等 20 世纪学者的作品中，间接地表达出了有关民族国家的这样一个观念，而这一观念维柯早在 18 世纪就已经认识到了。即民族国家远非像其表述的那样，已经完全与各种差异性决裂。民族国家事实上完全依赖于这些具有历史偶发性特点的差异性实践来维持运作，❶ 只不过民族国家动用了某种权力，赋予各种具有历史偶发性的差异性实践以不容置疑的永恒性"。❷

在赫茨菲尔德看来，维柯式的词源学考证工程是这样的：维柯

---

❶ 民族国家的一个悖论就表现在，一方面民族国家需要借助这些差异性的地方实践方式和概念来获得大众的广泛认同，另一方面，这些地方性概念具有根深蒂固的地方褊狭主义以及藐视权力的传统。赫茨菲尔德认为，民族国家一贯使用的话语总是具有显著的地方主义特性（features of localism），而这些一直都是民族国家所憎恶的，比如对家庭而非国家的忠诚作为团结体的中心，父系观念通常引发大规模的暴力仇杀，以及以血为象征的各种团体（solidarity of blood）。参见 Michael Herzfeld, *Cultural Intimacy: Social Poetics of the Nation-State*, p. 111。

❷ Michael Herzfeld, *Anthropology Through the Looking-glass: Critical Ethnography in the Margins of Europe*, p. 169.

以词源考据作为一种重要手段，着重呈现出各种制度所特有的社会和历史的偶发性特点，而不是将其看作等待研究的给定性制度。这就意味着首先必须审视包括识文断字在内的能力和文化教养❶，是如何成为知识和权力的象征体系的。接下来，应该批判这些由书写能力所代表的符号将社会经验具象化的过程。因为伴随其中的同时还有文化的同质化过程。❷维柯进行词源学的考据，可能是意识到了词源学是一门建构某种权威性制度，并使之合法化的工具。因为这种建构帮助我们认识到了事物的"原初"或者"本真"状态。为了强调或者渲染这一原初或者"本意"的绵延不绝，任何偏离于这一"本意"的文化差异或者社会经验是被遮蔽甚至清除的。更有甚者，某一概念的"本意"事实上只不过是这一概念历史演变过程中某一阶段所具有的特点。因为这一特点符合某种权力建构的需要（比如国家主义或者某种"理性"的知识体系），因此被断章取义地当作"原初"的状态。

维柯的《新科学》一书中，这种词源学的考据不胜枚举。维柯在考证希腊人的法律"diaion"这一词汇时，认为这个词所具有的"普遍渗透"和"持久不朽"的意义，是柏拉图自己凭一种哲学的字源学硬加上去的……然而根据维柯的考证，法律起源的神圣性（divination）来源于divinari，意思是猜测或预言，因此法律就是关于神谕或预兆的学问或占卜术。❸维柯根据法律的"神圣性"词源，

❶ 识文断字和文化教养对应着英文"literacy"，有能够书写的，有文化修养的意味，相当于汉语的"雅"，与其相对的是"俗"，因此考证识文断字这一知识体系如何遮蔽世俗生活的"原初智慧"，从而将世俗知识和社会经验具象化或者简约化为"雅文化"的机械符号的过程，类似于一种雅俗之辨的过程。

❷ Michael Herzfeld, *Anthropology Through the Looking-glass: Critical Ethnography in the Margins of Europe*, p. 23.

❸ 维柯:《新科学》，第 170 页。

考证法律并非像柏拉图所言是持久不朽的永恒事物，它最初是一门有关占卜和预言的学问，而这种学问的神圣性源自"诗里自然产生出来的一种神圣的人物性格或想象的共象"。❶ 法律因此是人类普同心智的体现，而并非借助理性和哲学思考才能达致的永恒之物。

如果我们把人类学也看成一种充满了诸多社会和历史偶发性因素的制度，那么维柯的词源学同样可以用来对这门学科加以词源学式的考证。在赫茨菲尔德看来，人类学的词源学考证可以在以下两个方面进行。首先，人类学这门学科的诸多概念和实践方式，也应该进行词源学意义上的追本溯源。词源学传统上是使某种概念具有合法性的工具，如果对这一词源学的考证加以质疑和批判，就意味着同时对很多被奉为圣典式的真理及其权威性的挑战……在这一意义上，完全可以将人类学作为民族志研究的一个对象。❷

其次，对某些具体词汇的考证完全可以上升为对某些观念的词源学考证，从而揭示出人类学和希腊的地方性经验之间的诸多共同之处，即二者都面临着形式主义（formalism）和现实经验之间的紧张关系，并进一步表明这些观念都共同衍生自欧洲中心主义。❸ 显然，术语和观念的词源学考证，在一门学科和某一群人的身份焦虑与困惑之间建立起了诸多的可比性。因此，一旦我们将这些已经明显打上欧洲中心主义印记的术语和观念，进行词源学意义上的考证，便能重新正本清源，回归这些观念和术语的本意。赫茨菲尔德以希腊语"anthropos"（人）的词源学考证为例，意在说明这一概

---

❶ 维柯：《新科学》，第 162 页。

❷ Michael Herzfeld, *Anthropology Through the Looking-glass: Critical Ethnography in the Margins of Europe*, p. 23.

❸ Michael Herzfeld, *Anthropology Through the Looking-glass: Critical Ethnography in the Margins of Europe*, p. 193.

念所暗含的个体社会经验的本意，如何与研究它的学科形成对应关系。他认为，anthropos 这一词语在现代希腊语中延续下来的用法，不仅仅只有词典意义上的"人类"（human being）这一层含义。在词源学意义上，anthropos 意味着一个"善于交际且具有人格魅力"的人。这就表明，作为一个人首先是纠缠于世俗之事的个体，这当然是"沉沦"或"堕落"的标志，说明人远远没有达到完美的人性这一理想状态。❶ 人类学如果以并不完善的"人类"为其研究的对象，那么它自身的话语体系也应该与此相对应，更多应该呈现的是这样的人群在社会中的交往方式，以及在日常生活中自我救赎的诸多焦虑和困惑。"因为人类学（anthropology）来自古希腊语'anthropologos'，其本意是'专事诽谤之人'。也就是说关注流言蜚语或者'八卦'，应该是人类学研究的应有之义。"❷ 因此，以问题或者困惑而非答案或者普适性理论来结束的民族志，在形式上和话语上都与这群社会展演者借助言辞（"八卦"）和实践（能动性），进行社会交往的种种不确定性以及矛盾焦虑相对应。因此在他者的流言蜚语和社会实践中，呈现出事实被"生产"出来的过程，是人类学的本意。

维柯有关知识的理论，给予赫茨菲尔德的"理论即实践"这一观念诸多灵感。在赫茨菲尔德看来，维柯当然没有直接论述理论与实践的关系，他是通过一种政治的反思性理论（a theory of political reflexivity），间接表达了自己对知识的看法：那些能够明智地治理国家的政府，总是更清醒地意识到自身颇为暴虐地压制差异性的历

---

❶ Michael Herzfeld, *Anthropology Through the Looking-glass: Critical Ethnography in the Margins of Europe*, p. 195.

❷ Michael Herzfeld, *Anthropology Through the Looking-glass: Critical Ethnography in the Margins of Europe*, p. 194.

史，因此也有更多机会在未来维持国家统一。这一点就如同学者一样，那些能够认识到诸多抽象理论最初的村俗和诗性起源这一传统的学者，越有可能不致轻易滑入自我欺骗这一愚蠢境地。❶

维柯似乎是从论述政体的活力与其构成基础之关系，来认识知识的原初形态的。也就是说，某种政体或者某一国家越有活力，越强大，则意味着它意识到了包容村俗的传统和各种差异性实践，在造成国家"统一"中的重要作用。因为这既是某种政治权力的基础，也是知识得以发生的理据（如果我们像维柯一样，将知识的最初形态看作人类向善的动力）。维柯在将希腊文明与罗马文明进行比较的过程中，阐述了他的这一观点。维柯认为希腊哲学家加速了他们民族要经历的自然进程，❷ 这似乎是在说，希腊的英雄时代尚未充分发展便被哲学家充满虚骄讹见的玄学所泯灭，因此不可避免地迅速衰落。❸ 然而幸运的是，在维柯看来，一部希腊英雄时代的历史性神话被保存在罗马人的民俗语言里，长期延续下来……因此将来会发现古代罗马史其实就是由希腊人的英雄史赓续下来的一种神话，罗马人之所以成为世界的英雄，理由也正在于此。❹

无独有偶，爱德华·吉本也发现早期的罗马共和国之所以强

---

❶ Michael Herzfeld, *Anthropology Through the Looking-glass: Critical Ethnography in the Margins of Europe*, p. 169.

❷ 维柯：《新科学》，第 89 页。

❸ 维柯心目中的盲诗人荷马正好生活在希腊文明由神话和英雄传统到人的时代这一衰变时期，他认为荷马写《伊利亚特》是在少年时代，当时希腊还年轻，因而胸中沸腾着崇高的热情，例如骄傲、狂怒、报仇雪恨，这类热情不容许弄虚作伪而爱好宏大气派；然而到了荷马暮年时代创作的《奥德赛》中，希腊人喜欢的是奢侈品、塞壬女妖的歌声和吃喝玩乐。维柯认为荷马凭灵感预见到这些令人作呕的、病态的、邪淫的习俗风尚终于会到来，这加速了人类制度的自然进程，使希腊人更快地走向腐化。参见维柯：《新科学》，第 415 页。

❹ 维柯：《新科学》第 90—91 页。

大，有赖于宗教上的包容。吉本认为，希腊哲学家是根据人性，而不是根据神性建立起他们的道德观念；不过，他们也把神性作为一个令人深思的重要问题来进行思索，在深刻研究的过程中，他们展示出了人的理解能力的强大和虚弱。❶ 而罗马人则与此相反，他们似乎按照一种维柯所谓的神性和哲学的世俗起源观念，来理解自身的宗教活动和哲学观念。吉本认为，罗马的古代哲学家在他们的作品和谈话中，都肯定理性的独立和威严，但他们的行动却听命于法律和习俗。他们含着怜悯和宽容的微笑来看待粗俗的人所犯下的种种错误，却仍然十分认真地奉行他们的父辈曾经奉行的各种仪式，热忱地参拜各种神庙，有时甚至公然地去参加一些迷信活动。❷

　　显然，古罗马人与古希腊人的一个不同之处就在于，前者虽然重视理性，但是却并不曾将其与各种粗鄙和村俗的知识起源传统相隔离，他们可能尊崇一种宗教形式，但也不曾将异教的种种迷信活动视作异端邪说而清除干净。罗马人的这一特性在吉本看来是因为宽容和怜悯，然而在维柯看来，恰恰是因为罗马人在自己的民俗传统中，似乎保留住了"诗性智慧"这一最为古朴的知识样态，从而没有让纯粹的"理性之光"遮蔽国家、宗教、理性、理论等高度具象化的事物，完全来自于所有异教民族最初的、略显粗鄙的和推己及物的诗性智慧这一事实。罗马人一定意识到，某种形式的统一和抽象，正是在各种流言蜚语的议论中，以及千奇百怪的差异性实践

---

❶ 爱德华·吉本：《罗马帝国衰亡史》上册，北京：商务印书馆，2006 年，第 29 页。

❷ 爱德华·吉本：《罗马帝国衰亡史》，第 30 页。此外，吉本还认为，保存古代公民的纯粹血统，不容任何外族血统掺入的褊狭政策，阻碍了雅典与斯巴达的繁荣并加速了它们的灭亡。目光远大的罗马的才智之士轻虚荣而重抱负，不论是来自于奴隶或外族人，来自于敌人或野蛮人的高尚品德和优点，全部据为己有，乃是一种更明智，也更光荣的行为。见爱德华·吉本：《罗马帝国衰亡史》，第 32 页。

中造就的。而统一和抽象背后的流言蜚语以及生活实践，多少构成了赫茨菲尔德所谓的"文化亲密性"。赫茨菲尔德从维柯的论述中发现了日常生活的真实性及其意义。

在赫茨菲尔德看来，正是维柯的上述"政治的反思性理论"与他的知识理论并行不悖，才使得人类学可以将这一政治的反思模式运用于这门学科自身，从而反思理论与实践的关系。他认为，对于传统的简化和抽象，正是组织权力特权的标志。这种简化和抽象事实上遮蔽了人类社会生活最为亲密性层面所体现出的知识样态。社会生活亲密性层面的知识，一旦被转换成某种抽象的语言形式，其损害性将不可逆转。有鉴于此，人类学家在田野实践和民族志撰述中，应该不怕麻烦，时刻提醒自己确认知识的原初形式。正如维柯所认识到的那样，我们应该记住抽象理论的这些粗鄙的起源形式，否则极有可能重新坠入"第二个野蛮时代"（second barbarism），即虚妄地认为我们的思想远远优越于我们的肉体和感官体验以及自我的历史叙事能力。❶

事实上，如果我们将简化和抽象这一理论推衍的过程，也看作一种实践的方式（事实上也应该如此，因为正如维柯所言，知识是社会参与的结果，种种抽象理论只不过是社会实践的一种形式），那么这极有可能是一次很不成功的实践。因为如此一来，各种真实的感官体验、多变的社会交往形式以及寓意浓郁的言辞和隐喻，将被置于可有可无的附庸地位，从而完全背离维柯有关"凭凡俗智慧感觉到有多少，后来哲学家们凭玄奥智慧来理解的也就有多少"❷ 这一认识。受到维柯感官是第一位，理智是第二位的诗性逻

---

❶ Michael Herzfeld, *Anthropology Through the Looking-glass: Critical Ethnography in the Margins of Europe*, p. 170.

❷ 维柯：《新科学》，第 150 页。

辑观点的启发，同时也为了避免一种理性至上的虚骄讹见，赫茨菲尔德认为我们完全可以将理论看作第二位的实践方式（second-order practice）**❶**。

将理论看作一种实践方式，这同时也意味着实践也是一种理论或者意义体系。此时的实践和理论的关系不是截然的二元对立，更不是孰优孰劣的等级关系。在赫茨菲尔德看来，"理论和实践这一传统知识领域相互对立的两极，现在具有了可以互换的相对性特点"。**❷** 将实践看作一种理论方式，这等于承认他者同样具有理论的推衍能力，他们也是各自文化的民族志者，以言辞和社会两种实践方式来"书写"相应的民族志。在赫茨菲尔德调查的希腊克里特高地牧人一个叫作格兰迪（Glendi）的村子中，意义（希腊语为simasia）的获得不但需要言说和语境之张力，而且只有在实践或者事件中，通过机智的言辞和行为，才能够生成具有诸多偶发性且短暂易变的特定意义。显然，在当地牧人的古朴的观念中，没有脱离实践语境而独立存在的意义，也没有一成不变且适用于各种实践语境的意义。赫茨菲尔德认为：

> 在格兰迪，意义似乎只能从某些特定的语境中获得，即个体以他们的智慧和行为对抗某种形式的权威这种语境。意义的获得有赖于以下行为语境：一次机智勇敢的窃羊行为，值得编成一个精彩纷呈的故事加以传诵；一个辛辣讽刺的段子；关于某些自以为是但也是众人皆知的政客的玩笑；将某一首

---

❶ Michael Herzfeld, *Anthropology Through the Looking-glass: Critical Ethnography in the Margins of Europe*, p. 202.

❷ Michael Herzfeld, *Anthropology Through the Looking-glass: Critical Ethnography in the Margins of Europe*, p. 202.

老歌稍加改编后，运用于讽刺时下局势的即兴而作，等等。这些语境都是意义的源泉，此时的意义并不是以话语为中心（verbocentric），而是以行动为中心。❶

总之，理论即实践，反之亦然。同理，言辞、话语、表述和意义也是一种实践方式。如果我们没有忘记"诗性"（poetics）的词源学意义正是实践，那么社会诗性（social poetics）这一观念也应该成为语言人类学一个重要的认识论和方法论维度。赫茨菲尔德的语言人类学观点也建立在社会诗性这一维度之上，当然也建立在维柯的"诗性智慧"的论述上。

言说民族志：语言人类学的社区研究路径

语言学在人类学研究中具有重要意义，这一点不言而喻。博厄士在美国人类学成形之初就指出语言学对于人类学研究的重要性。博厄士说，受过古典训练的考古学家和语言学家，如果听说某些严肃认真的人类学研究，是由那些不懂得调查地语言的学者来完成的，他们一定会哑然失笑。目前，在人类学界确实很少有学生愿意花时间认真思考完全掌握一门当地语言的重要性，他们或许并不明白，只有完全掌握一门语言，我们才能直接理解被研究的人们在谈论什么、在想什么以及在做什么。那些愿意用当地语言来记录人们传统、习俗、信仰的学生更是凤毛麟角。然而，

---

❶ Michael Herzfeld, *Anthropology Through the Looking-glass: Critical Ethnography in the Margins of Europe*, p. 201.

只有这样收集到的客观材料，才能经得起最为严谨细致的研究的审视和检验。这就是博厄士希望人类学家向语言学家学习的原因，因为只有确保我们的记录在语言层面的精确性，我们才能保证所做报告的真实性。❶

　　总之，博厄士学派语言学研究的目的，旨在从语言数据的收集和分析这一层面，确认全球人类文化最为根本且具有相似性的诸多特质，以及人类心性的统一性（psychic unity of mankind）。❷然而，博厄士只是强调人类学借助语言学研究方法的重要性，他似乎并没有界定一门与人类学的社区研究和田野方法密切结合的语言人类学与传统语言学的异同，因此美国人类学界直到 20 世纪40 年代和 50 年代才开始关注"人种语言学"（ethnolinguistics）这一概念，而这一在欧洲早已通行的概念就是语言人类学的前身。❸美国人类学家杜兰迪将语言人类学界定为，一门将语言视作文化资源，同时将言说（speaking）看作文化实践的学科。❹ 因此，将语言看作一种文化实践的方式，是将文化资源与实践结合起来的路径，而语言人类学则刚好起到了桥梁的作用。这一认识与结构的关系颇为相似，也就是说结构之所以是结构，是因为它要通过

---

❶ Franz Boas, "Some Philological Aspects of Anthropological Research," in George W.Stocking ed, *The Shaping of American Anthropology, 1883-1911: A Franz Boas Reader*, New York: Basic Books, INC., Publishers, 1974, pp. 184-185.

❷ Franz Boas, "Some Philological Aspects of Anthropological Research," in *The Shaping of American Anthropology, 1883-1911*, p. 187.

❸ 根据杜兰迪的研究，人种语言学的观念在欧洲之所以流行，是因为欧洲大陆传统上一直倾向于使用"民族学"（ethnology）这一概念来指称与其同源的人类学。语言人类学这一概念意在将语言的研究和文化的研究结合在一起，并且将其作为人类学的一门重要分支学科予以界定。借用休姆的观点，也就是"在人类学这一语境中对于言语（speech）和语言（language）的研究"。见 Alessandro Duranti, *Linguistic Anthropology*, Cambridge: Cambridge University Press, 1997, p. 2。

❹ Alessandro Duranti, *Linguistic Anthropology*, p. 2.

个体的社会体验和社会展演等一系列实践活动，让生活在其中的人感受到它的存在。同样，文化也必须通过言说这一实践方式，才能折射出它的诸多特质和规律。

正是因为实践在语言人类学研究中具有重要作用，因此一种"言说的民族志"（The Ethnography of Speaking）的观念，逐渐发展成为语言人类学的一个重要分支学科。休姆（Dell Hymes）20 世纪 60 年代提出的这一概念，被鲍曼（Richard Bauman）等人认为是第一次系统地对语言人类学这一分支学科的论述，并且界定了相应的研究范围。❶ 然而，言说的民族志在当时只是一个大纲式的说明，并没有清晰的界定。一直到鲍曼等人编辑出版《言说的民族志探索》一书，才从"运用"和"行为"等实践层面，阐释言说的民族志研究的重要性。鲍曼认为言说的民族志这一概念并不拘泥于语言固有的语法束缚，而是就社会生活中对语言的使用加以理解，因为在言语这一行为中，不可避免地将言辞和各种社会文化因素组织在一起，对这一组织方式的研究就是言说的民族志。❷

显然，语言人类学意在突破传统语言学对于语法、结构、定律等一系列规范的偏爱，强调语言在社会生活和文化语境中的展演能力。也就是说，社会生活和文化语境构成了语言的言语行为这一重要的实践语境。而民族志的社区调查，最有利于从事语言人类学研究的学者通过考察言语行为的现实语境，从文化实践的角度理解语言的本质。语言人类学从某种程度而言仍然在延续传统人类学语言（langue）和言语（parole）的二元关系，只不过前者更加强调语言的实践语境，从而将言语作为主要的观察对象。如果说，以索绪尔

---

❶ Richard Bauman, *Explorations in the Ethnography of Speaking*, Cambridge：Cambridge University Press，1974, introduction, p.ix.

❷ Richard Bauman, *Explorations in the Ethnography of Speaking*, p. 6.

为代表的传统语言学赋予语言以本体的研究意义，而语言人类学则更加关注语言作为一种文化实践方式，如何构成基本的社会组织，以及如何塑造了个体对于现实的认知、体验和展演的策略。因此，展演（performance）和言语（言说）作为实践的方式进入语言人类学的研究视野，并在很大程度上具有本体论的意义。

然而，无论展演的实际运用及其包含的"行动"能力如何重要，展演仍然受到一种更为基本的语言能力（competence）的制约。如此一来，实际表述的言语都必须在一个有张力的语境中进行，比如语言与言语、能力与展演、言说与语境等。民族志意义上的语言研究为这一看似对立的二元提供了一个"实践的语境"，并以此作为调和二者的解决方案，但无论如何，语言人类学在强调言语的现实意义的同时，也没有全然摒弃对于语言这一近乎无意识的人类共有能力的思考。如同维柯的"诗性智慧"观念一样，人类的语言能力也起源于一套村俗传统，也遵循着一套"以己度物"的诗性逻辑，这一点至少在维柯看来是有关语言本质的一个真理基础。而语言人类学的研究与维柯的观点有异曲同工之妙，它也强调在"社区"这一言语的实践语境中，去发现被现代理性、国家语言文字的净化运动以及文字书写形式所遮蔽的诗性逻辑和村俗传统。

诗性逻辑与社会诗性

维柯认为人类最初的语言能力来自一种"在心中默想的或用作符号的语言，因此，最初的民族在哑口无言的时代所用的语言必然是从符号开始，用姿势或实物，与所要表达的意思有某种联系"。❶ 维柯考证，寓言故事（mythos）一词派生自拉丁文的 mutus，mute（缄默或哑口无言），因此沉默或哑口无言是一种与实物、真事或真话对应的语言。❷ 也就是说，沉默指向了某种真理，并且以某种特定的逻辑与天地万物建立起了联系，是一种默默悟道而非言说的智慧状态。

人类最初的语言状态与沉默的实物相对应，此时人类的思想、实物和语言恐怕还是三位一体的格局，但是一旦开口说话，无疑会对实物或者真相加入某些带有自身主观情感的阐释，这时歧义就不可避免地产生了。尽管有产生歧义的可能性，但是在语言形成的最初阶段（维柯通常将其与英雄时代的语言相对应），各异教民族概莫能外，还是遵从一种诗性的逻辑，即一种以己度物的方式与外在于自身的世界建立起联系。维柯因此认为，一切语种里大部分涉及无生命的事物的表达方式都是用人体及其各部分、人的感觉和情欲的隐喻来形成的。❸ 然而不幸的是，现代理性将这种与身体和感官体验密切相关的诗性逻辑，看作粗鄙的村俗传统，加以摒弃。语言的诗性逻辑就此割裂，语言由此从英雄时代进入了维柯所谓的人的时代。

在人的时代，书写作为理性的表达方式，受到推崇；身体和感官体验在语言中的诗性逻辑进一步被遮蔽和抑制。书面语言和语法被看作语言的最为严谨和理性的形式，同时也是语言最完美的进化形式。如果我们没有忘记诗性就意味着实践这一本意，语法和文字显然抑制住了语言中与诸多隐喻的使用密切相关的诗性，语言的实践性也一同受到抑制。这似乎也是规则对于差异的抑制，如同理论

---

❶ 维柯：《新科学》，第 172 页。

❷ 维柯：《新科学》，第 172 页。

❸ 维柯：《新科学》，第 173 页。

对实践的抑制一样。或许出于人类总是梦想以规范和洁净（整洁）的形式，对事物加以把握的天性，口头语言似乎瞬息万变，因此不符合规范性加以把握的要求，必须将其用文字固定下来，并使其合乎语法规范。维柯却认为，将语言和文字加以区分十分可笑，文字和语言本来就是联系在一起的，最初都是一种哑口无言的方式，一切民族最初正是因为哑口无言，所以才需要用书写的方式来说话。❶

显然，诗性更接近人的自然本性，未经雕琢修饰，但又不乏智慧和逻辑，因此暗示着真实和本源。维柯说，因为能凭想象来创造，所以就叫"诗人"。"诗人"在希腊文里就是创造者。探究诗性，就是要在原始初民中发现他们类似于诗人的创造性。❷ 维柯有关语言的诗性逻辑的观念，旨在提醒我们重视这一古朴的智慧和普遍的人性，因为它们与人的身体和感官体验密切相关。只有我们不拘泥于文字和语法的规范，才能在言语实践中去认识语言以己度物、从而将人和万物联系起来的方式。总之，"诗性"是语言是将人和万物联系起来的重要纽带，而这种联系必须以日常的社会生活实践为语境，因此与诗性密切相关的实践、语境、展演、创造性也就成为语言人类学的关键概念。❸

在赫茨菲尔德看来，诗性意味着行为，语言也是行为的一种方式。正是在这一意义上，社会交往的诗性与语言的诗性并没有本质

---

❶ 维柯：《新科学》，第 186 页。

❷ 维柯：《新科学》，第 159 页。

❸ 事实上，诗学这一表达即兴、创造性等"行为"和"实践"的希腊语本义在亚里士多德的《诗学》一书中说得很清楚，亚里士多德认为与诗艺最接近的喜剧和悲剧都是从即兴表演发展而来的，悲剧起源于狄苏朗博斯歌队领队的即兴口诵，喜剧则来自生殖崇拜活动中歌队领队的即兴口占。参见亚里士多德：《诗学》，第 48 页。亚里士多德显然是要说明包括诗歌在内的话语是一种社会交往行为，也是一种有着仪式情景的即兴发挥的行为，用我们今天的术语来说，就是：话语也是一次事件、一次行为的过程。

上的区别，语言不必比其他的交往符号体系更加优越。❶ 我们可以将交往的其他符号体系，理解为与身体和感官体验密切相关的表情、动作、眼神或者情绪，它们在现实生活中发挥着与语言同样重要的作用，甚至还有无声胜有声的效果。同样，语言在交往中的重要性正如奥斯丁所言，是因为它可以通过词语来做事（do things with words）。然而遗憾的是，语言的行为和实践的维度是被割裂的。这种割裂在赫茨菲尔德看来，仍然是笛卡儿的二元论所引起的，也就是将口头的体验与书写的超验割裂开来之后，在观念和方法论层面引起的混淆。❷

因此，语言意味着行为。如果要让行为更加有效，那么语言就需要讲究艺术性和策略性。诗性在某种程度上就意味着言语行为（verbal conduct）的艺术和策略，这在很大程度上取决于即刻、瞬时的言语实践，在多大程度上与社会结构和规范对应起来，同时也取决于进行言语展演的个体将自身与更大的世界建立起联系的能力，也就是维柯所谓的"推己及物"的诗性逻辑。因此，语言是一种行为的艺术，是一次即时的社会展演和事件。行为和展演是否有效取决于个体如何认识、体验甚至改造既有的社会结构、规范和传统，好的言语实践都在这一语境与言说的张力下进行。在这一意义上，可以将诗性理解为结构和能动性的一种互补和调和之后的状态，多少类似于布尔迪厄的"规范的即兴而作"（regulated improvisation）的概念。也就是说，诗性不可能脱离社会这一语境而独立存在，如果我们想要说明诗性的这一特质，就一定要考察诗性的展演赖以存

---

❶ Michael Herzfeld，"Literacy as Symbolic Strategy in Greece：Methodological Consideration of Topic and Place，"*Byzantine and Modern Greek Studies*，Vol.14，Jan 1 1990，p. 153.

❷ Michael Herzfeld，"Literacy as Symbolic Strategy in Greece：Methodological Consideration of Topic and Place，"p. 157.

在的社会语境，因此"社会诗性"就是个体的言语实践与结构互补融通之后的状态。除了社会语境之外，社会诗性的展演还需要行为语境、社区语境做支撑，而对这两个语境的田野考察，构成了赫茨菲尔德特有的"诗性"的语言人类学研究旨趣。

社会诗性的行为语境

首先，诗性必须有一个行为的语境。在赫茨菲尔德调查的希腊克里特高地一个叫作格兰迪的村子中，村里的男子为了显示其男子气概，十分愿意对对子。这些对子也被看成诗歌，对对子的人可以相互戏谑调侃，甚至带有一些潜在的"侮辱性"的词语，意图对对方名誉造成伤害。然而，言语的妙处就在于它无须借助暴力形式来解决争端，被对子刁难、嘲弄、挑衅，甚至被侮辱的对手，为了维护自己的声誉和不容侵犯的男子气概，就必须同样以对对子的形式巧妙地回击对手。在这样一唱一和的过程中，意义（semasia）就生产出来了。因此，意义在格兰迪人看来，只能在个体用自己的智慧和行为对抗某种形式的权威和挑衅的情境中才能生产出来……此时，任何与机敏的言语行为相违背的事物，比如重复累赘、拘泥于字面意义以及陈旧迂腐等，都被视作毫无意义。❶ 也就是说，言语与展演（行为）的语境高度契合，才衍生出意义。

赫茨菲尔德在格兰迪村记录到这样一组精彩的对子，显示出好的对子展演必须具备的一些重要原则。这一对子发生的行为语境是

---

❶ Michael Herzfeld, *Anthropology Through the Looking-glass: Critical Ethnography in the Margins of Europe*, p. 200.

这样的，一位年轻的格兰迪牧人有一次去低地一个叫作弗里扎的村子。格兰迪人通常极端鄙视这种农耕的村子，并且认为这是一个盗窃和洗劫的绝好地方，因为你不用担心遭到报复。格兰迪村有人撺掇这个年轻人娶一位弗里扎村的姑娘，然后上门入赘。年轻人感到自己受到极大的侮辱，他唱出了如下一个对子：

> 我宁愿被埋在水仙花的根部，也不愿娶一个弗里扎村的女人。

旁边一位弗里扎村的老妇人听到年轻人的对子，当即回应道：

> 我宁愿被埋在一堆猪的粪便之中，也不愿意让你娶走一位弗里扎村的姑娘。

尽管这个对子记录的是格兰迪年轻牧人受辱的经历，但仍然被人们津津乐道，是因为这位机敏的老妇人以年轻牧人即刻的展演（当然也是一次行为），作为自己言语（对子）的语境，她自己并没有改变年轻牧人对子的基本结构，却将其中关键的意象加以转换，从而达到了反讽的目的。年轻牧人对子中的"水仙花的根部"是一个浪漫化的有关爱情和忠贞的程式化的表述形式，而这一形式恰恰被老妇人抓住，将其加以极具反讽意识的转换，与猪的污秽之物相对应。在不改变基本结构的情况下，添加了新的元素，达到了反击对手的目的。❶

---

❶ Michael Herzfeld，*The Poetics of Manhood: Contest and Identity in A Cretan Mountain Village*，pp. 142-143.

结构多少意味着社会传统或者约定俗成的形式，要达到嘲讽对手的目的，关键就在于利用这一原有结构形式（form），在展演这一行为语境中添加新的元素，对结构加以转换（deform），从而达到戏谑嘲讽的目的。在结构之中发挥个体的创造性因素或者能动性，才是高明的诗性策略。社会诗性正好是这种言语的艺术和策略的体现，而行为的展演为社会诗性的实现提供了至关重要的语境。尽管赫茨菲尔德并没有接着往下续对子，但是不难想象，那个年轻人为了挽回自己的颜面，肯定会接着老妇人的对子往下对。因此上一次行为的过程，构成了下一个行为的语境，这正如环环相扣的对子一样，表明行为的语境对于言语的促进、激发和展演有着巨大作用。

　　诗性的语言的"激发"往往需要"营造"恰当的社会交往语境，这就如同为一幕戏剧设计场景一样，行为的场景有时也需要刻意地设计。赫茨菲尔德在同一个村子中观察到了别出心裁的一幕，这次不是对对子，而是以讲故事的方式来完成的。赫茨菲尔德在格兰迪村只听到过一回女人参与盗窃牲畜的案例，这在当地实属罕见。其中的一个"女窃贼"如今正经营着一家咖啡店，因此人类学家决定到她的店里听她讲一讲盗窃的经过。按照格兰迪男女有别的传统，妇女一般不能在公开的场合抛头露面，谈笑风生，因此这个女人安排她的堂兄给人类学家讲述她和其他几位女同伴偷窃的故事，自己则在咖啡店忙前忙后，却时刻竖着耳朵，不断纠正堂兄讲述中的错误和记忆不准确的地方❶。

　　显然，在公开的场合不抛头露面，不发表评论，不讲述哪怕是

---

❶　Michael Herzfeld, "Silence, Submission, and Subversion: Toward A Poetics of Womanhood," in Peter Loizos and Evthymios Papataxiarchis ed., *Contested Identities: Gender and Kinship in Modern Greece*, Princeton: Princeton University Press, 1991, pp. 86-87.

174

自己亲身参与的事件，这些在形式上都符合格兰迪男权社会女性的沉默、顺从的传统。但故事的主角在咖啡店"忙碌"的时候（这也是女性通常应该展示的形象），却不断纠正男性陈述中的错误，多次让其堂兄不快和尴尬，从而间接地对男性的权力和陈述加以嘲弄和质疑。这个女人言辞上对男性的嘲弄和质疑之所以成为可能并大为出彩，主要是她将女性的"沉默"和男子的"叙述"这一形式安排在自己的行为语境中。她并没有直接挑战男权社会男子依靠精彩的"叙述"来获得男子气概（masculinity）这一传统，因此为自己嘲讽的言辞创造了反击和"颠覆"男性权力的机会。尽管这令她的堂兄十分不快，但也不便勃然变色、出言训斥。

此外，整个故事几乎都将规范的偷盗模式颠倒过来：妇女们偷的是一头猪（男性的盗窃行为通常对猪这种圈养的牲畜不屑一顾），盗窃是在村子内（这与通常在不同村子之间的相互盗窃，从而创造一种同盟关系的规范有所不同），偷盗在光天化日之下进行（男性的盗窃通常在夜间进行），最后再加上叙述策略本身的颠覆。也就是说，这个女人从一种次要地位对故事加以纠正并进行评论，事实上表明男性叙述者缺乏表述能力，而表述能力通常被格兰迪人认为是男子气概的主要特点之一。赫茨菲尔德认为讲故事的堂兄支支吾吾，有意漏过一些让其感到尴尬的细节，这种叙述方式本身就足以让人耻笑。因为在格兰迪，男人有时也会偷一头猪，可能也会在光天化日下去偷，并且也可能偷同村人的猪，女性显然也意识到了男性在盗窃和叙述方面的缺陷，遂将其作为笑柄加以嘲弄，而男性却很难对此加以反驳。❶

---

❶ Michael Herzfeld, "Silence, Submission, and Subversion: Toward A Poetics of Womanhood," p. 87.

这个女人在自己的咖啡馆里"沉默"地干活，同时有一搭没一搭地"纠正"其堂兄讲故事的谬误，这一形象瞬间将其与妇女们在私底下窃窃私语的"八卦"意象联系在一起，与在公众场合到处高谈阔论的男子形象形成鲜明的对照。然而这种看上去的"沉默"和"闲言碎语"，在赫茨菲尔德看来却是一种"沉默的声音"（silent voices）：

> 相对于该地区在男权主义的语境下男性化的展示对象和行为（比如相互盗窃），以及男性通过"言辞"的自我展现方式，女性的表述策略则更多通过非言语的沉默或在亲密性层面的闲言碎语。同一社区内部的女性的社会角色和男权之间的关系，特别类似于某一社区与其之外的社会规范和权力体系之间的关系。前者总是要运用各种"沉默"的手段，通过模仿、影射和反讽等修辞手段，间接、含蓄但高明地表述自身与后者的关系（紧张、对抗、妥协和忠诚），从而维持自身的一套"另类的规范"。从这一意义而言，前者的沉默并非寂静无声，而是一种"沉默的声音"，一种"颠覆性的沉默"（silence as subversion）。因为，沉默既是一种控制和约束，但也是表述的策略。❶

然而无论是女性"沉默的声音"所具有的颠覆作用，还是男性言辞的公开展示，社会交往的"行为语境"为各自诗性的表述策略提供了一个展演的空间。不难想象，一旦失去相互激励的行为语境，一切表述都会显得机械枯燥、苍白无力。

---

❶ Michael Herzfeld, "Silence, Submission, and Subversion: Toward A Poetics of Womanhood," p. 90.

社会诗性的社区语境

理查德·鲍曼认为对于"言说的民族志"的考察必须在言说社区（speech community）这一语境中进行。这样一个社区首先是差异性的组织形式，社区成员言说的知识和能力（比如获得言说资源的路径及其相应的掌控能力）因人而异，因此对于言语的生产和阐释的能力因为差异而形成互补，而非同质和恒常不变。[1] 差异性和互补性决定了社区内通过言语来展演自我的社会参与者，必须在社会交往的行为语境中随时调整自己的表述策略，而且还要随时参照社区成员之间业已形成或者已经约定俗成的语言资源（linguistic repertoires）。社区内不会为言说的人提供一套一成不变的表述方式，然而正是这种多元差异的特点，决定了言说者多多少少在展演的时候，更像是一个充满创造性的"诗人"。她／他又像是"戴着镣铐创造的诗人"，因为社区已经形成传统和结构的语言资源、各种符码又是必须遵守的形式。对于人类学家而言，他们的任务就是要寻找这一套使得社区内的言说变得有意义的方式。

鲍曼认为，"在社区这一言说的语境之下，从事言说民族志研究的人类学家，必须试图确定一套社区成员相互言说的方式（means of speaking）。这一方式首先包括语言的差异性以及其他的符号和次级符号。同时，对这些被看作是社区内言语行为的符号和语言资源运用的分析，也是言说方式的重要层面。此外，人类学家还要考察这些符号的分配方式如何构成社区成员的语言资源等"。[2]

---

[1] Richard Bauman, *Explorations in the Ethnography of Speaking*, p. 6.

[2] Richard Bauman, *Explorations in the Ethnography of Speaking*, p. 6.

社区的语言资源以及差异性所构成的一套多元互补的言说体系，在某种程度上可以被视作"语言的诗性"所依赖的社会结构，有效的言说行为必须巧妙地运用这一套社区的结构和诸多准则，鲍曼将其称作社区规范（community norms）。他认为，言说体系的另外一个重要方面就是一套包括社区规范、操作原则、策略、引导言语的生产和阐释的价值观念，以及社区的某些基本原则在内的机制。最后，还包括一些阐释的规范，也就是说在这一社区之内言说的听众用以阐释一种说辞的传统的理解路径。❶

从某种程度上而言，人类学家卢格德（Lila-Abu Lughod）在埃及西部贝都因人社区中，对妇女诗歌的调查，也是以社区作为一个重要的言说语境。在卢格德看来，贝都因人这一社区遵循一套地中海区域特有的荣誉与耻辱并存的价值观念。这一套价值观念自然构成了社区言语实践的诸多准则，是言说必须依赖的语言资源。更进一步细分，这一套言说体系的次级符号是针对女性的荣誉感。卢格德认为，贝都因女性的荣誉感就是谦卑（hasham）。当然，这种谦卑并非被迫，而是出于自愿。这种自愿本身就是自主性的体现，属于荣誉的范畴；自愿本质上而言也是自由的体现，是独立的标志；自愿表达出的尊重（对等级、政治秩序、男权），因此是依附一方的荣誉模式。Hasham 对于女性而言，意味着社会意识和自我控制，是完美女性的概念。对于这一词的阿拉伯词源的考证也很有意思，很有启发性。与 hasham 具有相同词根的另一个词 mahashim 指外生殖器，《古兰经》中很多对于道德和贞操的指涉意义都与保护女性的生殖器相关。与 hasham 相近的另一个词 hishma 意思是害羞和自我克制，同样的词根都有让人脸红害羞的

---

❶ Richard Bauman, *Explorations in the Ethnography of Speaking*, p. 7.

意思。因此，hasham 一词就具有害羞、自我克制、很强的贞操观念以及美德等含义。❶

自我克制、谦卑服从、面纱遮面，连同表示荣誉和贞洁的社区言说模式（当然也是日常生活实践的重要维度），似乎就构成了庄重含蓄的穆斯林妇女的全部意象。然而，社区的生活并非总是以如此不近情理的刻板形象对一个特定的群体加以古板和严苛的规训和约束，它总有温情脉脉的一面，这就是占据贝都因女性情感生活全部空间的诗歌吟唱。贝都因人的诗歌不但可以被看作鲍曼所谓的言语的差异性实践方式，也是一种语言的诗性展演策略。通过这种即时的展演行为，个人的自主意识和能动性与结构（也就是鲍曼所谓的社区的规范和语言资源）形成一种互动和互补的关系。鲍曼的社区言语实践的个体差异性在卢格德的贝都因妇女所吟唱的诗歌中表现为，诗歌有很强的个人烙印，贝都因人听一首歌大约就能猜出作者是谁。❷ 当然，诗歌尽管因人而异，但它毕竟还是要遵循一套道德话语体系，也就是鲍曼所谓的言说社区无所不在的语境和社区规范。此时，诗歌作为一种诗性的言语实践，正是在这样的规范与个体情感之间的张力下策略性地展演出来。也就是说，在贝都因妇女的生活世界中（社会生活中），有着一种持续的张力。张力的一方来自世俗的社会生活，这是与荣誉和谦卑息息相关的现实社会。在这一社会中，情爱、性欲、情感受到抑制，而疏解现实生活种种压力就必须借助诗歌，即一套与亲情爱情有关的诗性话语（poetic discourse）。

卢格德描述了一个贝都因女人，在现实与诗歌中截然不同的焦

---

❶ Lila-Abu Lughod, *The Veiled Sentiments: Honor and Poetry in A Bedouin Society*, Berkeley: University of California Press, 1999, pp. 104-107.

❷ Lila-Abu Lughod, *The Veiled Sentiments: Honor and Poetry in A Bedouin Society*, p. 22.

虑与困惑。这个女人曾经以出逃的方式反对包办婚姻，卢格德将她对于自身婚姻的诗性的回应和世俗的回应并置在一起，认为我们可以从中发现她是如何在相互对立的情感和复杂的动机之间左冲右突的。她日常的话语中始终传递着她对于荣誉这一至高无上准则的遵循，她努力将自身塑造成一个来自良好家庭的有教养、懂得谦卑的好女孩形象——在情爱上有所克制，举止端庄得体，因此不会反对她的兄长们替她安排的婚姻。同时，她还要竭力表现出对男性甚至她的丈夫毫无兴趣，由此维持对性的节制这种美德。然而在诗歌中她却表达出与公共话语中完全不一样的情感，诗歌中她坦露心事，原来她反对这桩婚姻是因为自己爱上了另外一个男子。❶

贝都因妇女的诗歌正如赫茨菲尔德所言，是一种对形式（form）的技艺高超的转换方式（deform），这种转换当然是社会诗性的一个重要策略。所以生活的艺术、政治的艺术或者维柯所谓的诗性智慧，首先必须以形式作为掩饰或者伪装。卢格德将其称作形式的保护性掩饰（protective veils of form），她说诗歌以形式、传统做掩饰，将个人的陈述遮盖起来，尽管携带了有悖于官方文化理念的信息，但又符合形式的要求。其次，尤其重要的是，诗歌可以借助规范和形式来帮助个体确认自身经验的普适性。因此，诗歌作为一种形式，为表示亲昵的情感提供了一种庄重的交流途径，这也是那些处于依附地位的妇女交流感情且不丧失荣誉感的方式。最后，与那些具有亲密关系的人交流和分享这些"不道德"的情感，并且将它们以一种非个体的传统形式掩饰起来，贝都因妇女展示了她们所具有的某种控制的能力，这当然有助于提升她们的道德

---

❶ Lila Abu Lugod, *The Veiled Sentiments: Honor and Poetry in A Bedouin Society*, p. 215.

高度。❶

卢格德对贝都因人妇女诗歌的分析，表明言说社区的规范对于各种差异性言语实践和展演的重要性，就在于二者之间所形成的一种张力。这一张力在赫茨菲尔德看来就存在于能动性／策略与结构之间，而能动性就是针对社会和文化事实加以展演和表现（act on）的能力，由此改变或者加强某种既存模式和结构。❷ 更进一步，言说社区社会参演者的能动性，表现在对于各种譬喻（tropes）和修辞的运用能力上。这就是维柯所谓的人类普同的诗性逻辑，当然也是语言诗性的体现，然而它一定要以一个社区的文化实践和诸多的语言规则作为展演的语境。

1985 年，赫茨菲尔德与语言人类学家费尔南德斯（James Fernandez）合作，发表了"探寻意义的方法"一文，旨在探寻社区大众运用各种譬喻和修辞来认识自身、体验规范，并参与各种宏大叙事的"推己及物"的方法。❸ 他们二人认为：

> 考察社会的、物质的以及身体的种种暗喻，是诗性人类学研究的主要方法。这一方面使我们明了知识得以产生的途

---

❶ Lila Abu Lugod, *The Veiled Sentiments: Honor and Poetry in A Bedouin Society*, pp. 239-348.

❷ Michael Herzfeld, "Literacy as Symbolic Strategy in Greece," p. 156.

❸ 事实上，费尔南德斯在为其编写的《超越暗喻：人类学的譬喻理论》一书中就已经表明人类学研究社区包括暗喻在内的各种修辞手段的重要性及其所使用的新方法。费尔南德斯认为，自从 20 世纪 80 年代以来，人类学界对暗喻理论的兴趣一直集中在人类行为的现实意义这一层面，也就是说，语言人类学家更加关注不断变化的关系中比喻的整体性，并将其看作具有预测性和展演性的修辞的聚合形式，而并不像以前那样总结或者分析一两个具有代表性的主要暗喻即可。参见 James Fernandez ed., *Beyond Metaphor: The Theory of Tropes in Anthropology*, Stanford: Stanford University Press, 1991, p. 7. 费尔南德斯显然是要说明，社会交往和各种日常生活实践中所造成的变动关系，对于各种比喻和修辞手段使用的重要性，社会参与者并不是依葫芦画瓢地使用几个主要的、具有当地文化特色的隐喻，他们对于各种譬喻的使用显然来源于行为和展演这一现实的语境。

径，另一方面也是对长期被忽略的个体能动性的重视和有效的研究方法。人类学的诗性维度是对社会参与者及其能动性的确认，社会诗性因其考察的是行为和话语的社会意义，探究个体如何参与到自身社会的传统、参与到包括乡村、地区、国家等各个层面的实体和事件中并发挥作用，从而突出了个体的创造性和造成文化改变的能力。因此最大限度地将社会和个体结合起来，采取了一种不偏不倚的中间视角。任何层面的参与都和自身的经验有关，与此相关的各种话语和实践，都是自身经验借助种种比喻的象征性延伸。由此产生的种种抽象的概念和理论概述能力，都是以身体的经验为基础的。社会生活的活力（vitality）都是与那一社会生活密切相关的身体经验的有机比喻，这一方法的关键在于，要确认有社会经验的社会主体所体验的外部符号和表述的实现方式，比如将社会苦难转变成身体的疾病，或将身体的神清气爽同社会仪式联系起来，或将身体对外部事件的感受同更大的社会变化联系起来。❶

隐喻研究的意义一旦确立，接下来要做的就是运用人类学的社区研究方法，在社区这一语境中寻找包括隐喻在内的各种修辞手段在日常生活中生成意义的途径和方法。还是在希腊克里特高地这个叫作格兰迪的村子中，赫茨菲尔德揭示了地方性社会——这个半游牧民居住的村庄，通过何种策略与国家以及国际政治发生联系，并形成自身独特的历史意识以及表述方式。这是一个双向的联系，媒体（主要是报纸）成为这种联系的媒介质，而各种比喻性手段——

---

❶ Michael Herzfeld and James Fernandez, "In Search of Meaningful Methods," in H. Russell Bernard ed., *Handbook of Methods in Cultural Anthropology*, Walnut Creek, Calif: AltaMira Press, 1998, p. 113.

主要包括转喻、暗喻以及反讽——成为村民们阐释历史和现实（在书中主要是政治）的方式。赫茨菲尔德认为，在乡民的闲谈中，任何一个卷入某一特定事件的人物，都可能成为自己现实生活中所熟悉的人，区分的标准就是内部界定盟友或敌帮的界限，以及社区内部区分外来人和本乡人时所借助的道德力量。……如此一来，社区和外界、我者与他者、媒体新闻事件和乡村话语之间在村民的评论中建立了联系。村民们运用本地区熟悉的历史、英雄人物和各种传统，对现实予以评论，并不断赋予其新意。重复叙述、诙谐的模仿和讽刺的语调，便构成了村民的历史记忆和对当下的理解。这种历史的叙述和阐释方式，绝对不像某些历史学家认为的陈旧过时、毫无新意，相反，"这些事件对现代村民的想象产生了深刻的影响，他们将这些事件概念化，并同过去和现在所经受的苦难进行对比，这种对比的形式是村民接近和理解国家层面的宏大历史和事件的主要方式"。❶

显然乡民借助了修辞的手段，在过去和现在、地方与国家、父系亲属与党派组织之间发现了相似性，建立起了联系，并衍生了相应的历史意识和叙述方式，前者无疑都成为他们理解和评论后者的手段。我们不应该将这些穿越时间、跨越等级的联系当作乡人愚昧、逻辑混乱的表现，而是他们运用比喻手段的历史表述策略。其中不乏机智、幽默和夸张的色彩。这一点正如赫茨菲尔德所言，一旦我们承认这些历史叙事的修辞手段，事实和精确的概念便会被一种斑驳芜杂（bricolage）的个体能动性观念所替代。大的历史苦难为乡民们的叙述提供了编年的语境，村民们因此得以将自身的得失同村庄、地区、克里特岛以及国家的得失相互印证。村民的历史不

---

❶ Michael Herzfeld, "History in the Making: National and International Politics in a Rural Cretan Community," in João de Pina-Cabral and John Campbell ed., *Europe Observed*, Houndmills, Basingstoke, Hampshire: M in Association with St. Antony's College, Oxford, 1992, pp. 96-107.

再是稀有和宝贵的资源，而是需要检验的对象。❶ 比如格兰迪村子中的某一位羊倌可能会抱怨说，"保守党已经统治了四百年之久"，此时我们不能将这种抱怨看作是逻辑混乱的表现，这位羊倌显然是将保守党同民间普遍的"土耳其人统治我们四百年之久"的说法联系起来了。这清楚地表明一种超越社区的、对基本历史信息的了解和共同体验，唯有借助比喻性的手段，才能将自身的社区经验加以转变，以便理解更大的事件。❷

显然，社区虽小，却是村民理解社区之外、包括民族国家在内的各种社会实体的容器。个体的能力尽管卑微渺小，同样也通过维柯所谓的"推己及物"的方式，运用自身的一套话语策略，参与社会展演和历史叙述。尽管这些"无知之人"的话语在学界看来通常都是颠三倒四、缺乏逻辑，然而，他们却借助一种比喻性的认知方式，将社区的事物，社区的社会结构、权力展示和道德观念加以延伸，以便诗性地理解社会，叙述历史。

赫茨菲尔德倡导的语言民族志研究，意在通过社会诗性的概念，对于个体能动性加以确认。通过考察个体参与自身社会的途径和方法，探究其造成社会和文化改变的能力。这是一种"身体力行"的实践，在"村俗传统"中是如此，在学界中亦如此。人类学家同样也应该以这种"身体力行"的方式，致力于批判由各种偏见和胆怯造成的学术不公。因为他们同样是某一事件的参与者，一样具有诗性的行动能力。1990 至 1996 年的剑桥出版事件，无疑就是对人类学家个体能动性一次长达七年的考验。

------

❶ Michael Herzfeld, "History in the Making: National and International Politics in a Rural Cretan Community," p. 109.

❷ Michael Herzfeld, "History in the Making: National and International Politics in a Rural Cretan Community," p. 108.

第 6 章

剑桥出版事件：民族主义与
人类学实践的政治

　　希腊一直是一个"单一民族"的国家，至少官方的表述是这样的，其境内没有"少数族群"，几乎成为官方与学界的共识。希腊可能是民族主义改造运动较为成功的国家之一，人们都讲标准的通用语，并且都认为自己是古希腊文明的传人。然而希腊北部的马其顿地区当下的政治格局，毫无疑问是民族主义长期运作的结果，其自身也内含诸多颠覆性的因素。特别是随着东欧剧变，前南斯拉夫解体并分裂出独立的"马其顿共和国"之后，希腊与这一新生的国家围绕"马其顿"这一名称的争执，正好说明了这些颠覆性因素对于希腊的单一民族的表述所可能带来的危害。希腊北部马其顿地区的族群关系、民族主义意识以及民族国家建构的历史过程，也就成为诸多希腊学者以及海外学者关注的焦点，赫茨菲尔德自然不可能置身度外。对于他而言，这正好是一次运用人类学理论和细致的田野调查，反思民族主义的诸多关键性概念的大好时机。他可能并没有想到，这一次卷入的是接下来长达七年的学术风波，这已经超越了学术争论的范畴，而直接牵涉学术发表和出版这些知识分子不得不考虑的问题。

1990 年，普林斯顿大学希腊研究项目中心副主任冈迪卡斯（Dimitri Gondicas）来信，希望赫茨菲尔德为一本论文集写一篇文章。这是一本名为"现代希腊的阶级、观念以及身份：比较的视野"的会议论文集，我们不清楚赫茨菲尔德是否参加了这次会议。作为会议的主办方同时也是论文集的编者之一，冈迪卡斯希望赫茨菲尔德写一篇文章，不但以族群这一概念为分析范畴，并尽量以一种比较的视角（主要以巴尔干地区为语境）展开理论的讨论，其中一点就是人类学家如何"历史化"（historicize）他们的民族志。因为现阶段收到的很多有关族群的稿件，虽然都不乏历史的细节，但都缺乏一种理论指导，并且对社会经济因素与族群之间的关系也缺乏讨论，他们希望赫茨菲尔德的文章能在这些方面对此论文集有所帮助。❶

对于已经在希腊从事二十余年田野考察的人类学家而言，参与这本论文集确实是系统阐述希腊族群与民族主义关系的好机会。此外，当时巴尔干地区的民族主义理论，很容易同民族主义的僵化、教条、缺少变通的观点合流，从而产生更大的误导作用，并且这种观点一贯视人类学研究为零散琐碎，不能登上民族主义研究这一大雅之堂。赫茨菲尔德认为正好可以借助人们对于马其顿的族群关系日益高涨的兴趣，对于包括希腊在内的巴尔干地区民族主义在学术和现实中所产生的不利影响加以反思和批判，顺便扩大人类学的影响。

要想说明人类学与民族主义研究的关系，就必须说明族群与国族身份之间的关系。很显然，身份认同意识和策略在不同历史时

---

❶ CUP Correspondence. 本章大量参阅 1990 至 1996 年间，涉及剑桥大学出版社（Cambridge University Press，简称 CUP）相关事件的信件。本章中凡是参考此类文献，一律标注 CUP Correspondence，意为剑桥大学出版社通信。

期、不同地域、不同层面的政治控制等复杂的竞技场域之下，总是表现得十分灵活。而族群乃至国族身份的建构，则是一个逐渐简化和固化的过程。二者都不足以说明身份在形成中事实上的短暂和瞬时变化的特点。此外，通常的观点认为民族意识在形成统一身份的过程中，总是具有宰制与主导的作用，但是地方性的身份建构在全面关照自身利益的同时，也会主动地去运用官方的民族主义话语，从而抵制民族国家主义这一行动逻辑事实上的封闭和武断。

赫茨菲尔德写了一篇文章题为"从族群到民族主义：希腊语世界的身份的荣枯浮沉"，全面反思包括希腊在内的巴尔干诸国，在后冷战时期加剧的民族主义思潮及其潜在的危害性。此文的一个重要观点是，民族国家建构的逻辑事实上同地方性的观念是完全协调一致的。现在的问题是民族国家通常都不愿意承认这一点，总是以各种手段来掩盖自身与地方主义千丝万缕的关系，最终反而成为这一教条和封闭概念的牺牲品。赫茨菲尔德认为，民族国家主义和地方主义通常被认为是相互敌视的，然而通过对希腊以及相邻的巴尔干地区其他国家的比较分析，我们便会发现国家似乎在创造国民身份等术语及其相应的修辞策略并推而广之，使其大行其道、无限风光之时，难免会成为这些概念的牺牲品。国家总是拒绝承认一定程度的政治自治在所难免，也不愿承认国家其实也靠血缘关系的诸多隐喻才能整合在一起，而这种血缘关系其实深深地植根于世仇的观念之中。国家也忽略或不愿承认这样一个事实，即地方的某些挑战性和对抗性的观点，其实预设了一种平等的愿望和情感。这已经不再是一个希腊的主体民族与其他少数民族之间对立的问题，少数民族通常或至少在道德感这一层面，从来没有将自己看作少数群体，这是一场大致对等的族群实体之间的冲突和斗争。在这一过程中，国家往往不会容忍这些文化实体的存在，因为它们总是声称要将相

应的族群身份从主体性的民族中分裂出去。❶

更进一步而言，民族国家和地方性社会之间的一个悖论是：民族国家的话语中包含的正是地方主义的诸多特性，而这些地方主义的特性却又是民族国家所厌恶和嫌弃的。比如对"家庭"的忠诚、对父系观念的坚信，往往在强化血缘群体的统一和团结的同时，也会潜在导致大规模的暴力。国家总会挪用亲属的观念和语言，但同时又把与家庭相关的各种利益看作是对国家这一大家庭的利益的威胁。在一个家庭价值观念仍然很强的国家，如果某些家庭的成员的处世行为与陌生人无异，而国家仍然处于这一悖论之中并且也只有这样一种应对策略（一方面认同家庭的价值观念，一方面又对其加以防备，以免其对国家的利益造成威胁），其结果往往事与愿违。❷

也就是说，民族国家显然是一个悖论式的文化观念，其本身已经被高度自然化了，它用了很多自然的能指或者符号，来错误地指涉民族国家这一所指之物（比如祖国、国族、祖国母亲、国家等，可见民族国家与亲属、血缘的同构关系）。在这一建构事实的过程中，对于各种概念的词源进行了字面意义的解读，从而忽略了这些概念使用的现实语境和社会参与者的能动性。所以，民族国家的悖论就表现在，一方面，民族国家需要借用这些文化亲密性的概念，获得大众的广泛认同，由此开启地方性层面的"共同体的想象之旅"；然而另一方面，这些概念毋庸置疑具有根深蒂固的地方褊狭主义，它们往往具有藐视权力的传统，其中还暗含着分裂主义，

---

❶ Micheel Herzfeld, "From Ethnicity to Nationalism：Vicissitudes of Identity in the Greek-Speaking World," CUP Correspondence.

❷ Micheel Herzfeld, "From Ethnicity to Nationalism：Vicissitudes of Identity in the Greek-Speaking World," CUP Correspondence.

以及与血的意象密切联系的各种暴力行为（比如血债血偿）。所以，要想考察民族国家与地方主义甚至亲属体系之间的关系，最为有效的方法就是以后者的实践逻辑去反观前者。结果证明，国家（特别是后冷战时期的巴尔干诸国）层面的以民族主义为庇护的军事扩张、种族清洗和侵略，与家族之间的纷争几乎同出一辙。赫茨菲尔德写作这篇文章的初衷，是想论证民族国家一贯使用的话语总是具有显著的地方主义特性，这一认识为他后来考察二者之间的文化亲密性埋下了伏笔。"文化亲密性"这一概念事实上能够帮助双方都认识到，有一个可以相互介入的文化缓冲的地带。民族国家观念想要成功推行，就必须认识到这一文化地带的重要性。

赫茨菲尔德在这篇文章中，还特别警示思维和心性观念对于巴尔干地区的民族主义所起的推波助澜的作用。民族主义在赫茨菲尔德看来就是一个本质化、简单化以及拘泥于字面意义的过程。因为在民族主义者看来，现代民族的思维是高度概括、抽象、精确的，这是思维缜密的标志，任何观念都要以科学般精准和透彻的语言来加以表达，而原始人才更多地使用暗喻等模棱两可的修辞方式。所以为了达到科学般的精准无误，就必须从字面意义上对民族和国家加以界定，去除种种包括血缘、亲属关系等落后因素在内的表述，并将这种界定与实际的民族国家疆界对应起来。符合特定民族界定的族群将被允许留在这一固定的疆域，学者们要做的只不过是寻找这一民族历史上在这一片疆域活动的证据，从而为民族国家的建构寻求合法性和正当性。此外，当时盛行的安德森"想象的共同体"的理论也假定某一民族的某种共通性（commonality），安德森也认为我们可以从"同胞们"走路、说话、行动、吃饭的方式中看出这就是我们的同胞。赫茨菲尔德对安德森的这一观点也加以批判，认为这种共通性既是转喻的（每一个公民相对于其所生活的大世界而

言，就是一个微观的世界），同时也是暗喻的（每个公民是国民思维和心性的一个版本）。❶

东欧剧变之后，巴尔干地区的民族问题在赫茨菲尔德看来，是所有实体的暗喻的特性都被尽力地掩盖起来，而民族主义就是使一切都具体化和本质化的教条，它的常用术语包括：一个民族要么存在，要么不存在。由互不相容的术语组成的事实，又以同样的顺序衍生出其他并列的事实（比如邻近民族、敌人等）；一种统一的话语被象征性地创造出来，并且包含着集体解放的仁爱目的，而这些很快就演变成战争的宣传和鼓动。与"事实"相伴的往往是灾难性的结果。❷ 民族国家这种颇为狂热的宣传和鼓动，归根到底还是忽略了此篇文章的如下主题：民族国家忽略了自身与地方主义诸多"落后"和"分歧"的观念（血缘、世系、仇杀等）之间的千丝万缕的关系，总是要将这些寓意丰富、灵活变通的观念做拘泥于字面意义的阐述，并且得出纯粹、静态、统一和简化的观念。

文章最后，我们还是能够看出维柯的诗性智慧观念对于赫茨菲尔德反思巴尔干民族主义所具有的启示作用。赫茨菲尔德再一次想起了自己曾经调查的希腊克里特高地的牧羊人：一群被外人视为相互窃羊的贼，在处理各种棘手的身份问题时所表现出来的智慧。克里特的牧羊人在讲述英雄的事迹时所使用的策略，一方面表达出与国家的理念（历史、身份、民族主义等）认同的愿望，但同时它们所传递的信息可能暗示一种潜在的颠覆性策略，因为他注意到了那些没有被涵括进去的层面的整体性（比如亲属层面的、地方性层

---

❶ Micheel Herzfeld, "From Ethnicity to Nationalism: Vicissitudes of Identity in the Greek-Speaking World," CUP Correspondence.

❷ Micheel Herzfeld, "From Ethnicity to Nationalism: Vicissitudes of Identity in the Greek-Speaking World," CUP Correspondence.

面的、克里特地区这一层面的），随时有可能成为盛行的思想、行为或观念，因此也需要及时调整自己最直接的依附策略。[1] 这一群高地的牧人对于身份观念的隐喻式的表述和实践，在赫茨菲尔德看来，能够为巴尔干当下盛行的民族主义产生有益的启示作用。

这篇刊登在论文集中的文章，是一位人类学家对当时巴尔干地区民族主义的一次系统的认识。赫茨菲尔德在文章中尽管没有明说，但至少认为希腊克里特高地牧羊人能灵活处理自身与血缘、父系亲属乃至地区与国家等不同层面的身份认同意识，这一经验显然是值得借鉴的。然而，巴尔干地区的民族主义所引发的族群之间的冲突进一步升级，各种打着自决和独立旗号的民族主义观念，却实施着残忍的家族之间复仇式的血腥屠杀、强奸妇女和宗教迫害。人类学家对这一地区民族主义发展趋势的忧虑，尽管悲观，却不幸都应验了。这篇文章也为之后长达六七年之久的剑桥大学出版社事件埋下了伏笔，是这一事件的直接缘起。

学术论战

1993 年 7 月 23 日，赫茨菲尔德致信当时哈佛大学文理院系（Faculty of Arts and Sciences）教员总管洛里斯，在信中他说自己最近卷入了一场令人不快的争端。他作为哈佛大学的教授，这件事可能与哈佛大学的某些制度相关，因此赫茨菲尔德认为洛里斯有必要知道事情的起因和经过。[2] 美国的希腊媒体对一位名叫卡拉卡斯顿

---

[1] Micheel Herzfeld, "From Ethnicity to Nationalism：Vicissitudes of Identity in the Greek-Speaking World," CUP Correspondence.

[2] CUP Correspondence, 1993.

（Karakasidou）的年轻人类学家学术观点，进行了恶毒的攻击，而赫茨菲尔德选择挺身捍卫知识分子的学术自由，这就是剑桥大学出版事件的起因。

卡拉卡斯顿是毕业于美国哥伦比亚大学，并获人类学博士学位的希腊裔学者，赫茨菲尔德是她博士答辩委员会的成员。卡拉卡斯顿当时的研究兴趣主要是希腊北部马其顿地区的族群关系，这一地区显然是一个多族群、多语言、多种身份认同并存的区域。由于希腊和马其顿共和国在有关"马其顿"这一名称上长期存在争端，希腊政府也并不承认希腊有马其顿这一少数族群以及其他具有马其顿身份诉求群体的存在，因此卡拉卡斯顿的研究是一个非常敏感的问题。正因为如此，在 1991 年现代希腊研究年会上，卡拉卡斯顿的报告遭到了在场的希腊媒体代表无礼甚至恶毒的攻击，他们扬言要将卡拉卡斯顿的发言加以录音并作为叛国的罪证，这一企图被分组讨论的主持人制止。这些人转而又试图将晚宴的致辞者希腊驻美大使牵扯进来。赫茨菲尔德当时的身份是现代希腊研究会的主席，他匆忙赶来平息事端，但事情并没有就此了结。美国的希腊媒体随后刊登了两篇文章，攻击年轻的学者就"敏感问题"所展开的学术研究，并且对卡拉卡斯顿的人品、学术的完整性以及爱国精神都进行了污蔑和中伤，一再否认学术自由这一原则。第一篇文章并没有提及学者的具体姓名，但是第二篇文章更清楚地指明了卡拉卡斯顿的身份和其他一些具体的细节，用心更加险恶。卡拉卡斯顿在希腊的家人已经受到威胁，对于一个才华横溢的年轻学者所施加的政治骚扰是不可原谅的。❶

在写给洛里斯的信中，赫茨菲尔德还提到，一份名为《经济邮

---

❶ CUP Correspondence, 1993.

报》(*Economic Post*)的报纸（主要在希腊裔美国人中发行）不但继续对卡拉卡斯顿进行诋毁和污蔑，还说她是一个完全子虚乌有的现代希腊研究学会的成员。这篇报道的作者提到赫茨菲尔德是这个学会的主席，也是哈佛大学教授，同时还建议克里特大学审查赫茨菲尔德最近的一些作品。❶ 这份报纸的措辞似乎说明了这样一个事实，那就是赫茨菲尔德的作品在克里特当地相当流行，以至于要到审查的地步。这对于一位人类学家而言，自然是一件好事情，尽管出现在如此令人不快的场合之中。

这封信的最后，赫茨菲尔德说洛里斯有必要知道这件事情的起因和过程，但是他本人绝对不能容忍对一个年轻学者的迫害，特别是她所受到的攻击是因为她的严谨认真的学术工作。❷ 显然，年轻的人类学家卡拉卡斯顿由于自身的族群研究已经触及了一些非常敏感的问题，而她早期的学术活动又都与赫茨菲尔德有联系，所以赫茨菲尔德决定不能置身度外，写给哈佛大学洛里斯的这封信，表明他已经很慎重地介入这一事件。

年轻人类学家所激起的争议不断升级，交锋主要是在报纸杂志上进行。1993 年，纽约的一份希腊裔美国人的报纸《民族先驱报》(*National Herald*) 刊登了一篇题为"希腊主义与食人主义"（Hellenism and Cannibalism）的文章，作者写到，这位女士过去一直四处演讲，谴责希腊政府从来没有善待其境内的少数民族，希腊政府压迫包括土耳其人、耶和华见证派（the Jehovah's witnesses）在内的少数群体；在她的"人道主义"的激情中，她显然忘记了希腊是巴尔干地区所有难民的天堂，她显然忘记了希腊一直收留并庇护如

---

❶ CUP Correspondence, 1993.

❷ CUP Correspondence, 1993.

潮水般涌来的各地难民，这些人显然都愿意来尝一尝"希腊的压迫"这个甜美的果实；在她的哥伦比亚大学的博士论文中，她宣称希腊与马其顿没有任何关系，并且认为马其顿人是一个独立的群体，而事实上，她在田野调查中接触的都是讲斯拉夫语的马其顿家庭（Slavomacedonians），这些人都是斯科普里（Skopians）[1] 的支持者。[2]

文章的作者还以戏谑的语气写道，卡拉卡斯顿女士，游戏已经结束了，普林斯顿大学希腊研究中心不会再给你钱了，这些钱是资助那些宣扬希腊精神和美好事物的，是宣扬希腊学者的成就以及历史的，这些钱不是用来给斯科普里人做政治宣传的。[3]

赫茨菲尔德对这篇文章进行了反击，并希望在同一份报纸登出。显然，这一报纸并没有登出赫茨菲尔德的批评文章，我们只能从他写给洛里斯的信中大概了解他要反驳的几个方面。赫茨菲尔德拟回应的文章标题是"研究任务和对私密的热爱"（Research Duty and Love of Secrecy），他摘录了几段寄给洛里斯："当我第一次读到卡格科斯（Kargakos）的文章时，我承认我的第一反应是完全不必理会。这篇文章的诸多观点不但毫无根据，而且也完全不足信，但是，这篇文章既然刊登在如此有影响的一份报纸上，我最终还是决定做出回应，帮助那些想知道事情真相的人，以正视听。"[4]

赫茨菲尔德继续写道，这篇文章批判的焦点集中在卡拉卡斯顿博士的那篇有关马其顿地区族群身份研究的博士论文上。作者的目的并不是要批判这篇论文，他的很多观点主要来自报纸杂志的报

---

[1] "斯科普里"是希腊对新近独立的马其顿共和国的官方称谓。

[2] CUP Correspondence, 1993.

[3] CUP Correspondence, 1993.

[4] CUP Correspondence, 1993.

道，以及他从前的学生给他提供的信息，因此他的信息来源是间接的，甚至是以讹传讹的，这就难免给人造成这样一种印象：作者把道听途说的各种二手传闻当作事实呈现给读者。此外，该篇文章的作者呼吁的"研究任务"很荒唐地集中在卡拉卡斯顿博士所获得的研究资助这一问题上。读者应该注意到纽约的《民族先驱报》在刊登了错误信息之后，却并不马上刊登普林斯顿大学的官方声明和反驳。人们不禁会问，到底是什么样的"研究任务"会公然厚颜无耻地允许如此未加证实、肆意歪曲并且捕风捉影的事情见诸报端的？❶

作为长期研究希腊并且对希腊的文化和历史充满热爱之情的人类学家，赫茨菲尔德不无遗憾地指出，希腊政府所谓的"对私密性的热爱"的表述策略，在文化史和国际政治中可能使自己陷入非常不利的境地。他认为，希腊人在过去屈从于西方国家的压力和讹诈，被迫宣称自身文化中诸多熟悉和亲密的层面是外来的，这或许还能让人理解，可是现在，他们真的没有必要这么做，因为如今没有人逼迫他们否认自身文化的多元性，他们也没有必要为自己所接受的多种文化的影响而尴尬。❷

论战升级，很多研究希腊的学者选择支持赫茨菲尔德和卡拉卡斯顿。人类学家丹佛斯（Loring Danforth）在《今日人类学》（*Anthropology Today*）发表一篇长文，题为"马其顿身份的宣称：马其顿问题与南斯拉夫的分裂"，对这一地区族群关系的历史和现实，予以澄清。丹佛斯在文章中认为，马其顿的人口由不同种族、不同语言以及不同的宗教群体构成，其中就包括讲斯拉夫语和希腊语且

---

❶ CUP Correspondence, 1993.

❷ CUP Correspondence, 1993.

信仰基督教的群体、讲土耳其语和阿尔巴尼亚语且信仰伊斯兰教的群体，此外还包括瓦拉几亚人、犹太人以及吉卜赛人。这一状况一直持续到 19 世纪末，由于当时外部的各民族主义的盛行，马其顿的人口才被从民族这一层面加以划分和限定，比如希腊人、保加利亚人、塞尔维亚人、阿尔巴尼亚人和土耳其人。❶

　　丹佛斯接着从历史的角度考察了马其顿这一名称在近现代的历史建构过程。他认为在今天希腊北部的马其顿地区，一直到 1913 年之后，所有带斯拉夫印记的人名和地名都被希腊化了，任何斯拉夫语言和文字存在的证据都遭到毁灭；而作为前南斯拉夫加盟共和国的马其顿地区，尽管在 20 世纪 90 年代初随着苏东阵营的崩溃并逐渐被国际社会所认可，但还是受到希腊的重重阻挠，主要的问题在于两个国家对马其顿身份的竞争。马其顿这个羽翼未丰的国家在试图得到国际社会认可的过程中，最大的障碍就是希腊。希腊认为"马其顿"这一国名不论是过去、现在还是将来都是希腊的，因为在希腊的民族主义者看来，亚历山大大帝以及古代马其顿人都是希腊人，并且由于古典和现代希腊之间在种族和文化上的传承关系从未中断，所以只有希腊人才有权利将自己同马其顿人认同起来。而那些居住在南斯拉夫南部的斯拉夫人，他们直到公元 6 世纪才迁居到这一地区，1944 年他们又自称为保加利亚人，希腊人通常将马其顿人称作斯科普里人，以便与自己雅典人的身份相区别。❷

　　丹佛斯从人类学的角度阐释了学界对这一地区族群意识的看法，他和赫茨菲尔德都赞同，不能将民族、民族文化和相应身份具

---

❶ Loring Danforth, "Claims to Macedonian Identity: The Macedonian Question and the Breakup of Yugoslavia," *Anthropology Today*, Vol. 9 No.4, August 1993.

❷ Loring Danforth, "Claims to Macedonian Identity: The Macedonian Question and the Breakup of Yugoslavia," *Anthropology Today*, 1993.

体化，人类学应该反对任何这样的企图，这极有可能导致种族清洗的灾难。丹佛斯认为，希腊民族主义者反对马其顿身份和名称主要集中在三个方面：首先是否认一个马其顿民族的存在，其次是否认马其顿语言的存在，第三则是否认希腊北部马其顿少数族群的存在。他们认为马其顿这个国家是一个"人造物"，是铁托的发明创造。民族这幅拼图（mosaic of nationalities）中的斑驳芜杂被他清洗之后，冠以希腊马其顿的名称。同样，因为古代马其顿人讲的语言是希腊语，斯科普里人说的斯拉夫语自然就不能称作马其顿语。希腊政府拒绝承认北部马其顿少数族群的存在，认为这是一群有斯拉夫口音的希腊人或者双语的希腊人，这些人说希腊语同时也会说一种斯拉夫的方言，却有着希腊的国家意识。❶

　　从人类学的角度来看，马其顿问题的当下形式可以看作是两种相互对立的民族主义观念的冲突，两种观念都将民族、民族文化以及民族身份具体化，将其投射到久远的过去，并将其看作永恒不变的自然本质。丹佛斯认为，希腊和马其顿之间的争端中所刻意表现的不同民族文化和身份，其实都是以同样的原材料和民族符号建构出来的。如果符号可以有不同的意义，名称可以有不同的指称，那么马其顿人可以有不同的类型：比如属于希腊人的马其顿人和不是希腊人的马其顿人；马其顿既可以是一个独立的国家，同样也可以作为某个国家的一个地区而存在。因此，这种解决争端的途径可能因为没有设立泾渭分明的界限，而让人有些困惑，但是总比断然否定马其顿人寻求自己身份认同的那些办法要好得多。单一的种族—民族主义（ethnic nationalism）的表述方式和解决途径，在经济衰退

---

❶ Loring Danforth, "Claims to Macedonian Identity: The Macedonian Question and the Breakup of Yugoslavia," *Anthropology Today*, 1993.

和政治动荡的时期，非常容易导致种族清洗事件，在前南斯拉夫所发生的一切已经证明这绝不是杞人忧天。❶

此外，丹佛斯还从全球化语境分析了民族这一共同体想象的新的方式。他认为全球化并没有消解民族和民族身份，相反，它以不同的方式拓展了这一共同体想象的策略和途径。我们正在经历一个"跨民族的民族社区"（transnational national communities）建构的时代，故土的和漂泊在外的人通过复杂的人员、信息、金钱以及形象这一全球文化交流的网络，彼此联系在一起，联合国以及欧洲共同体的各种机构愈益成为各种全球性事件的仲裁机构，处理人权、国家之间的争端与冲突等问题，已经成为这些国际性组织的重要职能。民族国家在这一全球化的背景下不得不向这些机构寻求支持，以取得合法性和正当性甚至独立国家的地位。很多跨国的少数群体正是意识到了国际组织的这些作用，开始有意识地动员"流散社会"（diaspora communities）的力量，绕开民族国家，转而在人权以及文化多元性等方面寻求国际组织的支持。❷

丹佛斯这篇长文基本上表明了人类学看待希腊北部马其顿族群关系的立场。这一地区由于多族群、多语言与多种宗教长期并存，呈现出异质纷呈的特点。有鉴于此，在解决族群纷争的过程中应该采用灵活变通的方式，任何简单地套用民族主义族群身份识别的办法，只会导致族群清洗并造成人道灾难。此外，全球化进程不是消解，反而是凸显了身份认同意识，因此丹佛斯认为应该关注全球化背景下移居流散社区与原居地族群的互动关系。

---

❶ Loring Danforth，" Claims to Macedonian Identity：The Macedonian Question and the Breakup of Yugoslavia，"*Anthropology Today*，1993.

❷ Loring Danforth，" Claims to Macedonian Identity：The Macedonian Question and the Breakup of Yugoslavia，"*Anthropology Today*，1993.

论战进一步升级，新加入论战的学者注意到了此前《民族先驱报》上的文章有谩骂攻击和学术缺位的问题，因此希望有更加学术性和理性的文章，以重建希腊自由开明、文化多元的国际形象。这一初衷无疑是良好的，如果之后的辩论能沿着这一理性和学术的方向发展下去，这无疑对于论辩双方都会是一个相互理解对方立场和学术旨趣的机会，这场论辩当然也就更具有启发性和建设性。1993年，希腊学者斯塔诺斯（Stephanos Stavros）写了一篇题为"当代希腊法律对少数群体的保护"的文章，以考察现代希腊法律在保护少数群体方面的成绩。他认为，希腊政府只承认两个少数群体，一是色雷斯的穆斯林群体，另一个是犹太群体。色雷斯的穆斯林群体有权利维持一套特殊的教育体系，开展希腊语和土耳其语的双语教育，并为他们提供相关的宗教课程。除了特殊的教育体系外，色雷斯的穆斯林群体在家庭和继承上还享有某些特殊的权利，当地的穆斯林精神领袖可以援引《古兰经》来解决不同地区穆斯林之间的争端，因此这些地区事实上存在一套独立的司法体系。穆斯林地区司法的独特性和相应的积极举措，在斯塔诺斯看来还包括穆斯林群体在希腊的法庭上借助翻译，用土耳其语来进行陈述的权利。斯塔诺斯在结论部分写道：严格实施法律面前人人平等要与现代的特殊的补充性和保护性的司法制度结合起来，因为这是当今希腊法律有效保护少数群体权利的基石。❶

该文的意思很清楚，由于希腊政府只承认穆斯林和犹太这两个少数群体，所以希腊的法律只保障这两个群体的正当合法权益，这不能适用于希腊北部的马其顿地区。然而让人遗憾的是，这种良性

---

❶ Stephanos Stavros，"The Protection of Minorities Under Greek Law Today, preliminary draft," CUP Correspondence，1993.

的学术论辩并没能继续下去，希腊极端民族主义者除了对卡拉卡斯顿侮辱和谩骂之外，甚至发出了死亡的威胁。1994年5月10日的"美国在线"（American Online）网站欧洲新闻版刊登了杜伊勒（Leonard Doyle）的文章——"为马其顿人权利而战的勇士收到死亡威胁"。文章说，一位希腊学者因为研究了希腊北部一个讲斯拉夫语的马其顿社区而收到死亡威胁，据说是因为她挑战了政府的底线，希腊政府并不承认有这样一个少数群体的存在。❶ 文章详细描述了卡拉卡斯顿收到死亡威胁的细节，希腊一份激进的右翼报纸，公布了她在马其顿首府萨洛尼卡（Salonika）的住所，同时还公布了她在马其顿社区做田野时使用的汽车信息等所有细节，这当然不可能是政府所为，应该是希腊激进民族主义分子干的。❷

即便身在美国，卡拉卡斯顿也逃脱不了激进民族主义分子的骚扰。杜伊勒的文章介绍说，一份希腊裔美国人的报纸2月份曾经以漫画的形式，公布了卡拉卡斯顿死亡的方案。漫画中她被一群男人围攻殴打，其中一人拿着绘有希腊国旗颜色和图案的棍子捅入她的心脏，她被当作叛徒处死。此外，更有激进的民族主义分子游说纽约城市大学，试图阻止该校接收卡拉卡斯顿为助教，但未获成功。❸

事情闹得如此之大，希腊官方也不得不出面表态。希腊驻美大使在一封写给《独立报》编辑的信中，就卡拉卡斯顿近期所受威胁一事表达了自己的观点，他强调了学者在希腊从事研究的自由，但是大使同时也表示，尽管卡拉卡斯顿的田野调查是"广泛的"，但她

---

❶ Leonard Doyle, "Death Threats Haunt Greek Champion of Macedonians," American On Line, May 10, 1994.

❷ Leonard Doyle, "Death Threats Haunt Greek Champion of Macedonians," American On Line, May 10, 1994.

❸ Leonard Doyle, "Death Threats Haunt Greek Champion of Macedonians," *American On Line*, May 10, 1994.

有关马其顿族群的部分观点是未经证实的，因此并没有所谓希腊马其顿族群这一概念的存在。❶ 赫茨菲尔德也给《独立报》写信，表达了对希腊驻美大使观点不明的忧虑。他认为，大使混淆了族群（ethnicity）与民族身份（national identity）这两个不同但又相关的概念，在希腊语中，这两个概念都用一个术语（ethnikotita）来表达。❷

为了减少不必要的暴力行为和人身伤害，赫茨菲尔德认为，"希腊政府现在应该立场鲜明地直接谴责针对卡拉卡斯顿的各种威胁。如果在媒体上对她的严谨和认真求证的学术观点提出疑虑，只会增加这些暴力发生的可能性，而这些暴力相信与希腊政府是无关的"。❸

1994年美国人类学年会在亚特兰大召开，赫茨菲尔德认为这一场学术论战为人类学的研究带来了新的问题，这其中不仅仅是学术自由的问题，更关涉人类学实践的政治这一更为本质性的问题。他为卡拉卡斯顿召集并主持的会议小组撰文，讨论这一事件与人类学的关系。赫茨菲尔德认为，这一事件清楚地显示出为了阻止学者从事某些敏感问题的研究，法西斯式的威胁和半官方的警告是如何发挥作用的，一种种族主义的话语将过去互不相容的官方政治与极端主义合流在一起。卡拉卡斯顿在希腊北部所从事的族群模式研究及其高度政治化的语境，已经清楚地凸显出我们无法回避的一个重大问题，即对于那些在有领土争端以及相互仇视的民族主义背景下从事研究的人类学家而言，应该如何定位自己的民族志实践？这一事件也表明官方的分类与知识的生产之间的互动关系，从而将我们引入人类学实践的政治这一实质性的问题。比如，谁替"人们"代

---

❶ Michael Herzfeld, "Distinguishing between 'Ethnicity' and 'National Identity' in Greece," *The Independent*, May 18, 1994.

❷ Michael Herzfeld, "Distinguishing between 'Ethnicity' and 'National Identity' in Greece".

❸ CUP Correspondence, 1994.

言？或者谁有权力将群体身份本质化，并进而决定"他们"是谁？当"我们"被冒犯的时候，还知道"自己"是谁吗？所有这些身份的问题，对于我们正在研究的他者以及人类学如何涉足政治都非常重要，并且富有启发性。❶

在此期间又发生了一件有趣的事情。赫茨菲尔德过去在印第安纳大学的一位学生告诉他，一份在美国出版的英文报纸《希腊美国人》（the Greek American）将刊登一篇文章，宣称赫茨菲尔德和另外两位从事现代希腊研究的美国学者受雇于美国中央情报局（CIA）。人类学家被当作间谍在这个圈子里头早就不是新鲜事儿，赫茨菲尔德所从事的少数族群研究在希腊的很多圈子中是不受欢迎的，他的作品近年来也屡屡受到希腊媒体的抨击，赫茨菲尔德有时也会写信进行回应，但对他的攻击还是时常出现。

赫茨菲尔德给这位学生回信，感谢他善意的提醒，但是他本人对《希腊美国人》计划刊登指责自己受雇于中情局的文章，更多的是感到有趣而不是关切。他说，"对于这些人，最好的策略其实很简单，让他们去做。他们所谓的证据是什么呢？肯定是一些无中生有的捏造。如果他们真这么做了，我敢向你保证，我们会在法庭上取乐他们，这恐怕也是很有趣的事情"。❷

金色的麦田、血色的丘壑：卡拉卡斯顿的新作

围绕卡拉卡斯顿学术研究和学术观点的争论本来可以告一段

---

❶ Michael Herzfeld，"Academic Janissaries and Journalistic Bullies，" Paper for Presentation at the 1994 AAA Meetings in Atlanta.

❷ CUP Correspondence，1994.

落，但是由于剑桥大学出版社拒绝出版她有关希腊马其顿族群关系研究的新作，又激起了新的波澜。卡拉卡斯顿的这一部著作后来在美国芝加哥大学出版社出版，书名是《金色的麦田、血色的丘壑：希腊马其顿民族建构的历程》。围绕这本书的出版与否，一场更为持久的论争在人类学家、希腊民族主义激进分子、出版社以及新闻界之间展开。

卡拉卡斯顿的这本书，是一部系统反思希腊马其顿地区民族主义发端，以及民族—国家建构过程的著作。这一过程开始于19世纪70年代，一直持续到20世纪中叶。按照戴维斯在《地中海的人们》一书中的观点，卡拉卡斯顿这本书注重社区历史及其延续性的研究，但是没有展开比较研究。如果我们也把卡拉卡斯顿的著作视为地中海区域研究的一个缩影，那么她笔下的这一希腊马其顿地区同样是不同族群、不同语言、不同宗教的人们，以贸易、通婚等多种形式长期交往和互动的结果，至少在保加利亚、希腊和塞尔维亚各自的民族—国家建构过程开始以前，这一地区是一个多种族、多文化长期共处、彼此包容的社会空间。后来的民族—国家在建构过程中，为了种族和文化的纯洁性所进行的清洗、分类和强制迁移，彻底改变了这种多元文化和谐共居的文化景观。卡拉卡斯顿认为，"奥斯曼土耳其统治下的巴尔干地区是全世界一个多元文化并存的区域，不同群体的社会和经济交往非常频繁，彼此的联系也十分紧密。但是随着民族—国家的成立，曾经可以轻松自如穿越的不同群体之间的界限被严密控制，变得泾渭分明，甚至被永久封闭了"。❶

所以，在民族国家这一简化和高度具象化的身份识别框架形成

---

❶ Anastasia Karakasidou, *Fields of Wheat, Hills of Blood: Passage to Nationhood in Greek Macedonia, 1870-1990*, Chicago：The University of Chicago Press，1997，p. 21.

之前，群体的交往互动总是以物质和现实利益为驱动，他们在程度不同的融合过程中，也在形成各种共同的文化表征，然而一旦将族群观念实质化和概念化，我们就会假定一个静止、纯洁并且拥有共同世系的"民族"存在，而忽略了族群形成过程中互动的交往模式。当然，任何称为群体的人的聚合形式必定有诸多的共性，并且在田野考察的人类学家眼前呈现出"静态"的特点。人类学历史上所论述的群体的共性在该书中被分成语言、宗教、生计方式、财产继承的文化制度、世系的推算、姻亲联盟的模式，以及对集体性历史共享的传统等方面。这些考察在人类学领域并无特殊之处，但卡拉卡斯顿却试图让这些静态的共性流动起来。她要加入历史的因素，以一个人类学的社区研究，来重新建构一部有别于国家层面的民族历史。她在前言即表明了这一抱负，"历史民族志就是要超越希腊、保加利亚、塞尔维亚以及马其顿民族—国家以及民族主义遮蔽下的族群、民族以及历史观念，以一种批判性的视角，重新审视国家层面的宏大历史叙事以及爱国主义的话语。通过一个社区的民族志研究来呈现民族—国家的建构过程，其目的在于表明历史和人类学在对权力的研究中有诸多交融之处。对于历史和民族志而言，社区之间的互动关系总是伴随着零散杂乱的事件和过程。而要在如此'凌乱无序'中发掘出民族—国家建构的历史线索，无疑是一个巨大的挑战，作者在本书中正是展示这样一种努力。"❶

在卡拉卡斯顿看来，"人类学的历史研究类似于考古学家，其主要的材料来自于田野工作搜集到的口头的历史叙述，比如民歌、史诗、神话和传说等。人类学家要做的就是从这些看似毫不相干、

---

❶ Anastasia Karakasidou, *Fields of Wheat, Hills of Blood: Passage to Nationhood in Greek Macedonia, 1870-1990*, pp. 26-27.

零散芜杂、前后矛盾、让人困惑的材料中，去还原出历史的真相。亚索斯（Assiors）这一社区的人们往往以亚历山大大帝的后裔自居，两千多年的历史被高度压缩在一个简单的民族血统的前后相继和内外区别的体系之中。曾经与斯拉夫人和土耳其人的接触、交往的历史以及文化的相互渗透影响这些'污点'，被尽可能地掩盖起来。这些污点被归为外部或者他者这一范畴，必须彻底与其划清种族、文化的界限，从而保证内部群体血统的纯洁性和历史的延续性"。❶ 显然，人类学家要做的就是还原这样一幅文化拼图，这幅拼图是种族交流互动中历史地形成的。因此需要首先找出拼图中各板块的联系，并确定其犬牙交错的位置，从而进行普遍性的历史假设。但无论如何，时间、空间以及族群关系的持续变化，留给我们的真正的历史和文化景观，无疑就是这样一幅斑斓的拼图。交往、包容、渗透和影响在造成各种"想象的共同体"的同时，也勾勒出这幅拼图各板块之间的轮廓。

在阐发了这一从社区研究重构族群历史的理论抱负之后，卡拉卡斯顿带着读者来到她从事田野调查的社区——希腊北部马其顿的一个小村庄，她将其称作亚索斯。"自19世纪起，奥斯曼土耳其帝国控制下的亚索斯由于地处交通要道，南来北往的商旅造成了一种'集市社区'（market community），基督教商人逐渐控制了这一集市。集市社区的形成促进了商业、社会以及文化的流通，同时也造成了这一地区集商人—土地所有者—畜牧业主等多种身份于一身的信仰基督教的精英阶层。"❷ 这一地区群体的聚合形式满足了物质利益

---

❶ Anastasia Karakasidou, *Fields of Wheat, Hills of Blood: Passage to Nationhood in Greek Macedonia, 1870-1990*, p. 42.

❷ Anastasia Karakasidou, *Fields of Wheat, Hills of Blood: Passage to Nationhood in Greek Macedonia, 1870-1990*, pp. 54-61.

这一基本动因，也就是出于商业需要，不同语言、宗教和区域的人们开始了最初的交往。此外，"作为象征性媒介的语言以及亲属观念和术语，在造成这一集市社区内部群体身份差别的过程中，发挥了重要的作用。讲希腊语的群体（家庭）与讲斯拉夫语的群体（家庭）在社区中不同的劳动分工和阶级地位的长期作用下，形成的语言和亲属关系的观念和术语迥然有异。讲希腊语并且信仰基督教的地方精英阶层在积累了相当的财富之后逐渐掌握了经济的主动权，讲斯拉夫语的较为贫困的家庭比如小佃农、农民以及牧人则置于被保护的地位"。❶

因此，从历史上看，至少在 19 世纪末之前，亚索斯虽然存在着劳动分工和阶级差异，但这主要是财富支配方式上的差异。在物质层面上，人们可能以富有和贫穷来区分各自的身份，而象征层面的区分是建立在不同语言和不同亲属群体基础之上的，民族主义所推动的所谓希腊后裔的世系观念还没有形成。但是群体内部的阶级差异和物质生活的富有与贫乏，却为种族的尊卑埋下了种子，只待民族国家观念的到来，便会迅速蔓延开来。卡拉卡斯顿显然是要表达希腊民族主义观念历史建构的特点，她认为"这种集体性的自我意识（collective selfhood）是一种经过建构的传统，这种传统又源自生活和实践的需要以及共同的利益。一种地方性的精英阶层迅速崛起，其日益增长的权力和威望成为地方性社会沟通内外的中介，最后随着希腊民族—国家的向外扩张，地方性社会被政治地并入这一国家范围之内，造成了今天普遍的身份观念"。❷

---

❶ Anastasia Karakasidou, *Fields of Wheat, Hills of Blood: Passage to Nationhood in Greek Macedonia, 1870-1990*, p. 71.

❷ Anastasia Karakasidou, *Fields of Wheat, Hills of Blood: Passage to Nationhood in Greek Macedonia, 1870-1990*, p. 74.

显然，卡拉卡斯顿在该书中想要表明的一个重要观点是，在民族主义思潮兴起之前，人们聚合在一起是出于现实利益，再辅以作为表象的地方性的等级观念和财富差异，造成一种在利益基础上的交往、包容、互动格局，同时又强调等级、阶级以及财富差异的身份认同。宗教和族群的差别并非一开始就受到重视，并被提炼成非此即彼的民族主义的重要符号。然而民族主义这一重要的历史进程，从根本上改变了过去群体的组织方式，从而对这些看似孤立、封闭的社区造成巨大的影响，在社区内部产生阶级的重组、身份的转变以及新的内与外的界限。在满是民族主义烙印的各种历史事件的作用下，社区的各种社会关系经历着巨大的变动，种族和文化的多元差异被抹平，从而象征性地建构出一个血统纯正的单一群体，与民族国家相对应。单一群体建构的过程成为某一群体生活和实践的重要参照系，每个人都必须确定自己在其中的一个位置，或者将自己投射在这一参照系中，从而获得身份的合法性。这种能力经常被赫茨菲尔德称作一种诗性的自我实现的方式，如同克里特高地牧人在村庄、地区以及国家等不同层面，所采取的灵活变通的策略一样。财富的多寡决定了社区的等级关系、经济模式乃至民族意识，积累了财富和权力的地方精英总会通过各种渠道（比如内婚、对行政和教育主导地位的掌握、内与外的界定乃至国民身份的确认等）来维持并推进自己的优越地位。社区的民族主义和国民身份是地方精英阶层与国家互动的结果，同时也是国家对地方性社会在政治、经济和文化等方面加以整合吸纳的结果。

也就是说，民族主义的建构具有诸多的历史偶然性，并非一开始就按照某种具体的路径必然地发展和生成。这种偶然性一方面缘于民族主义得以衍生的地方性的社会和文化语境，另一方面也可以理解为能动性，参与这一过程中的个体和群体，必然发挥一定的作用。卡拉卡斯顿认为，族群或者族群身份不论其是自认的或者是外部强加的，都不可避免地同民族—国家、民族主义以及国民身份的形成过程联系在一起。身份得以形成的那些象征性的媒介（symbolic media）被创造、被表述、被转移、被传承以及被复制，它们自身其实就是历史过程和特定环境的产物。国民身份并不是社会演化过程中的一个自然的阶段，相反它是人的能动性的产物，不管是有意识的设计还是无意识的回应。❶ 人的能动性因素对于历史发展的必然性所产生的干扰和影响，就成为人类学家进行历史人类学研究的合法性基础。简单地说，人类学家就是要去发现群体在历史建构过程中，发挥作用并产生影响的诸多"现存"的痕迹。

历史民族志研究的理据一旦成立，现在要做的工作就是像考古学一样，去揭开"民族主义"这一覆盖在某一地区和群体身份之上的盖子，去追溯民族主义自身历史建构过程中的诸多偶然性因素，同时也复原人在其中活动的历史轨迹。我们还是回到卡拉卡斯顿调查的亚索斯，这里民族主义的建构图景，包含了诸多偶然以及人的因素。亚索斯这一地区频繁的族群迁移、经济和贸易交流以及通婚所建立起来的联盟关系、庇护关系，使得集市社区获得发展和巩固。至少在19世纪初希腊民族国家建构的历史进程加剧之前，这一集市社区依照语言、文化、宗教、谋生方式，又分为不同的群体，其中包括讲希腊语信仰希腊正教的群体，也有讲斯拉夫语信仰保加利亚国教的群体，讲土耳其语信仰伊斯兰教的群体，以及山区半游牧的群体。这些群体以通婚、庇护或者其他形式的经济、政治和社会交往，彼此紧密地联系在一起。然而在两次巴尔干战争之

---

❶ Anastasia Karakasidou, *Fields of Wheat, Hills of Blood: Passage to Nationhood in Greek Macedonia, 1870-1990*, pp. 135-136.

后，这种交往的模式和既有的群体界限受到剧烈的震荡，被迫重组，与这一过程相伴的是群体被强制迁移的事件，以达到净化种族的目的。至此，民族主义制定并颁布宗教、语言、文化、传统、历史、神话的标准版本，并使其成为判断"我"和"他者"的唯一准则，任何与此准则不符的群体即被视为他者，要么被迫迁出这一制造共同体的空间，要么被迫隐藏自己的身份。卡拉卡斯顿指出，一旦希腊的民族利益和身份在这一地区取得一定程度的霸权地位，任何建立在语言或者文化差异基础之上的身份，都会被视作反民族的和反希腊的，都是具有威胁性和潜在颠覆作用的。❶ 然而非常具有讽刺意味的是，在经过族群迁移和清洗之后的亚索斯仍然不是十分洁净，在此调查的人类学家总会发现没有清洗干净的诸多痕迹。顺着这些痕迹，大致能建构当时族群重组时，个体、家庭所经受的痛苦。当然，村民以独特的历史叙述方式将这些集体记忆中的苦难，纳入到一个地方性的价值和意义的评价体系之中。这些记忆与现实的生活和经验建立起某种联系，由此形成的历史叙述与大传统的历史和宏大叙事不同，因为它并非最终的产品，而是保留了很大的改动或改造的空间，不但表达了参与其中的社会个体对概念加以理解和阐释的愿望，同时也是人们应对现实和未来的实用手段。

在词源学考据上，卡拉卡斯顿考察了与难民迁移相关的术语 endopyi（en，"in"，those in place；local；indigenous），来说明划分"我者"与"他者"的愿望根深蒂固。Endopyi 这一术语至今仍在亚索斯社区广泛使用，通常用来指难民到来之前的本地区居民。但是在希腊马其顿地区的西部，这一术语只表示讲斯拉夫语的人。这些人

---

❶ Anastasia Karakasidou, *Fields of Wheat, Hills of Blood: Passage to Nationhood in Greek Macedonia, 1870-1990*, p107.

的斯拉夫方言通常就被叫作 endopia，后来这一词逐渐被用来指兰达斯（Langadhas）盆地的居民，他们是所有难民到来之前，居于这一盆地的土著。❶ 这一术语的演变说明，在一定的历史时期内马其顿西部和北部最早的居民应该是讲斯拉夫语的群体。这一群体向南迁移，在一定的空间内通过各种经济的、社会的交往形式，同其他群体产生联系。此时他们的方言成为标示这一群体"土著"（或原住民）身份的标志，并以此区别于后来的移入群体。这样，较早的移入群体逐渐融合并获得了原住民的身份，新移入的群体在强调这种身份差异的同时，堆积在之前的群体之上，掩盖了原有的"原住民"和"移入群体"的划分标志，形成了一种考古意义上的层积。随着新的群体的加入，差异性不断得到强化和标示，在"土著"的外部形成又一层堆积，只待时间来进行发酵和同化。如此一来，endopyi 这一概念所涵括的人群就像雪球一样越滚越大，它一方面掩盖了这一群体内部事实存在的诸多文化的差异，同时也永远与"外部"的群体相对立。人类学家的任务就像考古学家一样对这些群体的层积进行发掘，以发现各个层面之间的关系。

在该书的结论部分，卡拉卡斯顿再次强调希腊马其顿地区多种族、多文化交融互动的历史事实。她认为希腊马其顿地区并不会魔幻般地从土耳其、穆斯林、东方的奥斯曼帝国覆灭的灰烬中出现，它也不是一块充满希望和救赎的神奇土地，从四周友善的国家的环绕中不受干扰地脱颖而出。在希腊的制度到来之前，这一地区就已经发展出自身的行政管理体系，并且各种关系模式互相在建构和塑造的过程之中。此外，这一区域显然早就发展出一套经济体系，商

---

❶ Anastasia Karakasidou, *Fields of Wheat, Hills of Blood: Passage to Nationhood in Greek Macedonia, 1870-1990*, p152.

人、地主以及大畜牧业主在其中占据了主导的地位。因此，只有分析这些交换的模式被如何安排并发挥作用、如何随着时间的推移而延续、如何变化并且最终物质性地获得了某种均衡，我们才能理解种族—民族产生的过程。这并不是一个种族"创世记"（ethnogenesis）的过程，因为它不会产生于虚无，它只不过是对既有关系创造性地重塑。❶

出版风波

1995 年，剑桥大学出版社有意出版卡拉卡斯顿有关希腊马其顿地区族群研究的历史民族志，该书进入出版程序，有三位专家对该书稿进行匿名评审。牛津大学历史学教授卡莱博（Carabott）写了一份非常详尽的评阅报告：

> 卡拉卡斯顿在本书中考察了一个地方社区民族国家建构以及民族意识形成的过程。作者分析了有关身份的地方性观念，其人口以及社会—经济的起源，意在追溯单一且概念化的希腊身份，在 19 世纪末和 20 世纪初这一复国的民族主义时期的建构过程。与其他很多有关现代希腊的历史民族志一样，本书从地方性社会这一层面，重新阐述了居于下层的广大民众，在被整合和吸纳入民族国家这一过程中（不管是自愿还是被迫）所共有的经验。

---

❶ Anastasia Karakasidou, *Fields of Wheat, Hills of Blood: Passage to Nationhood in Greek Macedonia, 1870-1990*, pp. 223-224.

本书不断强调社会——经济以及文化因素的重要性，特别是民族国家建构过程中对当地社会和经济交往关系的改变。因为这极大地促进了地方性群体获得民族意识，并有意或无意地参与到国家建构这一过程中去。这种社会——经济的改变包括：20世纪20年代末土地改革法案的颁布和实行，对社区事务和贸易的行政管理，从饲养牲畜的游牧经济向大规模畜牧业经济的转变，以及有关集体身份的各种节庆和仪式等。总之，作者认为社会——经济交往关系的改变，在地方性社会民族国家建构的过程中，发挥着重要作用：新的职业、新的交换渠道、新的社会变动的途径，使得亚索斯的居民被紧密地涵括在希腊民族国家建构的经济和文化体系之内。❶

显然，从历史学角度对该书的评价是很正面和肯定的。另外两份专家的评阅意见也是正面和肯定的。评审者 A 在一封 1995 年 10 月 15 日写给剑桥大学出版社系列丛书编辑的信中，认为卡拉卡斯顿的书稿已经达到出版水平了，当然也还有一些地方可以进一步修改，比如某些地方的组织和陈述的语气等。另外，评审者 A 也认为书稿应更紧密地与现实结合在一起，将新的历史语境加入书稿中。评审者 A 一再强调出版该书的现实意义，因为马其顿问题是当前的一个热门话题，这本著作的出版，有助于围绕马其顿的诸多国际争端的解决。作者本人最近所卷入的民族主义争端，以及在希腊和美国的希腊流散社区所引起的强烈反响，在评审者 A 看来也属于新的历史语境的一部分，应该考虑将其加入书稿中。❷

---

❶ CUP Correspondence, 1995.

❷ CUP Correspondence, 1995.

另一位评审者 B 在写给编辑的信中，用的第一个单词就是"出版"。评审者 B 认为，该书修改之后，主要观点更加严谨缜密，这将是一部让人印象深刻的作品，必将在希腊内外引起反响。评审者 B 请编辑向作者转达自己的祝贺（无须匿名），并对作者的才华和勇气表达敬意。❶

这两封评审信说明卡拉卡斯顿的作品在学术规范以及学术水平上都属一流，并且具有相当高的现实意义。因为它涉及当下非常热门的话题，必定会激起强烈的反响。这对出版社而言，也是一件互利双赢的好事情。

丛书系列编辑在写给剑桥大学出版社的信中也认为这部书稿应该出版，她认为卡拉卡斯顿的作品是有关欧洲的族群身份的非常好的研究。这一研究以细致的人类学田野调查和历史文献的梳理为基础，追溯了希腊马其顿地区少数群体从奥斯曼土耳其帝国开始，历经民族主义的斗争、人口交换以及第二次世界大战的震荡等多个复杂的历史阶段，是一部跨度很大的历史，也是一部很好的种族历史研究的作品。

然而，编辑也表达了出版这部作品的忧虑。因为这部作品可能会引起争议。作者在书中证明希腊马其顿地区长期存在一个实质性的、讲斯拉夫语的社区，但是希腊政府已经明确抵制新近独立的马其顿共和国对希腊马其顿地区的任何复国主义的图谋。但这正如评审者 A 所说的，这部书稿的出版正是时候，它不但能解释诸多希腊—马其顿问题，而且对于范围更广的巴尔干地区的冲突，也有重要的参考借鉴作用。卡拉卡斯顿因为早期发表的一些相关研究一直承受着巨大的压力甚至死亡威胁，评审者 B 却认为她的分析客观冷

---

❶ CUP Correspondence, 1995.

静，观点阐述全面且透彻，历史资料和民族志的实地调查、证据非常丰富，并且论述也不乏前沿理论和观念的支撑。尽管前言和后记可能是该书最容易引起争论的部分，但是作者始终保持学术的中立并不表明自己的任何政治观点。信的最后，编辑建议出版社与作者签订出版协议，将该书稿作为"剑桥社会和文化人类学研究丛书"之一予以出版。与此同时，丛书编辑给赫茨菲尔德写了一封信，再次表达了该书可能会引起争议的焦虑，她盼望局势有所缓和，并且希望赫茨菲尔德作为"剑桥社会和文化人类学研究丛书"评审委员，发表自己的意见。总之，出版此书不要给大家带来麻烦。❶

不过，事情突然发生改变，剑桥大学出版社在希腊的机构出于自身的安全考虑，建议不要出版这部书稿。出版社在希腊的负责人表达了这样的顾虑：

马其顿问题仍然是目前希腊政治中具有爆炸性的敏感问题，尽管目前已经出现了一些缓和的迹象，希腊政府重新开放边界并且重新建立起贸易关系，但是前南斯拉夫加盟共和国作为一个希望被国际社会所承认的独立国家，其所使用的名称仍然是希腊方面最为关注的问题。

在希腊马其顿地区，尤其是首府城市塞萨洛尼基（Thessaloniki），人们的民族主义情绪依然十分强烈。古代马其顿的浪漫和理想主义，虽然是希腊人挥之不去的情结，但是他们也清楚自己无法全部掌握这些文化遗产。他们的不安和反感来自 20 世纪战争和政治动荡所引发的痛苦记忆。希腊官方已经承认希腊北部存在讲斯拉夫语的小型社区，同样，在保加利

---

❶ CUP Correspondence, 1995.

亚、罗马尼亚、土耳其、阿尔巴尼亚以及前南斯拉夫马其顿加盟共和国，也普遍存在讲希腊语的小型社区，这与巴尔干战争所造成的族群迁移有很大的关系。❶

　　鉴于以上的分析和顾虑，该负责人认为如果出版社此时决定出版一部作品，确认希腊马其顿地区讲斯拉夫语的族群身份，势必给剑桥大学出版社的希腊机构招惹极大的敌意，有可能使出版社在这一地区的经营毁于一旦。该负责人认为卡拉卡斯顿的作品名称就意味着呼吁族群分裂，由此而来的只会是对出版机构公开的仇恨和敌意，该作品可能激起的讨论恐怕不会是书评这么简单，而是报纸头版的报道和反击。该负责人还举例说朗文和麦克米伦出版集团最近在一些出版物中，将一些希腊岛屿错误地涂成土耳其国土的颜色，此举招致希腊全民对其英语学习出版物的抵制，最后不得不对所有错误涂色的地图进行修改。该负责人因此希望剑桥大学出版社不要因为出版该书损害了自己在希腊的利益。该负责人最后说，虽然事件最近有所缓和，但是大家仍然能够强烈感受到希腊政治社会的边缘，还有相当的极端主义者，他出于对职员和办公机构安全的顾虑，不是杞人忧天、惊恐过度。这位负责人表示，尽管他没有看过这部书稿，但仍然相信，出版社如果出版任何著作批判政府对待少数民族的方式或者宣扬分裂的观念，都会极大损害出版社在希腊的发展，并进而影响图书的销量。❷

　　这封来信反对出版该书显然出于两个考虑，第一是害怕会危及出版社的商业利益，这种顾虑并非无中生有，倒也情有可原。然而

---

❶　CUP Correspondence, 1995.

❷　CUP Correspondence, 1995.

第二个考虑，也就是害怕招惹激进民族主义者的报复，却仅仅是一种臆想和毫无根据的猜测。如果出于毫无根据的猜测而建议终止一部好的作品的出版，显然是不负责任的，也是包括赫茨菲尔德在内的学者所不能接受的。

1995 年 11 月 17 日剑桥大学出版社主管出版事务的主任给赫茨菲尔德写信，明确表述了剑桥大学对出版卡拉卡斯顿著作的顾虑。他说，我们需要更多地考虑希腊方面的关切，但是他本人必须表明对出版这一书稿的怀疑态度，即便这部书稿已经做了很多修改，以避免引起不必要的争端，但还是不能将其看作一本纯粹的学术著作，出版可能引发的争论绝不会仅限于学术的范畴。这一点可能美国的出版社不会过多加以考虑，但是剑桥大学出版社却必须认真对待。❶

该主任同时给卡拉卡斯顿写信，也表明了剑桥大学出版社的顾虑。他说，为了出版该书，我们组织多位专家写了审查报告，并且出版社的高层编审们也专门开会，研究该书稿出版的可能性，出版社的这种慎重希望作者能够理解。他同时也认为，这部书稿毫无疑问是一部严谨的民族志和历史学的作品，但不幸的是它所涉及的话题太过敏感并且已经被高度政治化，因此不会被当作一般学术研究。最后，该主任表示，出版社恐怕不会再考虑出版该书了，他相信这部书稿能在美国找到一家很好的出版社。❷

赫茨菲尔德 11 月 24 日给该主任回信，表示能够理解剑桥大学出版社方面的顾虑，但同时也不能偏听偏信，而是应该征询各方特别是学者们的意见，以便对出版该书的"风险"加以仔细的评估，

---

❶ CUP Correspondence, 1995.

❷ CUP Correspondence, 1995.

避免仓促行事。赫茨菲尔德建议出版社联系雅典大学政治科学教授迪阿曼多诺斯（Dianmandouros），这位学者曾经是希腊国家社会研究中心的主任，上一任现代希腊研究协会的主席，目前是一份非常重要的希腊学术刊物的主编。此外，这位教授十分了解卡拉卡斯顿的研究，同她有过多次接触，并且有意于明年邀请卡拉卡斯顿去他的国家社会研究中心讲学。❶ 显然，在赫茨菲尔德看来，希腊本土学者对于本土的所谓"民族主义"情绪和目前的政治形势应该有更清醒的认识和更理性的判断，出版社应该征询他们的意见，以便找到圆满的解决途径。出版社因此可以出版一部优秀的学术著作，同时也不至于损害自己的声誉。

　　鉴于出版社不予出版的态度日益明确，赫茨菲尔德认为应该进一步联合学者们的力量，促使出版社重新评估出版该书的风险。这一次他想到了同为"剑桥社会和文化人类学研究丛书"评审委员的其他两位专家——施耐德和古德曼（Steve Gudeman），他以三个人的名义给出版事务主任写信，再次强调学术自由的重要性。来信说卡拉卡斯顿说话的自由已经受到钳制，最近还挫败了一起阻挠她获得纽约城市大学教职的企图，现在的问题是，对于一个已经引起公众关注并且其部分言论已经受到限制的学者而言，他／她不应该在一家世界一流的出版社再一次丧失表达自己观点的权利。作为剑桥大学出版社系列丛书的评审委员，三位学者一致认为，在这一事件上做出妥协不符合任何人的利益，只符合那些一再侵害基本的学术权利的人的利益。❷

　　当然，三位学者对于出版社所面临的困境表示理解，特别是出

---

❶ CUP Correspondence, 1995.

❷ CUP Correspondence, 1995.

版社对驻希腊出版机构和人员的安全有顾虑，然而，他们认为这种危险性被夸大了。信中举了很多例子用以证明，事实并没有想象的严重，比如曾经发表卡拉卡斯顿作品并引发对她个人攻击的《现代希腊研究》杂志，以及约翰·霍普金斯大学出版社并没有因此受到严重影响。此外，赫茨菲尔德本人是犹太人，他这一身份也常常招来诸多希腊报纸杂志带有邪恶的反犹色彩的攻击和谩骂，但是他本人并没有遭到任何暴力形式的威胁。卡拉卡斯顿在初次收到死亡威胁之后仍然在希腊待过相当长一段时间，其间并没有任何针对她以及她家人的暴力性事件。她在哈佛大学访学期间，哈佛大学警方（HUPD）尽管对她的人身安全也给予特别的关注，但是墨菲警官在报告中也表明，警方没有发现任何暴力威胁和袭击的迹象。

　　综合以上因素，赫茨菲尔德认为，出版社驻雅典机构的代表对这一事件的反应有点过激了。他们做出如此的判断，可能是缘于当地的朋友和雇员有一些夸大其词的言论。这些机构人员对某些"危险"做了错误的理解，比如他们提到书中作者将受访者的名字隐去，显然就是出于自身安全的考虑，这表明作者本人也意识到了受访者的人身安全这一问题，但这其实是人类学在民族志写作中的最为通行的做法，大多数人类学家都会给自己的受访者起一个化名，并且他们也常常改变田野调查地点的名称。这其实是保护受访者的隐私，而不是出于人身安全的考虑。鉴于上述理由，三位学者希望出版社寻求一个妥善的方法，推动这一部学界各方（历史、人类学、希腊研究等领域）都有正面评价的书稿出版，出版社在妥善解决这一争端中可以明确传递一个信号，即不会轻易屈服于任何毫无根据的假设和威胁。❶

---

❶ CUP Correspondence, 1995.

然而令人遗憾的是，出版社似乎并不愿意向希腊研究的专家学者征询出版这一著作可能带来的所谓"风险"，他们求助的对象反而是官僚作风更为浓厚的英国驻希腊大使馆。剑桥大学出版社驻希腊办事处经理就此事咨询英国驻希腊大使馆，大使馆在回信中称，尽管他们没有读过这一部作品，但认为这部书稿所涉及的主题太过敏感，可能在希腊引起强烈的情绪和争端。大使馆因此认定，该书的出版极有可能给作者以及出版社招来敌意，当然，目前还不好预测该书出版所引起的反应及其范围，因为这在很大程度上取决于目前出版界的政治氛围。但是针对作者和出版社的公众反应，极可能有公开批评、抗议、示威甚至暴力威胁等。❶

从出版社驻希腊的机构以及大使馆反馈回来的意见，显然强化了剑桥大学出版社不予出版该书的决定。出版社总裁给赫茨菲尔德写信，表明不出版卡拉卡斯顿书稿的立场和理由。他说，出版社并不是因为屈服于任何人或者任何外来的压力，才放弃出版这部书稿，出版社并不担心在希腊的利益或者图书销量受到影响，他们首先考虑的是人员的安全，以及该书的出版可能给相关人员带来的不利影响。每个人自然都希望此书引发的争论能够在学术的范围内进行，而不是采取暴力威胁的形式，但是这一领域的学术研究所具有的浓重的政治色彩，却往往有悖于大家这一良好的初衷。❷

出版社总裁显然认为这已经不是一个学术自由的问题，他一再强调出版社做出这一决定，绝不是因为受到了任何势力或危险的胁迫，主要是因为必须保护出版机构人员的人身安全。总裁同时给卡拉卡斯顿写信，很抱歉地通知她，出版社不能出版这部作品。他

---

❶ CUP Correspondence, 1995.

❷ CUP Correspondence, 1995.

说，出版社的高层做出这一决定是认真和谨慎的，这一决定可能使作者感到失望，不出版这部作品的原因当然不是因为它的学术质量有问题，也不是因为有人不赞成作者的观点而屈服于这些压力，出版社从来没有受到类似的阻力，不出版该书稿主要是出于对出版社人员安全的考虑。❶

辞　职

现在看来，出版社已经做出了不予出版的决定，然而这一决定的做出在赫茨菲尔德以及其他学者看来是片面的、缺少多方咨询的，因此也是过激的。赫茨菲尔德因此考虑辞去"剑桥社会和文化人类学研究丛书"评审委员的职务。他首先向该书编辑表达了这一想法，辞职的原因主要是道义上的两难境地，如果继续留在评审委员会则会向南欧、希腊乃至整个人类学界的同仁传递一个错误的信号。该书编辑则竭力挽留赫茨菲尔德留在评审委员会，因为他一旦辞职，可能给剑桥大学出版社的社会人类学出版事业造成沉重的打击。"剑桥社会和文化人类学研究丛书"正是包括赫茨菲尔德在内的学者们一点一滴开创起来的事业，并且有朝一日肯定会在人类学界产生重要影响。❷ 当然，以赫茨菲尔德的处世风格，也是从稳妥起见，他不会第一个提出辞职。

恰在此时，评审委员会的另一位成员古德曼明确向剑桥大学出版社表达辞去评审委员一职。古德曼提出辞职也并不轻松和草率，

---

❶ CUP Correspondence, 1995.

❷ CUP Correspondence, 1995.

因为辞去评审委员，势必使出版社这一系列很多新的和为人看好的项目搁浅，同时他个人的事业也会受到很大影响。古德曼坚持认为，表达思想、批判和质疑的权利是自己一贯和绝对奉行的原则，这一原则更是人类学这门学科全部道义和良知的源泉。在写给出版社出版事务主任的信中，古德曼说："学术界就是建立在公开的讨论这一基础之上的，这同时也是人类学的基础。我们认为知识的延伸和人类生活的改善必须通过理智的批判和质疑，而这种批判和质疑本身是可以公开辩论的。如果我不能说服我自己，我在这一原则上就毫无妥协的余地。我可以告诉你的是，我获得学士、硕士和博士学位的剑桥大学，一贯奉行这一原则并体现在日常的行为和实践中，如果我在这一原则上妥协和屈服，那就是对我的老师、我的母校、我的学术事业以及我的家庭的背叛。"❶

古德曼认为，剑桥大学出版社的论点根本站不住脚，出版社做出这一决定是出于对不确定的情况的顾虑，不愿意招惹麻烦，而不是像它所说的那样是出于对相关人员安全的考虑。人类学这门学科不断地拓展着人类知识的范围，因此总会发现很多新的问题，并引起争论。既然出版社可以摒弃这样一部可能引起争论的人类学著作，那么我们是不是也要摒弃同样会引起争论的人类学这门学科？古德曼认为，出版社拒绝出版这一著作，本质上与那些主流的民族国家建构的话语是一种共谋的关系，它们都试图遮蔽民族国家建构过程中出现的另一种历史、另一种知识、另一种口述的记忆。❷

古德曼提出辞职的想法之后，赫茨菲尔德也考虑正式向出版社提出辞职，他的想法同古德曼一样，为了捍卫学术权利。同古德曼

---

❶ CUP Correspondence, 1995.

❷ CUP Correspondence, 1995.

一样，他们都是剑桥大学的毕业生，并且也都为辞职可能给母校声誉造成的损害感到不安。此外，更令赫茨菲尔德不安和焦虑的是，出版社一旦不出版这部作品将会开一个非常危险的先例，它将鼓励那些一贯钳制学术的人继续从事他们那些阴险的勾当。剑桥大学出版社当然竭力挽留赫茨菲尔德留在评审委员会。出版社方面再次强调这一决定的初衷是为了保护驻希腊出版机构人员的人身安全，并且表示做出这一决定并不是草率的，现在已经没有更改和回旋的余地。

出版社显然已经意识到，这一事件可能在人类学界已经开始产生影响，事实也的确如此。与此同时，剑桥大学出版社评审委员会的另一位委员施耐德也表示，如果出版社不予出版卡拉卡斯顿的作品，她也将辞去委员一职。

为了消减学术界的不满情绪，出版社特别针对古德曼的辞职做了一个学术性的回应。出版社方面一再强调的理由仍然毫无新意，它仍然强调出版该书可能对剑桥大学驻希腊的出版社、英语考试机构及其人员所造成的不利影响，与以往的回复不同的是，出版事务主任与古德曼进行了一次有关人类学学科伦理道义原则方面的辩论。该主任相信，古德曼认为学术自由对于他而言是一个绝对信条，但是该主任却认为这其中还包含着很多重要的问题，比如是为了谁的自由？做什么的自由？这一自由可能给他人造成什么样的后果？这一自由又会给其他的价值观念带来何种危害？ ❶

对于人类学这门学科而言，该主任认为同样存在着学术自由和调查研究的底线，他针对古德曼所说的"我们是不是也应该废除人类学这门学科"的观点反问道："难道人类学家在田野调查和发表

---

❶ CUP Correspondence, 1995.

民族志作品的时候，不需要像出版社一样，也考虑自己的研究可能给所调查社区的个体带来何种不利影响甚至威胁和恐吓吗？"❶ 出版社方面因此认为人类学家以及其他的社会科学家都有一种普遍和共同的职业伦理需要遵守，然而遗憾的是学者们有时会间接地表示这是对"学术自由"的限制。

出版社表明从来不存在一种纯粹的学术自由，这个观点并没有错。事实上，人类学家在田野中，与调查社区、群体和个体的关系，是这门学科伦理原则的重要来源，如何保护调查对象的各种私密性，是人类学需要优先考虑的问题。然而，出版社寻找"证据"却过于依赖其驻希腊的机构，而并没有像赫茨菲尔德建议的那样，去咨询希腊相关学者的意见。更为严重的是，剑桥大学出版社在分析出版卡拉卡斯顿著作可能激起的民族主义情绪的时候，不可避免地触及了希腊民众的所谓思维心性和国民性。在他们的分析报告中，希腊民众具有以下普遍的性格特点：敏感、暴躁、易怒、极端。出版社做出的决定在人类学家看来不但片面，而且是毫无根据的种种猜疑，更有甚者，他们将希腊国民和文化加以刻板化的描述，这越发让人类学者无法接受。

事情至此已无可调和，赫茨菲尔德面临的只有辞职这个唯一选择。1995 年 12 月 26 日他致信出版社总裁，决定辞去"剑桥社会和文化人类学研究丛书"编审委员会委员一职，主要原因是如果继续留在编审委员会，将与他信奉的学术原则产生不可调和的冲突。赫茨菲尔德认为出版社应该给这样一位努力抗争、具有勇气的年轻学者一份正式的书面道歉，正是出版社毫无良知的拖沓和愚笨的处理方式，给已经背负重压的这位学者增加了另一份屈辱。赫茨菲尔德

---

❶ CUP Correspondence, 1995.

对于出版社转而向英国驻希腊的官方机构征询意见也给予批评，并将官僚的推托搪塞、不负责任以及息事宁人的一贯伎俩，与年轻学者卡拉卡斯顿的勇气、担当以及不惧恐吓进行对比，说明人类学家以其实际行动揭示了所谓"威胁"色厉内荏的本质。❶

在赫茨菲尔德看来，出版社的决定和态度事实上是在纵容两种不同的种族主义。其中一种是针对他本人和卡拉卡斯顿的恐吓和威胁，另一种就是出版社对希腊人的种族歧视。具体地讲，驻希腊出版机构的英国人员在有选择性的报道中，将希腊说成是一个极端不稳定并且毫无纪律和规范的国家，如此判断和推测无端地侮辱了希腊人民和希腊政府，这同过去对他们的歧视和伤害没什么两样。然而事实上，一系列的证据都显示，希腊政府并没有限制卡拉卡斯顿以及其他一些与官方政策和观念相左的学者在出版物或者学术讨论会中表达自己的观点。卡拉卡斯顿本人在希腊仍然能够查阅资料档案，从事其他研究和学术活动，丝毫没有受到任何官方的限制，也没有受到任何阻碍和暴力伤害。因此出版社的片面推测是对希腊公民的冒犯，由此建构出的希腊社会和文化的负面形象，是大多数希腊人所深恶痛绝的，这才会对出版社的利益造成损害。❷

由于出版社一意孤行、固执己见，赫茨菲尔德决定辞去编审委员会委员一职。随后，古德曼也写信正式辞去编审委员一职，他认为出版社事实上传递了这样一个信息，即暴力是阻止公开交流和讨论的有效手段，这增加了暴力发生的可能性。古德曼与赫茨菲尔德一样都认为出版社没有广泛地征询各方的意见，并且出版社在有关希腊恐怖主义的报告中，将希腊人模式化为缺乏管束并且有明显的

---

❶　CUP Correspondence, 1995.

❷　CUP Correspondence, 1995.

暴力倾向，这些显然都是人类学家难以接受的。

学界反响

剑桥大学出版事件由于没有妥善解决，也引起了学术界特别是人类学界的关注。赫茨菲尔德和古德曼认为有必要从知识分子的立场，就这一事件向学界进行说明。1996 年 1 月，古德曼联合赫茨菲尔德并以二人的名义给人类学界的同仁写了一封公开信，大致陈述了这一事件的起因和结果，并征求部分同仁的意见，以推动出版社采取更富有建设性的行动来解决这一问题。写这封公开信的原因很简单，首先，向人类学界征询意见并非简单地抱怨出版方固执的决定，而是希望能够推动出版社合理解决这一事件。其次，卡拉卡斯顿的书稿已经通过了剑桥大学出版社常规的评审程序，评审者和丛书评审委员会都认为这是一部高质量的学术著作，人类学丛书的编辑也建议出版社以平装的形式予以出版。然而，这样一部评审者和编辑都给予高度肯定的书稿被出版社拒绝，这在出版界无疑是十分罕见的事情。出版社违背学界公认的学术质量这一根本的出版原则，由此可能引发的出版与学术权利关系的讨论也十分必要。这就是写这封公开信的初衷。

正如赫茨菲尔德和古德曼在信中所言，"我们正在考虑将这一事件交由学界讨论的可能性，但是在做出这一决定之前，想要征询您及其他一些同仁的意见，以便采取最为妥当的行动。我们认为这一问题应该进行公开的讨论，而不是局限在出版界的范围之内而逐渐湮没无闻。公开的讨论对于今后的学术自由、社会科学以及人性都将大有裨益。有鉴于此，我们强烈地感受到应该公开并且严肃地对待这一事件，只有这样才能更好地保卫相关学者的权利和人身安全，并且对于今后可能出现的对学术自由的威胁和恐吓提供一个可以援引和借鉴的案例"。❶

1月中旬，英国皇家人类学学会（RAI）主席里特伍德（Roland Littlewood）致信古德曼，表明赫茨菲尔德已经同自己就这一事件通过电话，如果古德曼觉得有必要将这一事件提交到英国皇家人类学学会理事会加以讨论，请务必告知。

同月，苏塞克斯（Sussex）大学欧洲研究中心的马祖伟（Mark Mazower）教授联合赫茨菲尔德的博士论文导师坎贝尔，以及卡拉卡斯顿书稿审阅人卡莱博等人联名给该书编辑写信，再次对出版社拒绝出版这一书稿感到震惊和遗憾。马祖伟认为，出版社收到的相关建议极有可能是片面和错误的，出版社因此会错失这一出版机会，这部作品的重要性不言而喻。这一著作所论述的20世纪希腊"泛希腊化"的过程，是前沿的研究领域，迄今为止还没有其他人尝试过。❷ 显然，马祖伟写这封信的目的是对出版社方面提出质疑，出版社方面显然是出于自己商业利益的考虑而拒绝出版这一书稿，但是对于这一点出版社一直都不承认，很让学界遗憾。此外，这封信同时也想表明，在英国一流大学和研究机构从事现代希腊教学和研究的很多学者，都认为此次出版事件反映出的审查制度在程序上存在严重的问题。然而令人遗憾的是，这几位学者的联名信显然没有起到任何作用。

1月17日，剑桥大学资深的学术评审委员古迪（Jack Goody）也给出版社的主席写了一封信，对出版社的这一决定表示遗憾。古

---

❶ CUP Correspondence, 1996.

❷ CUP Correspondence, 1996.

迪四十多年前与包括吉尔耐在内的几位社会学和人类学家共同创立了"剑桥社会和文化人类学研究丛书"评审委员会，吉尔耐不久前去世，古迪在剑桥大学出版社社会人类学领域，算是硕果仅存的元老级资深学者和专家了。然而古迪在信中表示，直到几个星期前他收到几位评审委员的辞职信，才知道这一事件，之前没有任何人通知他并且征询他的意见。有鉴于此，古迪认为出版社应该反思自己的管理程序，因为很多事情事实上是可以在管理层面妥善解决的。此外，古迪也表示如果出版社不能改变决定，自己将很难继续与其合作，推动学术著作的出版。❶

1月26日，古德曼给当届美国人类学学会主席莫斯（Yolanda Moses）写信，告知英国《卫报》会报道这一事件。鉴于这一事件对于人类学事业至关重要，他和赫茨菲尔德都觉得有必要将相关的信息通报美国人类学学会，以便学会在可能的情况下做出回应。显然，由于媒体的介入，需要及时向人类学界通报事情的起因和进展，以获得最大限度的理解和支持。

《卫报》的文章还没有刊出来，一份在美国出版的名叫《奥德赛》的刊物，刊登了一篇题为"请不要相信谣言"（Please Don't Believe the Hype）的文章，公开向所有支持卡拉卡斯顿的学者（包括希腊学者）、媒体以及出版社宣战。文章质疑卡拉卡斯顿的学术水平，批评支持她的学者们的偏听偏信，包括《纽约时报》在内的西方主流媒体也一并受到谴责，文章批评它们未经多方求证便仓促做出定论。

文章认为，剑桥大学出版社拒绝出版卡拉卡斯顿的著作之后，

---

❶ CUP Correspondence, 1996.

争论的焦点就集中在言论权利上，而不是该书的学术价值。❶ 文章特地配了一幅漫画，漫画中一位女性颤颤巍巍地走在钢丝上，肩上扛着一根平衡杆，杆子的一头挂着很小很轻的"价值"（merit）字样，而另一头挂着很大很重的"言论权利"字样，显然是要说明，文章价值甚微，完全要靠言论自由来炒作。文章接下来有专门的部分论证卡拉卡斯顿学术的浅薄以及观点的荒唐可笑，同时也表现出了极强的反犹太种族主义情绪。

此外，该文多次提到赫茨菲尔德犹太人的身份，并且援引美国的希腊报纸的观点，认定赫茨菲尔德之所以支持卡拉卡斯顿主要是因为犹太的阴谋与媒体同流合污的结果。至于犹太人如何与媒体合谋构陷希腊文明，文章作者又多方查找到了几个例子。他指出《黑色雅典娜》一书的作者博尔纳（Martin Bernal）就是犹太人，另外一位名叫勒夫柯维慈（Mary Lefkowitz）的学者专门从事所谓的"非洲中心主义"（Afrocentrism）研究，碰巧也是犹太人。这些犹太人有关欧洲文明起源于非洲的观点，被一些不负责任的媒体比如《纽约时报书评》栏目不加辨别地大肆宣扬。作者在"揭露"赫茨菲尔德犹太人身份的同时，还警告他不要忘了自己的学术事业必须依附于现代希腊研究协会。文章认为，卡拉卡斯顿的观点得到赫茨菲尔德和丹佛斯暗中的支持和回应，但在更大范围内的现代希腊研究领域中，这只不过是少数群体的观点。❷ 至此，作者无意中流露出来的种族主义倾向十分明显。人类学从来都在从事一种少数群体的事业，说人类学家的观点是少数群体的观点按说也无可非议，但如果试图用主流和附属、多数和少数的分类模式来区分学术观点和争

---

❶ Dan Georgakas, "Please Don' t Believe the Hype," in *Odyssey*, March/April, 1996.

❷ Dan Georgakas, "Please Don' t Believe the Hype," in *Odyssey*, March/April, 1996.

论，不但表明作者缺乏最基本的学术常识，也表明他自己无异于西方学者眼中的沙文主义者。

2月7日，剑桥大学社会人类学系主任玛丽莲·斯特森（Marilyn Strathern）给赫茨菲尔德写信，对他表示支持并且寄来一些英国媒体的相关报道。斯特森表示会在社会人类学系的同仁中讨论这一事件，同时，她也给剑桥大学出版社负责出版事务的主管写信，主要表明，即便从剑桥大学普通一员的角度来理解这一次出版事件，也会轻易得出如下结论，即学校的利益和关切不能被用来取代学术标准，并成为判断某一著作质量高下的准则。此外，斯特森说，自己本不该过问出版社的事务，但是作为一名社会人类学家，当她面对一个导致丛书评审委员会委员全体辞职（这些委员全都在剑桥大学社会人类学系学习和工作过）这一问题时，不得不就这一情况公开地说点什么，比如在该年7月举行的社会人类学家欧洲协会的年会上，3月举行的社会人类学家英国协会会议上，以及11月举行的美国人类学年会上。最后，斯特森表示，相信一个像剑桥大学出版社一样严谨负责、备受推崇的出版社不会不在乎剑桥大学社会人类学系的名声，反之亦然。❶

尽管人类学界一致对剑桥大学出版社的评估体系、内部管理机制表示不满和谴责，但是出版社似乎仍一意孤行，不会改变之前的决定。赫茨菲尔德和古德曼认为目前还需要向出版社施加压力，以确保这一事件不至于对今后的学术出版产生持续的负面影响。现在，除了向新闻媒体表达学界的关切和立场之外，呼吁学者联合对剑桥大学出版社进行抵制，看来也是最后的无奈之举了。当然，这一呼吁所引起的反应不一，有的学者过去在剑桥大学出版社出版过

---

❶ CUP Correspondence, 1996.

专著，他们就此致信该社，表达对这一事件的关切，并且同时声明，如果出版社不就此事件进行反思并进行公开的说明，将考虑终止在该社出版自己的著作。当然，有些学者则表示不打算参加抵制的活动，比如英国皇家人类学学会主席里特伍德给赫茨菲尔德写信，表明学会要等到4月召开理事会之后，才会有一个正式的官方决定，他本人不便贸然单独采取行动，也不会辞去"剑桥医学人类学研究丛书"评审委员一职。❶ 显然，学界对于出版社违背学术权利的谴责是颇为一致的，然而在联合抵制这一问题上则形成了分歧。

媒体效应

与此同时，这一事件也颇受英美两国传媒的关注，在媒体上也引发了公开的辩论。《华盛顿邮报》于1996年2月2日发表文章报道了剑桥出版事件，认为这是学术与政治相互冲突的结果。文章说，卡拉卡斯顿在书中将一些居住在希腊马其顿地区上了年纪的民众的身份，界定为斯拉夫的源头，然而希腊政府却一直否认斯拉夫马其顿群体的存在，并且一直在这一地区推行包括语言和文化在内的"希腊化"政策。❷ 学术观点和现实政治的考量因此不可避免地发生冲突，并将很多学者卷入进来。1996年2月9日，《泰晤士报》"高等教育评论"在"观点"这一栏目刊登了一篇题为"A Publishing Mouse？"的报道，报道刊登了卷入这一起事件的人类学家、作者以

---

❶ CUP Correspondence, 1996.

❷ Fred Barbash, "Academics, Politics Clash in Cambridge: Advisers to Publishing House Protest Rejection of Macedonia Book," in *Washington Post*, February 2, 1996.

及出版社三方的观点和立场。赫茨菲尔德和古德曼认为，出版社的这一决定非常草率，毫无根据并且严重损害了最基本的学术精神。

关于作者一方，该报则用采访的形式表明了作者的观点。

问：你的著作的观点是什么？

答：这一部著作研究希腊北部三个村庄在 1870 至 1990 年之间，不同的地方性群体民族国家意识的启蒙以及民族国家建构的过程。它主要研究的是希腊的民族意识如何同化这一地区不同的种族、语言和宗教群体的过程。

问：为什么你的研究如此敏感？

答：今天，居住在希腊马其顿地区的大多数讲斯拉夫语的群体都认为自己是希腊人。但仍然有一些认为自己是马其顿人，还有一些认为自己是没有国家的四处漂泊的人。❶

《卫报》于 1996 年 2 月 11 日刊登了一篇题为"书稿遭禁，学界哗然"的文章。文章说，剑桥大学出版社最近因为担心其驻希腊机构的人员受到潜在的恐怖袭击，因而拒绝出版一部希腊人类学研究的重要新作。出版社的决定激起了学术界的愤怒和抗议，并且会对这一学术出版社的声誉产生不利影响。"剑桥社会和文化人类学研究丛书"评审委员会众多成员因此辞职，丛书评审委员会的资深学者警告说，这一事件可能使出版社四十多年一贯出版重要学术刊物的传统因此中断，大量的学者可能会转而在美国的出版社出版自己的学术作品。哈佛大学的赫茨菲尔德教授在辞去评审委员会职务时表示，对书稿的审查"意味着对学术的限制，这是完全不能接受

---

❶ The Editors，"A Publishing Mouse?" in *The Times Higher*，February 9，1996.

的", 这一做法不但有损于剑桥大学出版社的声誉, 而且也是对希腊人的侮辱, 因为这一审查是以他们的名义进行的。❶

1996 年 2 月 17 日的《纽约时报》也在"新闻简报"栏目报道了剑桥大学出版社面临学界抗议这一新闻。❷ 非常具有讽刺意味的是, 希腊驻英国大使古纳里斯(Elias Gounaris)在《卫报》上发表声明, 对剑桥大学出版社的决定表示遗憾。大使说剑桥大学出版社禁止出版一部学术著作的决定, 是对学术的重重一击, 让人高兴的是, 这种事情没有发生在希腊, 因为在希腊我们信奉这样一句格言: 我不同意你的观点, 但我誓死捍卫你说话的权利。❸ 显然, 在英国致力于维护古典希腊作为西方文明源头正义开明形象的希腊大使, 在学术这一敏感的话题上选择与知识分子站在一起。来自学界、新闻界甚至政界的反对和谴责之声使得出版社再也坐不住了, 出版社也决定在媒体为自己的立场和决定辩护。

3 月 1 日,《泰晤士报》"高等教育评论"栏目刊登了剑桥大学出版集团主席的文章, 声称出版社出版学术著作的唯一原则是学术质量, 然而出版社同时还要考虑版权以及出版机构人员安全等问题, 此外, 出版物不能激起种族仇恨, 不能涉嫌诽谤和污蔑。针对学界准备发起抵制剑桥大学出版社的活动, 出版社主席婉转地将其表述成"恫吓"。❹ 显然, 出版社给出的不予出版的理由还是老一套, 此外他将学界的不满和抗议说成是"恫吓", 这势必激起新的批评。3 月 15 日, 剑桥大学的斯特森也在《泰晤士报》"高等教育

---

❶ Leonard Doyle, "Academic Uproar at Book Publication Ban," In *Guardian Weekly*, 11 February, 1996.

❷ "Publisher Faces Protest," in *New York Times* International News Summary, Saturday, February 17, 1996.

❸ Elias Gounaris, "A Brief Lesson in Greek Philosophy," in *The Guardian*, Tuesday, February 6 1996.

❹ Gordon Johnson, "Do not Publish—and Be Damned," in *THES*, 1 March, 1996.

评论"发表文章，对这一观点加以反驳。斯特森认为该文章声称出版社绝对没有屈服于外来的威胁和恐吓，但是这样苍白无力的申辩反而适得其反。人们不免更加相信，出版社拒绝出版卡拉卡斯顿的作品确实是迫于外界的恐吓。

斯特森认为，该篇文章将批评者和他们的批评混淆起来。文章作者非常不幸地让读者意识到，出版社屈服于暴力的恐吓，但却从来不屈服于学者们出于正义和良知的批评和"恐吓"，这一"恐吓"包括暂停向出版社推荐和审阅书稿。学界的批评虽然不会像暴力的威胁那样可能要了某人的性命或者让人肢体残缺，但是也不容小视。学界的批评有自己的方式和作用，它们来自学术共同体内部；它们来自那些希望大学出版社秉承一贯的出版准则和公正原则的学者们；这些学者尽管不会采取恐怖主义的暴力威胁手段，但是他们也有自己的途径表达不满。斯特森最后呼吁出版社反思自身的管理体制，及时征询和听取学者们的建议，充分考虑学界的观点、立场和影响，以便让学者们在出版社发挥更大的作用。❶

赫茨菲尔德随后给斯特森回信表示感谢。信中提及，3月19日剑桥大学出版社与剑桥大学社会人类学系将举行会议讨论这一事件，届时如果方便请敦促出版社就以下两个问题做出解释和回应：第一，他们必须承认拒绝出版卡拉卡斯顿的书稿是一个严重的错误决定。第二，学界有权知道剑桥大学出版社重启的出版程序，是否能够抵制住各种威胁，从而保证其对稿件的评估和关于出版的决定的独立性。除非出版社能够保证做到这两点，否则学界将暂停与出版社的合作。❷ 斯特森给赫茨菲尔德寄来剑桥大学社会人类学系和

---

❶ Marilyn Strathern，"Critics Convey Confusing Criticisms，"in *THES*，15 March，1996.
❷ CUP Correspondence，1996.

出版社就这一事件讨论和磋商的结果。这份声明显示，鉴于出版社已经表示将重新考察今后的书稿评审程序，因此出版社方面的回应是积极的。有鉴于此，最初提出在社会人类学家协会年会上对出版社公开谴责的两位学者建议暂缓这一动议。❶

现在看来，在学界各方的压力之下，出版社意识到了事态的严重性，并且表示要对这一起事件重启评估的程序，以便确认出版社今后面临类似的问题时，其评审机制和程序是合理的，并且是建立在与各方有效沟通和广泛的意见征询这一基础之上的。与此同时，媒体效应从客观上也引起了人们对于希腊的传统与现实关系的兴趣。有学者认为希腊被困在历史之中，像个躺在文明的摇篮里爱哭爱闹的孩童。从事现代希腊教学和研究的历史学家克罗格（Richard Clogg）在《奥德赛》上发表题为"希腊能否不再依赖祖宗？"的文章。文章认为，几十年以前，全世界已经不再醉心和痴迷于古希腊的辉煌和文明，现代希腊开始频频受到欧洲媒体和政客的批评与抨击。近些年，民主的摇篮已经成为像孩子般爱哭爱闹的政客们的温床，他们总是纠结在诸如马其顿危机一类微不足道的小事上，而没有意识到因此可能会在爱琴海的主权归属这样的重大事件上失去诚信。❷

克罗格写这篇文章的目的显然在于探讨一直被称为西方文明源头的希腊，在近现代以来与欧洲忽冷忽热的关系及其原因。欧洲人对希腊一直又爱又恨，爱的是可以方便地将古希腊的思辨传统、学院研究、哲学实践、议会制度等一系列象征人类文明和进步的成就，全部嫁接在西方政治、社会和文化源头之上；恨的是现代的希

---

❶ CUP Correspondence, 1996.

❷ Richard Clogg, "Captive to History: Will Greece Ever Stop Relying on Its Ancestors?" in *Odyssey*, July/August 1996.

腊社会却多多少少呈现出文化堕落、经济停滞的景象，并动辄对周边小国进行政治恫吓。剑桥出版事件无疑加深了西方对于希腊这一刻板的印象，包括学术自由在内的所有希腊古典文明的成就，在现实的希腊社会中早已荡然无存。而希腊似乎也刻意去迎合西方对自身的定位，以换取一个被赫茨菲尔德称为"全球价值等级体系"（global hierarchy of values）中的现代性席位。

　　克罗格从政治和文化两方面分析希腊最容易招致的批评。政治方面，目前西方反希腊的情绪主要源自希腊在巴尔干地区的做法，特别是在对待前南斯拉夫马其顿加盟共和国独立这一事件的态度上。马其顿谋求独立却遭到了希腊的恐吓和阻挠是西方普遍的看法。一个饱受种族关系困扰、濒临崩溃的小国，在外人看来无论如何也不可能对希腊构成任何威胁。希腊做出的种种举动，反而使得自己越发被欧盟国家所孤立。文化方面，希腊政府和人民一向极为重视过去的辉煌和文明，却忽略了现实的问题。希腊的正统文化和国家形象一贯带有古典的色彩甚至祖先崇拜的痕迹，如此的世界观也表现在希腊文化部门在文化遗产方面的宣传上，但是希腊的文化宣传策略和为此所做的努力在克罗格看来适得其反。如此耗财费力的行为只会给人留下这样的印象，即从公元前 5 世纪起，希腊的历史和文化每况愈下，总是在一个不停衰退的过程中。❶ 克罗格更指出希腊目前在全球各地筹建的"希腊研究机构"（Hellenic Studies），并非出于真正学术研究的目的，而是各机构获取希腊研究经费的借口。所以，希腊政府不应该再以古典的名义来遮蔽更为重要的社会现实的研究。

　　显然，剑桥出版事件让希腊再一次躺着中枪，这起事件原本是

---

❶ Richard Clogg, "Captive to History: Will Greece Ever Stop Relying on Its Ancestors?"

英国出版机构有关政治现实与学术价值的一次角力。出版社以担心激怒希腊人为由，不予出版涉及希腊马其顿地区研究的作品，并一再强调易怒且具有攻击性是希腊人普遍的国民性格。如此一来，普通的西方读者无疑会借助出版社的说法加深对于希腊的负面印象，反倒是人类学家此时站出来，对出版社将某一民族刻板化的"种族主义"做法表示谴责。

尾　声

　　出版社承诺将对这一次出版事件重启评估机制，显然已经认识到了这一事件对出版社产生的负面效应。此外，美国一家非常不错的出版社——芝加哥大学出版社决定出版卡拉卡斯顿的新作，事情有了一个较为圆满的解决办法。此时学界的态度是，不再发起针对剑桥大学出版社的学术抵制倡议和活动，更多的学者开始反思从事民族主义一类研究的人类学家，如何处理文化政治（cultural politics）这一敏感的问题。特别是针对族群研究的人类学家，他们将不可避免地触及各种政治诉求和身份的表述与建构策略，而当下全球风起云涌的民族意识和话语无疑会使得上述的诉求、身份和策略变得更为复杂，其间也会交织更多的紧张关系。

　　1996 年 4 月 2 日，英国皇家人类学会主办的《今日人类学》杂志对剑桥出版事件进行报道，算是学界对这一事件进行的一次颇为全面的总结。文章认为，一个人类学家可能会因为他／她的描述而招来暴力威胁。一群人（比如希腊境内讲斯拉夫语的少数群体）的历史如何同化到一个民族—国家之中的人类学记录，往往会激起民族主义者的敌视和仇恨，所以，人类学的书写与民族主义的情绪之间从来都存在一种紧张关系。在很多地方从事调查的人类学家都会将地方性身份（local identities）作为自己研究的对象，这同时也是民族主义者所要阐发的领域。❶ 正是因为地方性社会身份建构和表述策略的重要性，它不但成为人类学家理解民族国家的一个出发点，同时也是民族主义重点争夺甚至进行族群清洗的领域。人类学的研究能够激发起如此大的土著的、国家的，甚至跨国的和移居流散等各个层面的争论，恰恰说明人类学看到了地方性社会、少数群体的言辞和社会实践，与国家和民族主义之间千丝万缕的关系。而这些通常被视为粗鄙、落后、琐碎凌乱的地方性实践，恰恰是统一和简化的国家观念所试图掩盖的。

同一天，赫茨菲尔德和古德曼联名写了一封公开信，认为出版社方面将像学界建议的那样，启动一个评估机制，对其书稿的评审程序重新加以考察和评估，这一公开透明的评审机制和程序相信将会使所有出版社的学术出版获益。有鉴于此，二人建议停止此前针对剑桥大学出版社的暂停书稿推荐和评审合作的倡议。❷ 几天之后，《高等教育年鉴》（*Chronicle of Higher Education*）发表赫茨菲尔德和古德曼联合署名的一篇文章，这篇文章阐释了学术的一些基本价值，同时也是这一事件告一段落的总结。

文章说，剑桥大学出版社做出这一决定所产生的影响不容小觑，屈服于某些无中生有的威胁和恐吓，使得包括剑桥大学出版社在内的世界一流的出版社向讹诈、威胁和压力敞开大门，并影响到自身独立的评审程序。同时，这也向众多从事潜在危险话题研究的学者传递了这样一个信号，他们就某些问题进行研究和发表的权利

---

❶ Gustaaf Houtman and John Knight, "The CUP Controversy," in *Anthropology Today*, Vol. 12 No. 2 April 1996.

❷ CUP Correspondence, 1996.

已经没有保障。学术研究可能会因此一蹶不振，因为有哪一种知识敢保证自己没有一点政治的倾向？文章重申，知识的探索、辩论以及传播的基本权利，是一切自然和人文社会科学研究的绝对准则，然而这些准则从来都面临着危险，因为知识总会引发政治情绪，这也是苏格拉底和伽利略的故事从古至今一再被人引述的原因。因此，大学出版社应该承担起学术基本权利守护者的责任。❶

文章认为，出版社有自己的经济利益，这本无可非议。但是大学的出版社毕竟有别于纯粹的商业出版社，因为它们不但有商业运作的需要，也有学术的道义和责任。一流的出版社应该在正直和诚实方面起到表率作用，并且旗帜鲜明地反对任何潜在或事实上的讹诈和恐吓。出版社越是出类拔萃和享有崇高声誉，就越是应该承担起对学术的道义和责任；出版社的声誉越是显赫，它的失误对整个学术事业就会产生越大的危害。❷

到了 1996 年 4 月，由于出版社方面承诺重新考察稿件的评审程序，赫茨菲尔德和出版社方面和解，这一问题暂告一段落。赫茨菲尔德给支持己方的众多学者写信，说明问题的近况并感谢对方的支持，并决定撤销暂停与剑桥大学出版社在稿件推荐和审阅方面的合作的提议。卡拉卡斯顿的作品最终也由芝加哥大学出版社出版，剑桥出版事件告终。

事实上，剑桥出版事件是学术界为保证不同观点的表达这一基本立场，与出版社出版原则之间的一次冲突，此类冲突并不少见。学界的一个基本立场是学术争论和不同观点必须有一个通畅的表达

❶ Stephen Gudeman and Michael Herzfeld, "When An Academic Press Bows to An Threat," *The Chronicle of Higher Education*, April 12, 1996.

❷ Stephen Gudeman and Michael Herzfeld, "When An Academic Press Bows to An Threat," *The Chronicle of Higher Education*, April 12, 1996.

渠道，而出版社可能更多考虑出版某类著作对于安全、现实政治等方面可能带来的影响。因此，学界、出版社以及非学术机构三方的有效沟通显得至关重要。出版社可以听取非学术机构的意见，可以保证在无损出版物学术价值的前提下，对书稿进行修改以降低或去除潜在的风险。此外，出版社与学界应紧密合作以保证出版物的学术质量，毕竟这是出版的最基本原则。

不难想见，未来围绕学术著作的出版还会有很多冲突，因为社会学家、人类学家和出版社方面在何种学术著作应该出版这一问题上，各有看法。出版和学术除了传统伦理道义的考量以外，似乎越来越成为一个需要承担各种风险的事业。经过两次转型的人类学，已经将学术视野从"原始"和"传统"的社会研究转向"现代"和"西方"，并且日益关注当下和人类社会面临的各种危机。人类学家在开展官僚机制、现代历史、族群关系以及宗教和政治等领域研究的同时，包括暴力威胁在内的各种风险恐怕将成为一种常态，尤其是在出版相关方面研究成果的时候。剑桥出版事件揭示出各种复杂因素交织在一起，给人类学研究以及人类学家造成的困境，然而这也正好说明，人类学在这些领域所获得的地方性知识从根本上而言，触动了民族主义所试图遮蔽的地方性身份表述和建构的种种策略，由此引发的各种风险恰恰说明人类学研究的重要性。

长达六年的学术风波似乎并没有太多分散赫茨菲尔德研究的精力，剑桥出版事件结束的第二年，他便出版了自己最有理论分量的作品《文化亲密性》。此书目前已经被译作多种文字，英文第三版已于 2016 年初出版。"文化亲密性"作为一种理论框架，几乎可以将赫茨菲尔德的所有学术研究涵括在内，然而，作为一种实践，它却和日常生活体验息息相关。

第7章

文化亲密性

赫茨菲尔德最初体会到文化亲密性，和他儿时去罗马的旅行经历有关。据说，当时他父母带着 10 岁左右的赫茨菲尔德和他姐姐开车前往罗马著名的斗兽场，由于景区游客很多，附近的街道不允许停放车辆。抱着试一试的态度，赫茨菲尔德的父母让他去问一下路边的警察是否可以在这儿停车。刚学会几句意大利语的赫茨菲尔德跃跃欲试，也想检验一下自己的沟通能力，他走向警察，用意大利语问道："先生，我们能在这儿停车吗？"警察很严肃地对这个孩子说："哦，当然不行！"正当孩子非常失望的时候，警察对孩子眨眨眼，微笑着说："刚才不行，但是现在可以停。"

这位意大利警察从孩子不太熟练的语言大概知道他从"外面"来，他最初可能玩笑式地摆出一副公事公办的样子，表明这是规定，任何人都不能违例，警察当然也不能徇私舞弊。但当规定看似难以逾越的时候，警察"即兴"违犯了规定，示意可以停车，用一种融通的方式绕开了刻板的制度，使其更符合日常的人与人之间充满情感的交往原则。警察的行为多少可以算作即兴而为的诗性行为，他最初的言辞符合形式规范，但是紧接着他又加以变通和改造，这可能是我们大部分人的日常行为方式。因为个体不可能总是依靠一套冰冷刻板的制度来交际和生活，生活充满着各种变通、即兴和偶发的事件。当然，如果此时是一个成人去询问此事，警察未必能够答应，孩子则相对容易进入到这一"内部"的文化亲密性地带，从而感受刻板制度之下灵活变通的人性和种种与"公"相对的"私情"。

多年以后，成为人类学家的赫茨菲尔德在思考文化亲密性的理论时，恐怕脑海中不停地闪现出这次经历。在后来的希腊田野调查中，这样的场景也不断地"复制"着。《成人诗学》一书中就讲了一个几乎一样的故事，故事中的一方当然还是代表国家公权力的警察，而另一方不再是孩子，而是克里特高地牧人。有一次警察抓住了一伙窃贼，而窃贼们则好客地邀请警察一块儿吃肉。双方酒足饭饱之后，牧人戏谑地对警察说，先生，我们已经将罪证给"消灭"（吃掉）了。对于警察而言，受到牧人的款待毕竟是一件高兴的事情，同时也省去了进一步调查的麻烦；对于牧人而言，他们可能与这帮警察成为朋友，本身并不违反这一地区"我们偷盗是为了交朋友"的荣誉观念。警察与窃贼就这样形成了一种共谋关系。❶

如果我们将警察与窃贼的关系稍加放大，则有助于我们思考民族国家与地方社会的关系。民族国家的有效运作，多少依靠这些"徇私舞弊"的官僚、警察与普通民众彼此心照不宣的默契配合。二者彼此试探，不断调适规范与实践的界限，由此形成的一个交互地带，就是文化亲密性得以生成的空间。赫茨菲尔德认为，民族

---

❶ Michael Herzfeld, *The Poetics of Manhood: Contest and Identity in A Cretan Mountain Village*, pp. 166-169.

国家既有严厉推行各种政令法规的一面（通常以铁面无私的面目出现，比如意大利警察起初并不允许随意停车时的严肃），但同时也默许各种"踩线"的伎俩和策略，甚至容忍一定程度的无序状态存在，这种宽容为文化亲密性创造了空间。❶

文化亲密性理论

文化亲密性概念源自赫茨菲尔德进行田野调查的一个希腊小村庄，它最初用来指村民的一种内属意识（inclusiveness）或者社区认同感，这种内属意识当然具有私密性，因为社区内部诸多令人尴尬的生活方式总是需要对外加以掩饰。然而这种私密性却不仅仅局限在家庭或者社区这一层面上，民族国家同样也有需要掩饰的私密性。很多时候，个体、家庭、社区直到民族国家的各个层面所共享的私密性，就构成了一种集体的文化亲密性。❷ 正是由于文化亲密性的存在，使得"界限森严、固定不变的权力的不同层面能最终得以消解。文化亲密性是对官方与大众都共享的某些文化特质的确认，而这些文化特质作为对外尴尬意识的来源，却为其内部的成员提供了共同社会性（common sociality）的保证"。❸

也就是说，文化亲密性作为某种共享的文化特质，将国家与地方、精英与大众在内的不同权力等级，以及公共与私密的不同领域涵盖在内，成为不同等级以及领域之间彼此介入、消弭差异的重要

---

❶ Michael Herzfeld, *Cultural Intimacy: Social Poetics in the Nation-State*, 2nd edition, New York: Routledge, 2005, p. 10.

❷ Michael Herzfeld, *Cultural Intimacy: Social Poetics in the Nation-State*, 3nd edition, p. 2.

❸ Michael Herzfeld, *Cultural Intimacy: Social Poetics in the Nation-State*, 3nd edition, p. 7.

媒介。但这一重要的媒介在形成认同意识的同时，却总是以让人难堪的面目出现。

在普通大众的日常生活中，民族国家和官僚机制作为颇为重要的公共产品，并非以铁板一块的威权意象出现在大众的观念中，事实上，民众总是从"亲密性"的层面来想象民族国家，因为"民族国家以及本质主义（essentialism）不是大众日常生活和经验遥不可及的敌人，而是大众社会生活不可或缺的一部分"。❶ 人们将官方诸多极为正式的制度和规则视作日常生活中非常熟悉的现象，从而变通和灵活地在日常生活中与之协调、周旋，在很大程度上是因为，大多数民众都相信，既然国家是由那些官僚组成的，因此一味地顺从于法律和规则实在愚蠢可笑。❷ 显然，作为国家和官僚机制代理人的官员在民众眼中也是食人间烟火的常人，他们同样也有痛苦烦恼，一样在追名逐利，一样有着相似的日常交往体验，一样需要维护共同的社会性。通过他们，大众深刻理解了国家运作和治理的奥秘，并产生了一种亲密性的认同意识，即对由同样有诸多瑕疵的官员（常人）所组成的官僚制度抱有体谅与包容。

进而，民族国家存在于大众日常相互间调侃戏谑所形成的亲密

---

❶ Michael Herzfeld, *Cultural Intimacy: Social Poetics in the Nation-State*, 2nd edition, p. 2.

❷ Michael Herzfeld, *Cultural Intimacy: Social Poetics in the Nation-State*, 2nd edition, p. 4. 此外卡内基—梅隆大学的历史学家麦多克在赫茨菲尔德文化亲密性概念这一基础之上，提出了"怀疑的亲密性"（skeptical intimacy）这一概念，他认为怀疑性的亲密性是民众普遍相信国家的政客和官员们不全是民众的代表和中间人，他们完全按照自己的利益行事，因为他们是统治阶级精英阶层中的一员，追逐的是自身的利益，因此几乎不考虑也不重视普通民众的意见和需要。而追名逐利乃人之本性，官员亦不例外。参见 Richard Maddox, "Intimacy and Hegemony in the New Europe: The Politics of Culture at Seville's Universal Exposition," in Shryock ed., *Off Stage/On Display: Intimacy and Ethnography in the Age of Public Culture*, Stanford: Stanford University Press, 2004, p. 141.

性意识之中，戏谑调侃所使用的言辞、笑话和段子是双方都能心领神会、融洽彼此关系的调和剂。尽管这些言辞多少都带有蔑视和嘲讽的意味，却是一种凝聚意识（unity）的重要来源。"尤其在和平时期，这种凝聚性并非来自任何官方的意识形态宣传或者宏大的理论概念，而是悖论式地出于大众对民族国家本身诸多共同的不敬和挑衅，人们并不会轻易仅仅为了一个民族主义至上光荣的信念而牺牲性命，这些极有可能是他们对外的说辞……然而他们却会为国家而战斗，这是因为国家关注他们的福祉，同时也包容他们对诸多规则的背叛。"❶ 无伤大雅的言辞和笑话是和平时期对国家表示"不敬"时有限度地违背规则的手段，事实上潜移默化地在个体的日常生活中加深了对民族国家观念的感受，因为"即便声称最反感民族国家的人也不得不借助国家的观念，在解释自身的失败和痛苦的时候谈到'它'，或者谴责'它'背叛了'它'一贯宣称代表和守护的民族利益。在这一过程中，通过这些细微的言辞和琐碎的行为，人们不断提及国家并将其本质化，使其成为他们生命中的一种永恒的结构"。❷

此外，民众在亲密性层面得以将自身与国家联系起来还因为，"他们总是很方便地以身体、家庭以及亲属关系这些熟悉之物为基础，以便理解和想象包括民族国家在内的更大的实体"。❸ 在这一"推己及物"的逻辑下，祖国成为母亲，是一个大家庭，我们都是她的儿女，早已成为我们的一种常识。民族主义在很大程度上，也是这种亲密性知识的一种延伸形式，其间可能混杂着部落主义的谱

❶ Michael Herzfeld, *Cultural Intimacy: Social Poetics in the Nation-State*, 3rd edition, p. 5.

❷ Michael Herzfeld, *Cultural Intimacy: Social Poetics in the Nation-State*, 3rd edition, p. 6.

❸ Michael Herzfeld, *Cultural Intimacy: Social Poetics in the Nation-State*, 3rd edition, p. 7.

系观念，❶ 或者是孝道传统中的忠诚意识。❷

上述民众从自身的亲密性体验和日常生活中，理解民族国家的路径和方式，被赫茨菲尔德称为"社会诗性"（social poetics）。作为能动性的一种重要体现，社会诗性构成文化亲密性的实践语境。与所有的结构与能动性、理论与实践所具有的既紧张又相互界定的关系一样，"社会诗性是民众的具象化行为，需要以民族国家的宏大历史叙事或者官方的话语和象征性的形式为参照。民众以其微不足道的诗性（创造性／能动性），攫取这一参照系中稍纵即逝的丰富资源，对其加以改造和运用，力图改变自身渺小卑微的地位，从而实现一种永恒的社会优越性，并且象征性地打破社会等级的藩篱"。❸ 社会诗性所体现的亲密性就在于，民众借助日常生活中"微不足道"的诗性和突然灵光一现的社会展演，将个体、家庭和社区与民族国家的恢宏和壮丽联系起来。在暗示社会优越性的同时，也象征性地打破了垂直的等级关系，从而将自身嵌入国家的历史叙事之中，形成了一种平等的共同体的想象和认同意识。包括国家认同在内的任何形式的社会团结和组织方式，无疑都与这种亲密性息息相关。

---

❶ 施雅克认为约旦的民族主义仍然带有极其浓郁其浓郁的部落情结，其间仍然充斥着相互对立的谱系概念，却为民族主义提供了一种重要的亲密性意识，"这种将谱系与民族主义的意象杂糅在一起的共同体形式，为约旦的各部落和巴勒斯坦人提供了新的身份认同方式，同时也为新兴的现代民族国家打上了浓郁的具有亲密性质，且具有族长治理色彩的烙印"。参见 Andrew Shryock, *Nationalism and Genealogical Imagination: Oral History and Textual Authority in Tribal Jordan*, Berkeley: University of California Press, 1997, p. 8。

❷ 冯借助赫茨菲尔德的文化亲密性理论，提出孝道的民族主义概念。认为孝道无疑也是文化亲密性的一种体现，只有这一概念才能解释中国青少年成年时期，如何克服理想与现实所形成的巨大反差这一困境，以及如何认同民族国家。参见 Vanessa Fong, "Filial Nationalism among Chinese Teenagers with Global Identities," *American Ethnologist*, Vol.31, No.4, Nov.2004。

❸ Michael Herzfeld, *Cultural Intimacy: Social Poetics in the Nation-State*, 3rd edition, p. 31。

当然，这种诗性有时不可避免地含有诸多个人的利益考量，"社会参与者通过运用、改变和重塑官方的话语和观念来谋取个人的私利，然而这些有违国家权威的行为和伎俩事实上却构成了国家本身，并且在很大程度上构成了包括民族在内的诸多实体"。[1] 国家与民众的亲密性就体现在，民族国家同样很难铁板一块地仅仅依靠恢宏壮丽的神话故事、国家层面的历史叙事、本质的民族主义以及具象化的文化意象来维持自身的存在，它更多的时候就建构在广大民众带有诸多离经叛道的日常生活实践和诗性的社会展演中。[2] "如同社会参与者利用'法律'使得各种私利的行为合法化一样，国家同样需要利用一种有关亲属、家庭以及身体的语言，使得自己的各种声明和宣传直接而且高效。"[3] 国家的存续很大程度上取决于，它在文化亲密性层面与民众建立起来的交流和互动机制的有效性，也就是说，在民族主义理念建构层面象征性地增强自身存在的同时，如何富有策略地在各种文化亲密性实践中消解自身。总之，民族国家同样需要经营和运作文化亲密性，"同样是一种更为广泛和共享的文化亲密性的一种折射形式"。[4]

正是因为国家与大众都共享文化亲密性，即由某些文化特质所形成的共同社会性，因此国家和民众形成了"颇为尴尬的、相互怜悯和体谅的认同意识（rueful recognition）"。[5] 这种尴尬和相互体谅

---

[1] Michael Herzfeld, *Cultural Intimacy: Social Poetics in the Nation-State*, 3rd edition, p. 6.

[2] 毕力格也持同样的观点，民族国家自身的延续和复制并非魔法性地横空出世，各种平庸的实践（banal practices），而非有意识的选择或者集体性的想象行为，正是民族国家得以延续的关键。这一点正如一门语言没有惯常的使用者将很快消亡一样，一个国家或民族必须被日常地使用起来。Michael Billig, *Banal Nationalism*, London: SAGE Publication Ltd., 1995, p. 45。

[3] Michael Herzfeld, *Cultural Intimacy: Social Poetics in the Nation-State*, 3rd edition, p. 6.

[4] Michael Herzfeld, *Cultural Intimacy: Social Poetics in the Nation-State*, 3rd edition, p. 6.

[5] Michael Herzfeld, *Cultural Intimacy: Social Poetics in the Nation-State*, 3rd edition, p. 11.

的认同意识，在很大程度上促成了包括民族国家在内的各种实体与各个层面的社会参与者之间的"共谋关系"，并进而极大地塑造了公共领域的构成以及公共生活的组织方式。

当然，这并非是说，文化亲密性一开始就是一个和谐共生的地带，事实上，文化亲密性是一个充满争议的公共空间，也是一套民族文化被多方想象、不断重塑的呈现机制。❶ 文化亲密性场域不但将大众与国家的各种矛盾和身份的调适、重构策略包括在内，而且也将国家与更大的国际想象共同体之间的差异和冲突纳入其内予以审视和考察，从而认识民众如何在自身的文化框架内，形成了切实的解决方案和身份重构的机制。因此，文化亲密性场域的争议以及身份表述的不断调适，事实上是向着共同社会性校准的过程，由此衍生出更为本质的认同意识。对于内部共同社会性的维护，势必造成相似的情感体验，并构成社会公共生活的基础。

赫茨菲尔德的文化亲密性理论显然是以民族国家为阐释的框架，将国家作为一种公共生活的形式，考察大众在私密和日常实践中对于国家的体验、呈现和认同方式。文化亲密性不但为国家和大众提供了一个相互介入、彼此认同的场域，双方共享的文化特质所具有的共同社会性同样是各种社会团结和协作的基础。公共领域在很大程度上也是文化亲密性渗透和塑造的结果，各种"私密"和"尴尬"的共同社会性，是人们"在一起"并采取社会行动的依据。❷ 同样，日常生活中所具有的琐碎卑微的社会诗性，促使个体总是采取一种"亲密的个体化策略"，将自身嵌入民族国家的话语和叙事之中，从而完成社会化这一过程。

---

❶ Michael Herzfeld, *Cultural Intimacy: Social Poetics in the Nation-State*, 3rd edition, pp. 8-11.

❷ 这一点正如赫茨菲尔德所言，人的社会行为（social actions）总是在文化这一形式的掩盖下而进行的。

当然，赫茨菲尔德在《文化亲密性》一书中，较为宏观和抽象地提出了文化亲密性视角下，人类学民族主义研究的方法和路径。他自己并没有以一个具体的案例，来加以详尽地分析和阐释，然而，随着文化亲密性理论在学界的影响日益显著，多位人类学家以文化亲密性为理论框架，分别考察了约旦、加纳、土耳其以及中国的文化亲密性与民族主义的种种"共谋"和互动形式，为这一理论提供了翔实的民族志研究个案。

文化亲密性与民族主义建构

简而言之，文化亲密性维度的民族主义建构，致力于在日常生活层面考察某一群体获取这一资源的路径和策略。这一由下而上（bottom-up）的视角，预设着一个颇为宏大的认识论抱负。施雅克（Andrew Shryock）有关约旦贝都因部落社会历史叙述以及民族主义建构路径的考察，意在反思吉尔耐的"理性民族主义"观念。在吉尔耐看来，民族主义是西方工业化以及经济理性的产物，理性这一概念包括两个重要因素，一是一致和连贯性（coherence or consisitency），其次是效率（efficiency）。❶ 如此一来，一致性作为事实以及度量的准则，与无名的、集体性的大众社会是一致的，民族主义因此得以将人群组织成为更大的、在文化上趋于同质的单位。❷ 与此同时，工业社会由于需要发展和高效，就必须打破社会等级的诸多藩篱，造成社会流动以及社会分工，而民族主义就建立

---

❶ Ernest Gellner, *Nations and Nationalism*, Oxford: Basil Blackwell Publisher Limited, 1983, p. 20.

❷ Ernest Gellner, *Nations and Nationalism*, p. 35.

在某种特定的社会分工基础之上。❶

然而，施雅克所考察的贝都因部落，完全没有西方工业化所带来的"理性"，这样一群既无西方经济理性，亦无分工协作的群体是如何建构自身的民族主义观念的？这些都是施雅克需要思考和解决的问题。

此外，在吉尔耐和安德森有关民族主义的经典论述中，教育都发挥着至关重要的作用，吉尔耐认为，与农耕社会相比，工业社会的文化与教育联系在一起，教育成为某种可以在文化意义上宣誓效忠的东西。❷ 也就是说，教育与民族主义无异。同样，安德森在考察印尼的殖民地民族主义运动时，也强调工业与教育的重要性。他认为20世纪印尼殖民地的学校体系促成了一种朝圣机制，圣地位于巴达维亚，在殖民地广袤的地域之中，朝圣者们开始了他们内部的、向上的朝圣之旅。最终，在行政地域之内，这些教育朝圣总是平行的（paralleled）或者是可复制的。特定的教育和行政朝圣的联动性，为新的想象的共同体提供了地域基础，土著们借此将他们自己看作"一国国民"（nationals）。❸

教育真的如上述两位学者认为的那样，完全去除了种种颇为蒙昧的地方性因素，以一种全然理性的姿态促成了民族主义观念的建构与普及吗？科伊（Cati Coe）在非洲加纳对学校教育的考察，表明学校教育机制在运作和执行民族主义观念的同时，也保留了足够的亲密性空间，来容纳加纳传统的鼓舞（drum dance）表演以及地方性的酋长政治理念。二者相互促进，并行不悖。此外，斯多克斯

---

❶ Ernest Gellner, *Nations and Nationalism*, p. 24.

❷ Ernest Gellner, *Nations and Nationalism*, p. 36.

❸ Benedict Anderson, *Imagined Communities: Reflections on the Origin and Spread of Nationalism*, London：Verso, 1983, pp. 121-140.

（Martin Stokes）对土耳其流行音乐的考察，也证明这一远离经济理性和制度化的教育，因此颇为自由散漫的亲密性空间，同样是民族主义的滥觞之地。

施雅克等三位学者的研究，从一个另类的视角，揭示出非西方、非理性的地方性社会及其空间之内，民族主义观念被认同、被体验以及被呈现的方式。此类研究认识论层面的重大意义就在于，同质化、理性化以及制度性教育所造成的高度认同并非民族主义推行的关键。事实上，各种怀疑、嘲弄、创造性的不敬（creative irreverance）等表现为"分裂性"的因素，同样是民族主义悖论式地得以推行的动力，而这正是文化亲密性概念给予我们的启示。这一点正如赫茨菲尔德所言，个体的自观（personal selfhood）以及家庭的结构为民族国家提供了最初的可供想象的模型，与其说民族国家是形成于一种统一的民族主义观念的实体，不如说民族国家是一个不断整合种种"尴尬"和"分歧"的过程。而这正是从上至下的民族国家观点所缺乏的。❶

谱系想象：约旦贝都因人的民族主义观念

人类学家施雅克在约旦北部和南部贝都因人的部落中，考察民族主义建构的过程。这种部落社会形态，一开始呈现在我们面前的就是一幅四分五裂的社会和文化景象，从意识形态领域到社会组织结构，没有一样事物不是分裂和对立的。民族国家与部落社会，家族谱系（genealogy）与民族历史（historiography），口头与书面，精英与大众，穆斯林与伊斯兰，巴勒斯坦人与贝都因人，农耕与游牧，甚至同一个部落的不同家族之间，同样能叙述

---

❶ Michael Herzfeld, *Cultural Intimacy: Social Poetics in the Nation-State*, 2nd edition, p. 6.

和展示显赫身世（谱系）的男性个体之间，无不充斥着紧张和对立关系。种种分裂似乎也意味着民族主义观念很难以安德森设计的那样从一种共同的不朽观念开始。那么，约旦的民族主义应该以一种什么样的观念进行呢？是施雅克称作"谱系民族主义"（genealogical nationalism）的观念，使得约旦得以开启谱系共同体的想象之旅。显然，谱系民族主义观念正是这个国家民族主义与部落社会的文化亲密性地带。

约旦部落社会的分裂首先体现在历史叙述的身份意识上。无论是口述历史的部落成员还是研究历史的人类学家都必须表明立场，要么支持要么反对特定的口述者及其宗族，因为对于他们而言，历史是一种争辩的手段，充满对抗。叙述历史对于部落成员而言，完全是一种高明的实践活动，历史所特有的对抗和批判因素，使得叙述者运用颇为熟悉的历史观念，进一步映射出一个对抗的世界。部落的历史在文本缺失的情境下，被话语不断地重塑着。❶ 然而这种看似混沌无序的历史背后却有着一种延续性，这种延续性在施雅克看来就是存在于部落各分支中的谱系结构，谱系结构将部落的人们与一个永恒的"酋长时代"联系起来。❷

除了历史叙事的"支离破碎"之外，约旦的部落社会也是一个充斥着分歧和抗争的社区，似乎同样缺乏共同体想象的基础。社区内部交织着各种紧张关系——部落之间战争的记忆、对酋长领地归属权力的争执、围绕各宗支谱系的争端，以及现实的对于土地和资源的争夺——这些因素构成了人们不同的身份认同和表述策略。总

---

❶ Andrew Shryock, *Nationalism and the Genealogical Imagination: Oral History and Textual Authority in Tribal Jordan*, pp. 33-36.

❷ Andrew Shryock, *Nationalism and the Genealogical Imagination: Oral History and Textual Authority in Tribal Jordan*, p. 59.

之，除了一连串属于这一地区的部落名称之外，地区内的贝都因人几乎没有任何共同的历史叙事。❶

约旦南部和北部贝都因部落历史记忆和社区之间的纷争对立，完全符合埃文斯－普理查德"裂变型社会"的概念。施雅克用贝都因部落社会特有的"宗派主义"和"集体情感"观念——asabiyya，来对应"裂变型"概念❷，以便说明，约旦贝都因社会四分五裂的历史记忆和部落纷争，事实上蕴含着民族主义的种子。纷争和对立是他们想象更大的道德空间的基础，因为这不但是自身优越性或者男性气概的体现，也是对具有同样特质的他者的一种认同方式。与埃文斯－普理查德不同的是，施雅克是在民族主义观念与部落社会的"集体情感"这一相互介入的文化亲密性地带，❸ 来考察谱系民族主义这一观念的。

---

❶ Andrew Shryock, *Nationalism and the Genealogical Imagination: Oral History and Textual Authority in Tribal Jordan*, p .62.

❷ 埃文斯－普理查德利用这一概念试图表明，那些处于"前国家""非理性"以及"宗教蒙昧状态"的群体，仍然有着一套类似于现代理性和国家制度下的实践逻辑和宗教意识，以帮助他们不再囿于狭小的地方性观念和亲属体系的束缚，在一定程度上具有了"国家"的视野。显然，"纷争对立"的裂变型社会，并非是民族主义观念的天然对立物，它事实上暗含着更大的共同体想象的空间。维柯则直接将这些"前理性"的社会和宇宙观念，称为"诗性智慧"，并指出人性中借助暗喻和诗性逻辑，推己及物，认识更大的空间和更复杂观念的可能性。而赫茨菲尔德则将裂变型社会与裂变型实践对应起来，认为裂变型实践无疑是人的能动性的体现，人们得以借助与身体以及种种地方性实践相关的社会诗性策略，在个人、宗族、地区乃至国家的不同层面形成身份认同意识和归属感。

❸ 事实上，文化亲密性的一个重要特征就是，它能在不同的层面上产生一种赫茨菲尔德所谓的"内属意识"和认同感。社区内部重要的成人品格，比如避免在本村内部盗窃、不作伪证、不违反互惠性原则、不将社区内部的争端诉诸外部的权力和法律等，与村民所理解的神圣秩序在世俗的运作逻辑（布尔迪厄称为"实践逻辑"）并行不悖。从而在社区内部划定了一条重要的文化亲密性区域，村民全然了解神圣的、世俗的两种秩序的运作方式，并因此而形成某种社会经验，其中当然包括他们处理这两种秩序的紧张关系的技艺和智慧。如果我们据此认为，村落外部是村民

1920 年约旦摆脱奥斯曼土耳其的控制，获得独立以来，民族主义观念持续在贝都因人的部落社会中发挥作用，然而政治话语中"残存"至今的部落以及部落之间的联盟或者纷争，在很多受过教育的约旦人看来，是一件颇为难堪的事情，自然也就变成了一种需要集体对外加以掩饰的"共同的社会性"。根据施雅克的描述，越来越多受过教育的约旦人认为，部落以及与部落密切相关的"派系主义"和冥顽不化的"集体情感"，属于一种正日益萎缩、古旧保守的政治空间。狭隘的部落情结如今被人们认为是头脑简单的表现，具有腐蚀性。❶ 显然，约旦新兴的"知识阶层"已经开始接受这样一个典型的民族主义观点，即一群去除私利和派系纷争、具有忠诚意识且高度"同质化"的群体，对应着一个抽象的民族国家的观念，所以他们不愿让一个来自西方的人类学家窥见，在民族主义概念包装和掩饰之下仍然是挥之不去的四分五裂的部落情结。

因此当施雅克指出，1989 年约旦议会选举时，当部落宗派的话

（接上页）不敢涉足的危险和肮脏的区域，外部的人都是潜在的作伪证的人，这就大错特错了。因为文化亲密性的重要特征之一就是它能够在不同层面产生不同的内属性意识，也就是文化亲密性同时让所有的社会参与者确信普遍的具有瑕疵的人性，以及人的行为随着时间的变化而出现的种种偶然性。这一深切的体会是不同内属与外化的群体都心照不宣地明白对方在现实社会生活中的各种秘密。参见 Michael Herzfeld, *Cultural Intimacy: Social Poetics in the Nation-State*, 2nd editon, pp. 167-171. 因此秘密又成为文化亲密性一个重要的操作空间，在这一空间中，相互间的敌视极有可能转变成种种莫名其妙的理解和体谅，从而轻易形成种种共谋关系。地方社会与民族国家彼此都熟悉各自运作的方式和秘密。对于村民而言，理性的官僚机构中的官僚同样是有着各种道德缺陷的人，因此对于权力运作中的种种不公总能习以为常。民族国家同样默许各种屡屡违犯"规则和制度"的伎俩和把戏的存在，双方在这一空间达成的默契和共识同时是需要向外界掩饰的地带。

❶ Andrew Shryock, *Nationalism and the Genealogical Imagination: Oral History and Textual Authority in Tribal Jordan*, p. 63.

语仍然是一些候选人的惯用伎俩时，写作《约旦部落》一书的作者艾哈迈德博士马上纠正说："你不能将这种策略叫作部落主义，这是部落主义的加法形式（tribalism plus）。这是部落主义加上伊斯兰、部落主义加上民主、部落主义加上政府的改革。如果候选人在竞选中仅仅强调部落主义，那么他必败无疑。"❶

施雅克在约旦观察到的现象，作为一个注解，正好说明了赫茨菲尔德所主张的从文化亲密性（也可以理解为地方性知识和实践）层面，反观民族主义这一视角。❷ 这是因为：其一，长期以来，学界普遍认为"分裂"和"散漫"的地方性社会总是容不下民族主义观念。其二，包括吉尔耐在内的民族主义的经典论述也总是倾向于将民族主义观念与地方的种种社会性实践割裂开来，从而创造出（或者发明）新的二元对立空间，比如国家与地方、精英与民众等。然而在赫茨菲尔德看来，国家与地方社会一直处于一种持续的互动甚至共谋的关系之中，二者都共享一种"文化相互作用体"。二者的话语和行为，其实都是这种"文化相互作用"共同体的折射形式而已。因此，国家与地方社会以及"精英"与"普通民众"的简单划分，事实上掩盖了"文化相互作用体"这一共同基础，同时也掩盖了这样一个事实，即这些术语自身就是权力妥协的工具。在赫

---

❶ Andrew Shryock, *Nationalism and the Genealogical Imagination: Oral History and Textual Authority in Tribal Jordan*, p. 64.

❷ 赫茨菲尔德认为历史学家霍布斯鲍姆提出的"大众的原型民族主义"（popular proto-nationalism）最接近人类学所珍视的地方性价值观念（local-level values），然而霍布斯鲍姆所研究的类型却局限于那些对于观念的建构具有一定程度的自觉意识的对象身上，从而做出了以下的结论，"我们对于大多数尚不具备自我表述意识的群体的思想知之甚少，因此我们在讨论这些群体对于民族以及民族国家的思想和情感的时候还很不自信"。参见 Michael Herzfeld, *Cultural Intimcay: Social Poetics in the Nation-State*, 2nd edition, p. 11。显然，赫茨菲尔德认为施雅克在约旦的研究最接近霍布斯鲍姆的"大众的原型民族主义"研究。

茨菲尔德看来，正是文化亲密性消解了精英与民众、民族国家主义和地方性实践、官与民之间森严的壁垒，二者一直处于一种相互卷入、持续互动的文化过程之中。❶

此外，施雅克引述的约旦知识阶层对于自身根深蒂固的部落主义的辩解，也是一种社会诗性的策略，即在民族主义这一规范的形式（form）之中，将部落的元素糅合进去，反映出各种关系的对立和妥协。最终将民族主义表述为部落主义加上伊斯兰、民主和政府的三位一体的升级版，部落主义在这一整合的过程中具有决定性作用。这种表述在由上至下的民族主义者眼中，可能是民族国家观念对地方社会成功加以塑造的反映，但这又未尝不是部落社会试图整合民族主义观念的一种尝试。这种由下至上的整合通常含有诸多嘲弄、反叛的元素，这正是赫茨菲尔德所谓社会诗性的一个重要维度，即普通人运用各种历史碎片，使其服务于当下的能力。赫茨菲尔德认为，普通人所拥有的这种象征性地拼凑摆弄历史碎片（semiotic bricolage）的能力，是民族国家所禁止的，因为对于民族国家而言，让普通大众参与到一种鲜活的历史之中，而萌发出一种历史意识，往往与民族国家的说辞背道而驰，这对于它们所珍视的本质主义而言无疑是一个巨大的威胁。❷ 也就是说，在约旦贝都因人的社会诗性策略中，谱系的历史叙事的碎片化，对于民族国家之再造历史具有潜在的颠覆作用。此外，隐藏在统一的民族主义规范之下的部落情结（这种隐藏当然是出于文化亲密性的需要，既要向外来的人类学家掩饰，也要向民族国家掩饰），一方面对于维系这一群体的共同社会性至关重要，另一方面也是对国家本质主义的一种侵犯。

---

❶ Michael Herzfeld, *Cultural Intimacy: Social Poetics in the Nation-State*, 2nd editon, p. 147.

❷ Michael Herzfeld, *Cultural Intimacy: Social Poetics in the Nation-State*, 2nd editon, p. 25.

看来，至少在约旦，具有"部落情结"和社区狭隘主义的个体，很难将自己想象成生活在一个整齐划一、无须留名的公民社会和民族国家之中。与其说它们是在向着民族主义展开想象，还不如说他们是借助西方的现代民族主义观念，向着"部落主义"展开想象。安德森所说的"平等、深厚且志同道合的共同体意象"，❶ 在约旦这一语境中恐怕属于部落群体向外展示和包装的策略，并且极有可能演变成现代政治话语空间中的一种部落联盟的新型策略。❷ 而在部落内部，狭隘的部落情结，对立纷争的宗支主义以及充满攻击性的谱系历史叙事，仍然是它们维系共同社会性的文化手段。按照约旦的谱系民族主义这一逻辑，我们似乎可以将安德森的"想象的共同体"从文化亲密性的视角稍加修正。民族主义式的志同道合、整齐划一的共同体意象，在一定程度上属于民族国家与普通大众对外加以展示的部分，是二者"共谋"的结果；而在民族国家内部，这一令人难堪的亲密性地带，民族主义仍然为各种地方性的、分裂式的实践方式预留了足够的操演空间。民族主义的抽象观念在多大程度上获得成功，一方面取决于其对这种不统一和不连贯的认识和包容；另一方面取决于这些抽象的观念在多大程度上，被地方社区的种种"狭隘"的情感和"反叛性"的日常生活实践所体验和认同。因此民族主义是以种种分裂型的实践来界定自身的，民族主义与内部的亲密性空间一直是一种文化的互动关系，双方都共享这一套多少令人尴尬的文化

---

❶ Benedict Anderson, *Imagined Community: Reflections on the Origin and Spread of Nationalism*, Revised edition, New York: Verso, 1991, p. 36.

❷ Andrew Shryock, *Nationalism and the Genealogical Imagination: Oral History and Textual Authority in Tribal Jordan*, p. 37.

亲密性观念。❶ 只不过最终由民族主义话语来决定展示什么、如何展示，以及向谁展示？仅此而已。

显然；民族国家更像是一个悖论式的文化体，其间交织着"统一"和"分裂"的复杂意象。民族国家使用了很多自然的能指或者符号，来指涉民族国家这一所指之物（比如"祖国""国族"等，可见民族国家与亲属、血缘的同构关系），并且对于各种概念的词源进行了字面意义的解读，忽略了这些概念使用的现实语境和社会参与者的能动性。民族国家的悖论在赫茨菲尔德看来就表现在：

> 一方面，民族国家需要借用这些文化亲密性的概念获得大众的广泛认同，由此开启地方性层面的"共同体的想象之旅"，然而另一方面，这些概念毋庸置疑具有根深蒂固的地方褊狭主义、藐视权力的传统、暗含其中的分裂主义以及与血的意象密切联系的各种暴力行为（比如血债血偿）。也就是说，民族国家一贯使用的话语总是具有显著的地方主义特性（features of localism），而这

---

❶ 民族国家显然非常清楚，大众从地方性社会的诸多"裂变型观念"中，仍然可以体验到民族主义的诸多抽象概念并凝聚起忠诚意识，只不过这些观念带有很浓重的落后和残余的特质，而不便公开支持。施雅克在贝都因人中间调查到的一段谈话，充分说明了部落社会特有的民族国家想象的路径。一位叫作阿布的贝都因人对作者谈起部落纷争和宗派主义时说道，"在面临外部的危险时，内部的纷争便会止歇。所有阿达万（Adwan）部族的人如同兄弟姊妹一样团结。然而，一旦部族内部谁将酋长谱系据为己有，标榜自己的正宗地位，则立即引起纷争。但是一旦有来自外部的攻击和威胁，整个部族便像家人一样团结。你完全可以用政党制度对此加以解释，就如同美国和英国的情况一样。保守党和工党之间有着永久性的差异，彼此都想控制政府。全世界任何国家都有政党，每个政党内部也充满分歧，每个人都想领导政党。这种对于权力的迷恋从部落时期已经开始了。这种迷恋从部落传给了政党，然后又从政党传给了国家。每个国家都想领导世界，它们彼此之间的冲突与我们部族之间的冲突，没什么两样"。参 见 Andrew Shryock, *Nationalism and the Genealogical Imagination: Oral History and Textual Authority in Tribal Jordan*, p. 64。

些却一直都是民族国家所憎恶的，比如以对家庭而非国家的忠诚作为团结的中心，父系的观念通常引发大规模的暴力仇杀，以及以血为象征的各种团体等。所以，单以希腊的语境，便可确认，民族国家的逻辑与地方性的各种观念超乎寻常的默契。❶

因此，民族国家的长久之计，就在于意识到其自身与各种地方性知识的"默契"和妥协的关系，进而宽容地默许这些知识和实践，在文化亲密性空间"偷偷摸摸"地进行下去。这一点就如同约旦的民族主义仍然带有极其浓郁的部落情结一样，同样是民族主义得以

---

❶ Michael Herzfeld, *Cultural Intimacy: Social Poetics in the Nation-State*, 2nd editon, p. 111. 当然，这种以血为团结和忠诚的象征出现在不同的民族主义话语中，特别是在多民族国家内，民族主义建构的实质化和具象化过程，也是一个道格拉斯所谓的清洁"失序之物"和抑制地方性、差异性的过程。这一过程很容易被各种族群所仿效，也成为他们洁净自身、制造族群纷争的借口。赫茨菲尔德认为，哈佛大学人类学家谭比亚有关民族主义的观点，有助于我们理解民族国家共同想象过程中内含的诸多分裂性因素。谭比亚认为，民族国家建构在自身诸多暗藏的隐喻之上，这一策略同样可以激发起那些相对被剥离了权力的群体（主要是少数群体），组成类似实体（coalescing analogous entities）的可能性，并由此引发各种暴力的冲突（转引自 Michael Herzfeld, *Cultural Intimacy: Social Poetics in the Nation-State*, 2nd editon, p. 114）。因此，谭比亚超越了安德森的"想象的共同体"，指出民族国家一方面在试图整合各种地方性观念，族群身份甚至是个体的社会实践方式（比如安德森提到的全民读报等等），并以此作为民族主义的依据。然而这一过程未必一定是一体的和团结的，伴随其中的往往是各种各样的群体意识和分裂主义。赫茨菲尔德更进一步指出，族群也以民族国家的社会性的具体化作为范例，本身就是民族国家的一个产物。至少在希腊出现的较为温和的民族自治意识，除了其自身的外部因素之外，绝大部分都是民族国家自身的产物。参见 Michael Herzfeld, *Cultural Intimacy: Social Poetics in the Nation-State*, 2nd edition, pp. 114-115. 也就是说，族群意识也以民族国家的建构和运作策略为参照，也是一个将原本应该以多元并蓄、包容差异为主要特点的社会性—并具体化了。原本符合地方性社会规范的族群之间的世仇、纷争，在民族国家将身份转变成族群身份、接着又成为水火难容的族群疆界，并最终成为族群间相互敌视和仇杀的原因。施雅克在约旦观察到，贝都因人如今也仿照洁净的民族国家观念来建构自身的身份认同，与其身份相对立的他者这一参照对象，无疑就落到了同样居住于约旦境内的巴勒斯坦人身上，目前这一族群建构的趋势仍然在持续着，未来族群纷争的种子已经埋在了这一现实的土壤之中。

延续的方式。在人类学家看来，约旦的民族主义辩论（尽管其自身是朝着规范、现代性和制度化的一次重大的实践）仍然充斥着社区的谱系概念……对于部落主义者而言，约旦这一想象出来的"民族"，很容易同民族国家建立之前长久居住在约旦东部的贝都因人的后裔联系起来。他们所理解的国家的现代主义，无非是赋予他们的部落日程（tribal agenda）以正当性，即现实地和象征性地肯定他们的高贵族源，同时认可他们所坚守的非西方的真正美德。❶ 总之，约旦的民族主义最终不得不与形形色色的"集体情感"和派系分支加以妥协，形成一种施雅克称作"谱系民族主义"的复合形式。"这种将谱系与民族主义的意象杂糅在一起的共同体形式，为约旦的各部落和巴勒斯坦人提供了新的身份认同方式，同时也为新兴的现代民族国家打上了浓郁的具有亲密性质且具有族长治理色彩的烙印。"❷

显然，至少在施雅克所调查的约旦，民族主义与部落社会之间一直进行着一场旷日持久的拉锯战。一方面，民族国家试图根除部落社会的派系主义和狭隘情感，用一种抽象的公民忠诚意识取而代之。然而，部落社会的诸多"蒙昧"的陋习仍然"残存"下来。从约旦建国的20世纪20年代一直延续到施雅克调查的90年代，约旦忙于改造和重塑的这些文化亲密性空间，却持续为其民族主义的生长和发育提供着重要的养分。地方社会的情形如此，而在民族主义观念灌输和习得的重要"制度"——教育这一体系中是否同样存在文化亲密性呢？教育中的文化亲密性是否被民主主义观念荡涤殆尽了呢？这些都是科伊需要考察的问题。

---

❶ Andrew Shryock, *Nationalism and the Genealogical Imagination: Oral History and Textual Authority in Tribal Jordan*, p. 321.

❷ Andrew Shryock, *Nationalism and the Genealogical Imagination: Oral History and Textual Authority in Tribal Jordan*, p. 8.

民族主义教育机制中的文化亲密性

　　教育和学校作为民族主义观念进行意识形态灌输和宣传的重要制度以及规训的空间，是否像民族国家预期的那样，已经成为一个与民族主义观念高度同质化的领域，因此容不下任何"偏离性"的观点和实践了呢？民族主义观念和国家文化等知识在学校教育中被转换时，所产生的意义的模糊性和不确定性，民族国家会采取何种调适的手段和策略呢？显然，如果民族主义观念与各种知识的生成和转换之间确实存在意义的模糊地带，我们也可以将其理解成文化亲密性领域。

　　文化亲密性得以生成的一个重要条件就是意义的模糊性，民族国家的话语总是拘泥于字面意义的解读，而忽略了这些观念或者实践在具体语境中通过社会参与者社会诗性式的展演，所表现出的即兴、瞬时以及所具有的偶然性。意义的模糊性，使得学校也不太可能成为一个彻底灌输刻板僵化的民族主义观念的场所，它更多的还是一个展示文化困境的空间。

　　2005 年，科伊出版了《非洲学校的文化困境》一书，考察加纳的民族主义如何将文化转换成统一和具象化的国家文化观念。❶经过文化包装的民族主义观念，当然需要借助教育这一机制，将其灌输给青少年，成为他们思考和行动的"惯习"。学校无疑是考察、宣传和散布民族主义观念的恰当空间，在科伊看来，如果有关民族主义以及文化表述的研究将学校机制纳入进来，则更能清楚地发现

---

❶　科伊认为，这种国家文化的塑造工程从加纳 1957 年获得独立以来，经历过如下几个意识形态化或者霸权化的过程，第一阶段是"文化即传统"，第二个阶段是"文化意味着发展"，第三个阶段是"文化就是一种生活方式"，第四个阶段是"文化就是鼓与歌"（drumming and singing）。

民族主义的相关表述被整合在教育机制之中的时候，是如何被加以转换的。因为学校教育具有自身的传统以及各种社会联系的渠道和方式，同时也充满诸多变动的因素……学校因此成为考察国家与公民之间互动妥协的重要场所，双方都试图影响对方。❶也就是说，规范的文化表述作为民族主义话语宣传的重要手段，在学校推行的时候，教师、学生和社会或多或少也能意识到文化是经过国家改造、挪用和重新界定的观念，它们根据自身的需要（家庭的、职业的、宗教的、地区以及传统的生活方式），同样可以对文化加以阐释和界定。学校成为国家和公民围绕文化观念的界定和知识化，相互介入、争夺和妥协的场域。学校因此既是一个意义模糊的空间，也是一个文化亲密性地带。

科伊认为，国家在学校中推行民族主义的过程是这样的。首先，国家会将某种与大众的日常生活体验密切相关的实践形式（比如歌舞、技艺等）裁取出来，"使这些日常生活中的文化实践成为民族主义话语塑造的对象，经过公开的陈述、论争之后，成为具象化的事物"。❷赫茨菲尔德则将这一过程称为"无处不在的本质主义"（pervasive essentialism）。他认为浪漫的民族主义总是热衷于界定，对于一个民族而言，什么才是本质。进而通过各种制度和官僚体系向文化领域延伸，对其加以修正和挪用，并最终将本质确定下来。在这一过程中，民族国家意识到，大众的日常生活实践蕴含着民族忠诚的表述力量，因此必须对此加以利用。❸

---

❶ Cati Coe, *Dilemmas of Culture in African Schools: Youth, Nationalism, and the Transformation of Knowledge*, Chicago: University of Chicago Press, 2005, p. 5.

❷ Cati Coe, *Dilemmas of Culture in African Schools: Youth, Nationalism, and the Transformation of Knowledge*, p. 53.

❸ Michael Herzfeld, *Cultural Intimcay: Social Poetics in the Nation-State*, 2nd edition, p. 8.

其次，"一旦某种文化形式或技艺被确定下来之后，民族国家便着手对其加以改造，在地方性的传统中加入民族主义的元素。加纳有一种传统的击鼓和舞蹈形式，原本是酋长在其宫室举行仪式时进行的表演。酋长们要么以这种鼓舞的形式进行政治联络，表达忠诚，互相赞美并定下盟约，要么表达彼此的仇视和敌对"。❶ 按道理说，各部族、酋长纷争的混乱无序，不符合民族国家的忠诚与团结的理念。同样，这种与部族时代密切联系的击鼓与舞蹈（drumming and dancing）形式，虽传递互信却也表现纷争，不宜成为民族主义加以象化的对象，然而，加纳政府将这种"鼓与舞"的形式表现纷争的含义去掉，将忠诚的一面保留下来，并组织青少年在地区乃至全国的各种节庆活动中，展开鼓与舞的表演竞赛。"如此一来，青少年参与到了民族国家的两个建构策略之中：其一是一种替代性的'国家'节日被创造出来；其二是地方性的文化实践，出于民族主义的目的，被修改和挪用。"❷

第三，适于在国家的节日中加以展演和表现忠诚的"文化"被确定下来，民族国家接下来要做的就是在恰当的制度中推行和普及这种"文化"。学校无疑是一个颇为理想的场所。这是因为，"学生们在学校老师和校长的长期有序的管理下，已经形成完善的组织制度，便于各种政治决策的动员"。❸ 此外，"鼓与舞的形式成为国家

---

❶ Cati Coe, *Dilemmas of Culture in African Schools: Youth, Nationalism, and the Transformation of Knowledge*, p. 66.

❷ Cati Coe, *Dilemmas of Culture in African Schools: Youth, Nationalism, and the Transformation of Knowledge*, p. 66.

❸ Cati Coe, *Dilemmas of Culture in African Schools: Youth, Nationalism, and the Transformation of Knowledge*, p. 69. 此外，根据科伊的研究，加纳政府在 1986 年通过教育改革，正式确定将学校作为文化干预的主要场所，并将这一决策形成制度、直接在教育部的监督和指导下进行，而之前学校的文化活动一直是国家文化委员会（更名前叫作"艺术委员会"）的事务。参见 Cati Coe, *Dilemmas of Culture in African Schools: Youth, Nationalism, and the Transformation of Knowledge*, p. 77。

挪用文化传统、凝聚多数公民忠诚意识的手段，在学生当中显然更有可能达到上述目的。因为学生们更容易在身体、惯习（habitual experience）以及主观认知等层面，接受和体认这些经过剪裁和篡改的文化意义，并自然而然地将其当作事实加以接受"。❶

　　然而，经过民族国家具象化之后的文化真能顺畅、深入地灌输给每个学生，并进而以各种展演和艺术竞赛的方式在社会上宣传和普及吗？情况未必如此。科伊认为，"赫茨菲尔德的文化亲密性观点有助于我们分析学校、社会和地区，对具象化的文化同样在施加一套挪用和篡改的策略，只不过其方式更为隐秘、更为诗性而已。这是因为，随着国家进入到诸如展演的艺术（performing arts）一类的民众亲密性空间，来寻求合法性，民众同时也在吸取和利用这些实践方式多重和模糊的意义，以便达到偏离和反转（subvert）国家权力的目的"。❷ 这套"偏离"和"反转"的策略，当然也是赫茨菲尔德所谓的社会诗学。除了科伊考察的鼓与舞展演中的颠覆性因素之外，❸ 还包括"地方性社会的历史记忆和叙述方式、日常言语和实践，对于国家观念或者意识形态的借用、嘲讽甚至颠覆，这些就构成了社会诗学"。❹

---

❶ Cati Coe, *Dilemmas of Culture in African Schools: Youth, Nationalism, and the Transformation of Knowledge*, p. 83.

❷ Cati Coe, *Dilemmas of Culture in African Schools: Youth, Nationalism, and the Transformation of Knowledge*, p. 90.

❸ 科伊分析了一个鼓与舞竞赛的例子，表演者在形式上完全符合国家对这一艺术展演的所有要求，可是歌词却被修改，原本应该展现民族主义忠诚意识的歌词，却成为歌颂某一部落酋长的英明神武，说他英勇无畏，带领部落民众驱逐强敌，建立家园。而负责评判的裁判，一方面肯定歌者和舞者娴熟的技艺，但同时也指出歌词不符合"文化是通向民族繁荣的门户"这一主题。裁判的观点显然是在向教师和学生表明，学校的文化竞赛应该强调加纳民族文化的重要性，而不是歌颂某位部落头领。

❹ Michael Herzfeld, *Cultural Intimacy: Social Poetics in the Nation-State*, 2nd edition, pp. 15-16.

此外，在赫茨菲尔德看来，民族国家面临更糟糕而同时又不能自觉的情形是，将文化之物"自然化"借用了一系列僵硬刻板的术语、定义。民族国家越是拘泥于这些术语的字面意义、缺乏变通的处理方式，则民众阐释和展演的空间也就越大。他说：

> 民族国家将文化之物自然化的建构，不可避免地必须通过一些语义上已经僵化的术语。比如包括词句（words）、术语（terms）以及法律条文（legal pronouncements）在内的能指等一类缺少变化的形式。民族国家为了保证这一类宣称成为永恒的自然之物，不受任何语境条件的约束，必须费尽心思地在公众话语中探究这些话语符号是如何在已经显著不同的场合下使用的，其中又发生了何种形式的扭曲、改造，甚至反转。民族国家试图在字面意义上对话语或者概念进行解读（缺少变化的），并加以维持。此种字面拘泥主义（literalism）与公众依照不同社会交往语境对这些概念的不同使用之间，就构成了一个意义生成的场域。其间充斥着各种紧张关系和随时变化的语境，因此具有极大的模糊性和不确定性，这也正是文化亲密性生成的空间。❶

也就是说，刻板僵硬和灵活变通与永恒和瞬时之间，形成某种张力，进而构成一个意义生成的场域。民族主义的话语和永恒性的种种观念以及民众的各种地方性传统，都必须投入到这一场域中相互角逐、妥协和校准。这一亲密性的场域因此成为民族主义话语的实验场所，任何抽象和普遍的观念都要进入到这一民众灵活变动的

---

❶ Michael Herzfeld, *Cultural Intimacy: Social Poetics in the Nation-State*, 2nd edition, p. 76.

空间来加以检验，并获得自身的合法性。为了达到这一目的，民族国家事实容许民众的偏离性实践的存在，客观上也给了地方性知识更大的操作空间。科伊在非洲也观察到了民族国家将文化之物"自然化"成普遍法则后，给自己造成的被动处境：

> 出于自身建设、发展以及凝聚民众忠诚意识的需要，加纳政府在不同历史时期，将文化与民族国家过于功利的目的联系起来，创造了一系列文化的等式。继文化等同于鼓与舞之后，文化又被等同于发展（20 世纪 80 年代），等同于生活方式（20 世纪 90 年代）。文化等同于发展之后产生的一个意义模糊的问题必然是："文化的哪些部分需要提炼、美化和改造。"❶

于是，在加纳建国之后长期受到排斥的教会学校，看到了利用发展观念来传播教会思想的正当性和合法性空间，并将诸多的宗教因素加入学校组织的学生的艺术表演之中。❷同样，文化等同于生活方式的宣传，固然有助于从民众的日常生活层面凝聚民族国家的认同意识，但这一等式多少与发展的等式相悖。地方部落领袖的"残存势力"，似乎也正是从民族国家这一刻板的提法中，找到了复活传统的空间。它们暗中将部落的诸多带有分裂性和地方性荣誉感（建立在与一国之内其他群体比较基础之上）的因素，糅合进学校

---

❶ Cati Coe, *Dilemmas of Culture in African Schools: Youth, Nationalism, and the Transformation of Knowledge*, p. 94.

❷ 科伊观察到一个加纳教会学校的校长认为必须用发展的手段对部落传统的贞洁观念、环保观念加以提炼和创新，用环保主义、预防青少年早孕等"发展"的话语与基督教固有的相应的教义相结合，从而成为学生进行表演的新形式。见 Cati Coe, *Dilemmas of Culture in African Schools: Youth, Nationalism, and the Transformation of Knowledge*, p. 94。

的各种艺术表演和竞赛之中。❶

　　显然，加纳的民族国家建构所借用的种种文化形式暗含着一个
个隐喻。这些隐喻在不同的时期折射出不同的地方性群体利益和传
统文化观念。加纳的民族主义在很大程度上是对立纷争的酋长国这
一隐喻的投射，如同上文论述的约旦的民族主义是部落主义这一隐
喻的投射一样。民族国家将这些隐喻加以借用和建构，以便同民族
主义观念嫁接在一起，有助于从地方性的社会经验中培养民族国家
的忠诚意识。然而，这一做法同时也面临极大的风险。正如赫茨菲
尔德所言：

　　　　这一建构的过程是将差异性刻意抹杀的过程，同时也是
　　一个本质主义的（包括拘泥于字面意义在内的）具体化或者
　　物化过程。民族国家这种建构路径的危险之处就在于，地方
　　社会及其日常语境中使用的隐喻，同时也包含着分裂与对抗
　　的因素。民族国家在政治话语层面越是强调这些隐喻的字面
　　意义和同质性，越是刻意淡化地方层面的身份认同、族群以
　　及民族之间的差异，就越是为内部的各种矛盾和冲突的升级、
　　失控埋下祸根。因此，想象的共同体不会总是朝着民族国家
　　单一层面发展，想象同时在好几个层面发生，这些层面呈现

---

❶ 加纳政府颁布的学校文化研究纲要指出，相关的文化教育在学校和社会中的开展旨在
　珍视和认识加纳的传统文化，包括生命仪式（出生、成年、婚丧），语言（成语、故
　事、传统礼仪）以及各种展演艺术，传统职业和物质文化的诸多方面。参见 Cati Coe,
　Dilemmas of Culture in African Schools: Youth, Nationalism, and the Transformation of Knowledge,
　p. 97。如此一来，与生活方式息息相关的传统"复活"了，作为生活方式的传统被大
　众理解为"代代相传的遗产"，连同传统一起复活的是加纳表达文化的本土观念，它
　本身是酋长国派生出的一个含义，指传统酋长国的一切实践方式，传统的酋长国文化
　观念因此大有替代加纳民族文化观念的趋势。见 Cati Coe, *Dilemmas of Culture in African
　Schools: Youth, Nationalism, and the Transformation of Knowledge*, p. 105。

出一种并列的关系。●

因此，民族国家势必在双方都共享的，但同时又必须在公开场合加以掩饰的诸多文化观念的隐喻中，寻求一种妥协，以此给地方的共同体想象也留出一定的空间，默许不同层面的并列关系的存在。在加纳，学校作为实施国家文化教育纲要、塑造合格公民的场所，也享有一定的亲密性空间。这一空间将地区的、酋长传统和仪式的、基督教的多种因素纳入进来，并且在文化"真实性"这一层面，与国家抽象和刻板的文化界定加以抗争和妥协，从而形成一种"异质杂陈"的局面。此外，学校在决定哪些方面需要转换成知识以及转换成何种知识方面，也与民族主义的文化教育纲要产生分歧。这些分歧在公开场合也可以通过一套社会诗学来加以改造。比如"在艺术竞赛中，在众人的心领神会中来加以展演，而众多作为民族主义'化身'的裁判也不持异议"。● 正是因为加纳政府容许这一亲密性空间的存在，所以"当学生和老师们在艺术竞赛中对裁判是否公平公正颇有微词的时候，他们不会质疑政府组织这种竞赛的权力。这一点正如各种地方性力量围绕民族国家的优越性地位和资源展开相互竞争时，仍然在政府的框架内进行一样"。●

在这样一个稍许偏离民族主义刻板教条和抽象观念的空间中，"加纳的民族国家观念反而进一步得到强化，究其原因，原来是包含于内的种种地区、宗教和族群的颠覆因素形成了以国家为框架来

● Michael Herzfeld, *Cultural Intimacy: Social Poetics in the Nation-State*, 2nd edition, p. 111.

● 科伊在书中并没有明确这一提法，但是从她描述的加纳的学校教育中，完全满足文化亲密性空间的所有定义。

● Cati Coe, *Dilemmas of Culture in African Schools: Youth, Nationalism, and the Transformation of Knowledge*, p. 191.

展示地方或族群优越性的共识"。❶ 地方性的差异、竞争和各自的文化传统展示所体现出的"众声喧哗",反而促成了民族层面的归属感和认同意识。加纳的民族主义建构历程表明,民族主义同样可以通过表述纷争,展示差异来形成,这些差异和纷争所形成的文化亲密性,正是单一和同质的民族主义需要掩饰的空间。恰恰是在这样一个令人尴尬的文化地带,民族主义汲取了丰富的养分,并且借助地方性社会的诸多隐喻,将自身投射到民众的生活实践中,成为民众"平庸"和"亲密"的日常体验。

民族主义对外,总是以公民、公共和统一的形象加以展示。民族主义连同国家、历史一道,都建立在诸多的二元对立的分类模式之上,比如国家与地方、公共与私密、统一与分裂、理智与情感、世俗与宗教,甚至拯救与堕落等。国家和官方的历史总是意味着前者对后者的抑制、挪用、改造和遮蔽。然而在民族国家的私密空间,这一潜藏着大众的喜怒哀乐、爱恨情仇的情感地带,却激荡着另外一幅民族主义建构的文化景观。人类学家斯多克斯对于土耳其流行音乐的考察,意图建构一种有别于官方叙事的民族主义历史,因为"这些歌声塑造了民族国家的亲密性观念",❷

---

❶ Cati Coe, *Dilemmas of Culture in African Schools: Youth, Nationalism, and the Transformation of Knowledge*, p. 191.

❷ 斯多克斯认为,土耳其官方的民族主义历史一直遵循着如下这一标准的版本,其核心的观念要素正如众所周知的一样,按照先后顺序分别是:首先是民族意识的启蒙,接着是日益衰败的奥斯曼土耳其帝国内知识群体推动的自治,接着是"一战"之后的民众抗争;帝国主义入侵遭受的耻辱,接着是安纳托利亚民众的巨大牺牲;然后在凯末尔英雄式的引导下最终建国。这种民族主义的历史叙事一直隐藏着一条民族现代性的叙事线索,而这一现代性是由西方和世俗来界定的。参见 Martin Stokes, *The Republic of Love: Cultural Intimacy in Turkish Popular Music*, Chicago and London:The University of Chicago Press. 2010, p. 16。

流行音乐及其所衍生的一种"音色社会性"（timbal socialities），**❶**
使得书写一种情感的或者亲密性的民族主义历史成为可能。

流行音乐的亲密性

　　受到赫茨菲尔德文化亲密性理论的启发，斯多克斯将土耳其的
流行音乐称作"文化亲密性的声音"（voices of cultural intimacy）。这
种亲密性在他看来表现在如下三个方面：第一，土耳其流行音乐中
的世界性元素，反而促成了一种国家认同的亲密性意识（intimate
sense）。这是因为，创作一种带有土耳其风格的探戈、爵士、嘻哈
或者电声音乐，并非简单地将这些舶来品拿来就用。乐人们更多
地享受将其修改加工成土耳其音乐时，体现的创造性和高超的技
艺。流行音乐中所包含的世界性元素，反而有助于塑造一种国家认
同的亲密意识。此外，这一在日常生活中加以塑造的过程，强化音
乐与各种社会、文化和历史因素交融的鲜活体验，不仅仅依靠官方
建构的历史版本。第二，土耳其在20世纪90年代开始的伊斯兰化
运动，催生了一些带有宗教色彩的"绿色流行音乐"，其目的在于
逼迫世俗主义者认识到世俗主义在土耳其是死路一条，然而无论如
何，这种音乐形式也通过感召一种亲密性的逻辑来实现。即在日常
的"世俗"观念中，将伊斯兰教理解为土耳其国民性不可分割的一
部分，任何试图将二者分裂的企图都是徒劳的。第三，这些流行音
乐播放的空间也具有民族亲密性的色彩。戈孜诺（gazino）原本是
18世纪基督徒和穆斯林经营的酒吧或者咖啡馆。如今，这些地方成

---

❶ 这是斯多克斯借自 Feld 等人相关研究的一个观念，Feld 等人认为，声音的物质纹理
（physical grain）具有一种根本的社会生活属性……言语和歌曲混杂在一起，衍生了音
色的社会性。转引自 Martin Stokes, *The Republic of Love: Cultural Intimacy in Turkish Popular
Music*, p. 7。

为特别的亲密性场所，其间播放或演奏的土耳其音乐使人愉悦。❶

上述土耳其流行音乐体现出来的"亲密性"，说明宗教和国家等种种正式的制度和观念，意识到借助流行音乐这一巨大的亲密性空间，包装和推销宗教教义以及民族主义的重要性。然而，颇让民族国家尴尬的是，普通大众"凝聚"而成的民族意识，似乎主要借助流行音乐中展现的各种日常乃至平庸的生活体验，而非官方各种宏伟壮阔的历史叙事。他们同样也可能只在"世俗"的生活节奏和韵律中，感知宗教的"神圣"。当然，他们也更愿意来到各种酒吧夜店消遣娱乐，而非国家建造的富丽堂皇的剧场、戏院。因为流行音乐更多地与喧哗热闹的酒吧、夜店联系在一起，而高雅音乐往往贴着各种"民族"的标签，成为国家打造文化品牌主推的各种国粹艺术。流行音乐的文化亲密性缺乏监管和引导，这一点颇让民族国家焦虑。因此后者总是急于进入这些难以监控和规训的领地，企图用具象化的艺术形式去影响乃至"拯救"沉溺在酒吧中的大众的"身体"和"灵魂"。

然而，如果"侵入"这一文化亲密性地带的民族主义，并非出于共生与包容的目的，则将极大损害这一普罗大众的情感空间。这是因为民族主义总是拘泥于字面意义，以此对音乐进行类型化以及具象化的解读和塑造，以便澄清普通大众与民族国家在音乐理解上所产生的歧义。对于流行音乐同样拥有解读和发声（articulation）权利的另一方，往往被迫保持沉默。这一结果等于截断了民族主义进行灌输的渠道和空间，因为民族主义毕竟还得借助大众散漫和日常的生活体验——各种亲密性的实践和逻辑——将自身的概念嵌入其中，内化为他们的一种惯习。

---

❶ Martin Stokes，*The Republic of Love: Cultural Intimacy in Turkish Popular Music*，pp. 20-25.

也就是说，文化亲密性地带与民族主义之间的各种良性互动，才是民族主义获得意义的根本。❶ 在如此的互动过程之中，意义的阐释是多维的，也是模糊的。模糊（或者按照中国的智慧就是"混沌"）正是文化亲密性的一个重要特征。在土耳其的流行音乐场域也上演着这种角色互换，以及相应的意义生成（民族主义和忠诚意识）的过程。在这一地带，歌手们对于国家音乐改造的理解是模糊的，他们的身份也是模糊的，甚至空间观念（城市和国家之间）也是模糊的，土耳其的流行音乐相应也是五花八门、参差不齐的。斯多克斯认为：

> 本书研究的中心——流行歌手们对于国家的各种音乐改造（改革）工程都持一种模棱两可的态度，因此流行音乐也充斥着各种元素，既有地方性的全球性元素（vernacular cosmopolitanism），也有朴素的神秘主义元素，并且时常掺杂着一些谨慎的宗教保守主义元素。众多歌手生活的伊斯坦布尔也是这样一个意义模糊的地带——既是众多的流行文化生产的场所，同时也提供休闲和娱乐的空间，其独特的地势同样让人心旌摇荡、浮想连连。歌手们既不完全属于国家，也并不完全属于这座城市；他们既不是官方话语下的产物，但也并非全然与其作对。如此模糊的身份难怪总是得不到学术上的关注和研究，虽然它们一直处于土耳其民族意识与自我这一亲密性认同

---

❶ 在赫茨菲尔德看来，对于意义的理解，就必须明了意义是在社会交往中产生的这一最为浅显的道理。交往的主体，一方有所图，而另一方则具备阐释的能力，并且双方的角色是一个持续的互换过程，表演式的观点或者言辞（performative utterance）之所以有力，恰恰有赖于即刻的社会语境。这样一种特定社会情境之下，角色持续转换的过程才能产生出富有意义的言辞。参见 Michael Herzfeld, *Cultural Intimacy: Social Poetics in the Nation-State*, 2nd edition, p. 75。

得以转换和生成的关键性地位，却长期得不到学界的认识。❶

意义模糊，意味着一定程度的不确定性和短暂性，这些显然是致力于建构永恒话语的民族国家所难以容忍的。然而，模糊所造成的多重意义，不但是音乐创作的活力源泉，它所造成的身份表述的多元性，更是各种对立关系得以消解的巨大容器。民族国家虽然也认识到了这一点，却竭力掩饰彼此的亲密关系，它们总是热衷于将"模糊不清"的生活方式加以分类，并贴上国家、集体或者个人的利益标签，但"只有进入到这一让人颇为难堪的亲密性地带进行研究的人类学家，才能更清楚地阐释为何官方似乎总是默许甚至纵容大众在日常生活中，继续偷偷摸摸地让这些'陋俗'存在下去"。❷ 显然，民族主义是民众日常生活中，一种高度简化和具象化的形式。民族主义自身同样来源于意义模糊的场域，它不可能取代，也不可能根除其他意义的生产方式和环境。只有意识到文化亲密性的民族主义，才能多少宽容种种"陋习"的存在。反之，越是高度抽象和本质主义化的民族主义观念，则越缺乏变通和活力。

斯多克斯有关土耳其流行音乐的民族志研究发现，民族主义试图用"爱"来调和公共与私密、世俗与宗教、主体与少数等多种内部矛盾的差异和冲突。将"爱"作为一种整体的、毫无差别的国民性来加以呈现，本身就是一种本质主义倾向。❸ 然而，民族国家

---

❶ Martin Stokes, *The Republic of Love: Cultural Intimacy in Turkish Popular Music*, p. 25.

❷ Michael Herzfeld, *Cultural Intimacy: Social Poetics in the Nation-state*, 2nd edition, p. 1.

❸ 在斯多克斯看来，民族国家对爱的本质主义过程是这样的，首先爱毫无疑问地被理解成一个国家层面的问题，以至于任何有关爱的危机的谈论都意味着在谈论特定的土耳其的危机。其次，有关爱的讨论自发地被理解为带有一种精神和宗教的维度。因此爱将土耳其世俗和宗教的、左派和右派的、土耳其和库尔德等一系列"民族内部"的分歧和对立抹去，任何人都必须承认和接受，尽管不论是什么造成了彼此之间的隔阂，

将"爱"这一复杂微妙的个体情感体验，从其紧密依附的个体之间、家庭、亲属以及地方等不同层面的亲密性领域剥离出来，试图具象化或者本质化为一种官方主导的"国家文化"时，立马会陷入一种尴尬的文化困境之中。毕竟这种高度抽象的民族主义概念，无法整合所有内部群体和观念事实上的差异。在斯多克斯看来，土耳其的"爱之文化"在民族国家成立之初，事实上是以一种充满情感和亲密性的语言形式出现，并被用来感召和塑造独立的民族身份认同，但建立在爱之基础上的民族独立，很快被证明毫无根基、空洞贫乏，且极易激发起将族群纯净化以及为塑造真实的民族文化遗产而产生的躁狂和幻想。❶ 此外，国家倡导的普世之爱毕竟曲高和寡，与现实生活形成巨大反差，因为"现实生活中的土耳其人总是很难达到这一至高的爱的理念的要求"，❷ 民族主义对此困境似乎束手无策。在文化亲密性地带，民众似乎并不太费劲地就找到社会诗学式的表述策略，以帮助自己认识"爱"的理想与现实之间的巨大差异。对于隐匿其间的诸多尴尬，民众也自嘲式地予以接受，进而凝聚成民族认同意识。

正是在民族国家为自身尴尬的文化困境寻找的托词中，斯多克斯认为赫茨菲尔德的文化亲密性理论大有助益。正如赫茨菲尔德所言，民众的文化认同并非来自民族主义空洞抽象的价值观念的宣称，那些让他们觉得对外尴尬和难以启齿、对内却构成共同社会性的文化特质，将他们彼此联系在一起。❸ 因此，尽管官方主导的媒体一方面公开呼吁让爱升华，号召爱满人间，巨大的现实与无界限

（接上页）但是一种超越一切的"爱之文化"（culture of love）将他们联系在一起。参见 Martin Stokes，*The Republic of Love: Cultural Intimacy in Turkish Popular Music*, pp. 27-28。

❶ Martin Stokes，*The Republic of Love: Cultural Intimacy in Turkish Popular Music*, p. 30.

❷ Martin Stokes，*The Republic of Love: Cultural Intimacy in Turkish Popular Music*, p. 33.

❸ Martin Stokes，*The Republic of Love: Cultural Intimacy in Turkish Popular Music*, p. 33.

的爱之间的反差，反而强化了"作为一个土耳其人，事实上永远都是世界的二等公民这样的身份认同。这种屈辱引发的有关身份的诸多笑话和自我解嘲式的幽默，却在无形中加强了土耳其人的民族归属感。这种身份意识正如赫茨菲尔德所言，是对诸多尴尬的自嘲式的自我确认，同时也是文化亲密性的主要标志"。❶事实上，赫茨菲尔德调查的希腊克里特山区牧人特有的"作为贼的自豪感"❷，是对任何虚伪和做作的宗教虔诚的一种嘲弄。这种自嘲意识并非山区牧人的专利，人之所以为人，是因为人会犯错误、有私欲，有"陋习"，这种带有自嘲的宽容，往往造成最大限度的身份认同的可能性，这一点往往是民族主义望尘莫及的。❸

---

❶ Martin Stokes, *The Republic of Love: Cultural Intimacy in Turkish Popular Music*, p. 33.

❷ 赫茨菲尔德认为，"贼的荣誉"一类的短语暗示着不单单只有"贼"才面临这样的困境，事实上所有对无所不在的社会规范表现出原则性蔑视的群体都有相似的境况，这就要求他们发展出自身的"规范"形式，包括行为的伦理准则、组织的连贯统一以及社会的可预测性等方面，这些形式久而久之就演变成这一群体固定的表述策略（"文化亲密性"）。参见 Michael Herzfeld, "Embarrassment as Pride: Narrative Resourcefulness and Strategies of Normativity among Cretan Animal-Thieves," *Anthropological Linguistics*, Oct 1988, Vol.3&4。

❸ 人类学家麦多克在西班牙的田野调查也揭示出一种对自己尴尬身份的自嘲式接受，并形成一种认同意识及其对各种虚伪、空洞的价值观念的蔑视。麦多克在文章开篇即说，我们对于现代民族国家政治和统一性（solidarity）以及其他新近涌现出的现代政治形式（contemporary polities）的考察，所获得的崭新思路完全归功于赫茨菲尔德教授在这一领域的卓越发现和深刻洞见。他所发展和完善的社会诗学（social poetics）以及文化亲密性等相关概念，强调了某种共同身份意识在非正式的表述中所具有的模式化甚至让人备感尴尬的特点。然而这些非正式的表述方式却是这一群体内部共同社会性的来源，这些日常生活中意味深长的隐喻式的表述，与更为官方化、更正式化以及几乎无一例外的积极向上的观念表述体系，形成鲜明对照。后者通常与民族主义、道德伦理以及地区性的出类拔萃观念的表述方式联系在一起。他进一步举例说明，西班牙的安达卢西亚人自嘲地称自己是半个摩尔人时，激发起一种复杂的历史意识。混血？杂种？摩尔多瓦王朝时的自豪情结？对于自诩为更理性、更发达也就更冷酷和不近人情的西班牙北部地区的嘲弄？对于北非移民事实上的宽容？这是任何民族国家层面拘泥于字面和本质主义的枯燥乏味的说辞都无法涵盖的。参见 Andrew Shryock ed., *Off Stage/On Display*, p. 132。

土耳其的流行音乐显然构成了这样一个文化亲密性地带，民众借助某种特定的音乐形式，形成颇为"另类"的民族国家观念。这种民族观念与他们日常的言语和社会实践休戚相关，并且与他们熟悉和亲切的社会、文化和历史经验联系在一起，形成一种亲密性的民族主义意识。另外，亲密性民族观念抵制任何形式的本质主义和类型化倾向，各种被民族主义类型化的元素，比如西方与非西方、现代与传统、世俗与宗教、世界与地方错综复杂地交织在一起，折射出生活异质杂陈的真实样态。❶

---

❶ 斯多克斯描述了土耳其 20 世纪八九十年代流行音乐阿拉贝斯克（arabesk）这一颇具政治争议的形式。70 年代，在土耳其官方和学界话语中，阿拉贝斯克通常与城郊移民以及城市贫民区联系在一起，传递出一种痛苦、哀怨的情感，与土耳其"西化"及"现代化"的形象不相符合而遭到诸多批评。然而到了 80 年代，带有较为强烈的伊斯兰教教义复兴的民族主义话语则认为，尽管阿拉贝斯克有哀怨和愤懑的色彩，然而只要"清洗掉"这些"消极"的以及西方音乐的诸多因素，加上阿拉贝斯克自身浓郁的土耳其本土色彩，完全可以创造出一种没有痛苦的和洁净的阿拉贝斯克形式，一方面可以用来抵制世俗的现代化进程对宗教教义的侵蚀，同时也可以用作一种宗教意义上对民众的宣传和感召。事实证明，这种净化后的阿拉贝斯克非常短命，两三年之后便销声匿迹了。然而在土耳其的非官方和非制度性宗教话语的文化亲密性地带，以音乐家根塞贝（Gencebay）为代表的喜爱阿拉贝斯克的大众，却对此有着自身的理解和阐释。在他们的音乐形式中，他们自身以及国家同时面临的诸多困境都呈现出来——比如私密的情感（怨恨、痛苦、诅咒）与官方话语倡导的公共空间的爱满人世之间的矛盾。土耳其地方性音乐与世界性元素（电声、嘻哈、rap 等）之间的矛盾，世俗与宗教，传统与西化，等等——都在音乐中得到了很好的体现，但绝对不像宗教或者官方话语那样加以本质化和类型化的简单二分。阿拉贝斯克音乐的代表人物——根塞贝的代表作《诅咒世界》风靡一时、影响至今。斯多克斯认为这首歌曲呈现了当时大众面临的文化困境。他说，《诅咒世界》序曲部分各种乐器的声音，便明显地与一个二元对立体的民族主义图式截然相反：首先是西式的摇滚混音，其间衬托着阿拉贝斯克音乐特有的弦乐弹拨的和声，现代和西化的弗拉明戈吉他混合着传统的电子的弹拨音乐（elektrosaz）。这首乐曲也体现着一种对立、一种两分的逻辑。与民族主义的两分和对立不同的是，这种两分却构成一个"不稳定"的统一体，第一种元素（比如西方的／世界性的）常常被第二种本土的元素所打断，也就是德里达所谓的一种"补充"的形式："东方"的元素时不时地通过极度华丽、衬腔式的复调弦拨和声凸显出来，但是其间又穿插着呜咽的独唱，以及电子弹拨乐器不和谐的弹拨声。参见 Martin Stokes, *The Republic of Love: Cultural Intimacy in Turkish Popular Music*, pp. 74-94。

斯多克斯的案例表明，民族国家在流行音乐这一亲密性地带，界定与民族主义相关的"爱"的本质，然后扮演民众之"爱"的看护者的角色。除了流行音乐领域之外，民族国家更将自己的触角伸向其他大众日常生活的方方面面，将民族主义的忠诚意识掩盖在平庸和琐碎的言辞和实践之中，造成一种毕力格（Michael Billig）所谓的"平庸的民族主义"（banal nationalism）。

文化亲密性与平庸的民族主义

平庸的民族主义观念在毕力格看来，是民族国家包装自身的一套普世的观念。民族主义与民主、社会、爱国、公民选举权联系在一起，并且借助传媒在公民的平庸生活中"舞动国旗"。❶ 民族国家在公民生活的方方面面，传统文化、美食、体育、家庭仪式、生日乃至天气预报等方面，将民族主义朝着公民的平庸生活加以转型，使其潜移默化地成为日常生活较为私密的情感体验的重要成分（愉悦、愤怒、自豪等）。平庸的民族主义在毕力格看来，并不是那一

（接上页）歌曲的配乐就如同亲密性地带的民族主义一样，各种地方性的不和谐的元素总会穿插进来，对一种看似稳定的元素加以干扰，从而将各种对立的因素以一种补充的形式，复调式地包含在极其不稳定的统一体之中。尽管包含着众声喧哗地打断和穿插，但是毕竟是在一个"统一体"内。统一体的变动或者不稳定，事实上都在为民族主义与亲密性知识提供新的元素，以便为下一轮的磨合和互动做好准备，所谓"变则通"就是如此。

❶ 平庸的民族主义在毕力格看来有助于解释西方已经发展完备的国家所特有的一套意识形态思考习惯，正是这一套思考的方式使得西方国家能够不断将自身复制出来。这些思考的习惯并没有远离大众的日常生活，民族国家因此得以在公民的生活中通过种种符号来指示，或者不断在公民的生活中"挥舞"着一面隐形的国旗。民族主义因此并非是这些国家间歇性的情感宣泄，而是一种根深蒂固的地方性传统。Michael Billig, *Banal Nationalism*, p. 6。

面面被激情挥舞的国旗，而是那一面面悬挂在公共建筑物之上的国旗。路人匆匆而过，却又几乎视而不见。❶

显然，那一面面被激情挥舞的国旗成为主流的民族主义研究的对象，而公共建筑物之上往往被"视而不见"的国旗同样也从主流民族主义的理论意识中缺失了。造成这一现象在毕力格看来出于以下两方面原因。一是西方主流学界普遍认为，民族主义是西方民族国家发展的某一特定历史阶段的产物，通常与反抗殖民主义或者反抗任何形式的支配性权力联系在一起。因此，民族主义通常与族群性的分裂、冲动和英雄主义联系在一起，从而有悖于理性、现代和文明的西方国家观念。有鉴于此，民族主义往往被"投射到"他者身上，而我们自身的民族主义因素被忽略、被遗忘，甚至从理论上加以否定。二是某些理论家倾向于将当下对于民族国家表现出的忠诚意识，看作是一种人的普遍心性，因此个体对集体所表现出的忠诚意识被转换成"认同的必要""对社会的依附"或者是一种"最原初的联系"，从而否认这种忠诚意识是现代民族国家时期的特有产物。这一类观点属于赫茨菲尔德所谓的"民族主义的自然化"范畴。❷

毕力格的平庸的民族主义观念，事实上暗含着对西方主流民族主义学者的批判，其中自然也包括吉登斯和吉尔耐。他们论述的民族主义，多少也是投射到"他者"身上的一种"初期的、非理智"的意识形态观念，在一定程度上是与"我们"代表的已经高度发展和完善的民族国家不相同的。如果说现代西方民族国家也曾经是民族主义的产物，但是"我们"的民族主义在某种程度上已经"去除"

---

❶ Michael Billig, *Banal Nationalism*, p. 8.

❷ Michael Billig, *Banal Nationalism*, p. 17.

了原初民族主义的诸多暴戾之气和英雄主义色彩，从而与现代的诸多普世价值观念联系在一起，比如社会、爱国主义、公民选举、民主等。吉登斯和吉尔耐等西方主流民族主义学者所试图呈现的民族主义观念，大多与第三世界反殖民运动联系在一起，或者是西方现代民族国家成形之初发挥动员作用的意识形态。而当下的民族主义，已经成为某种专利，专属于广大的第三世界国家或者正在争取更大自治权力的"族群"，在现代西方民族国家则完全"销声匿迹"。

赫茨菲尔德提出的文化亲密性观念与毕力格的"平庸"观念颇有异曲同工之处，二者都致力于在日常生活的亲密性层面，去观察民族国家运作的轨迹。日常生活的平庸和颇为隐秘的亲密性层面，构成理解民族主义的重要语境，而非与其截然相对。毕力格认为，民族主义借助平庸而颇为隐秘地存在，赫茨菲尔德则认为文化亲密性对外表述的一面，同样试图掩盖民族主义依附于民众的日常经验这一事实。事实上，不光是民族主义，人类学这门学科在赫茨菲尔德看来也长期对民族主义讳莫如深。这是因为人类学家长期以来一直将自己珍视的地方性知识的研究，看作与民族主义截然相对、难以相容。他认为：

> 人类学家直到最近才开始注重国家和民族主义的研究。他们过去一直认为民族主义对地方生活具有敌对性和侵略性，并且由于这门学科与殖民主义的关系，因此他们总是将民族主义视作这门学科自身让人窘迫的近亲。民族主义很容易同大众极端的本质主义和实质化合流，这一点同样让人类学家反感。人类学家现在开始对民众的经验以及政府机构的人员进行研究，但并没有关注正式的机构等问题。即便如此，他们还是采用官方的观念作为对民族国家最恰当的描述，并没有意识到民族主

义与民众的日常生活之间千丝万缕的联系。……有鉴于此，文化亲密性观念就是要探索隐藏在民族国家统一一致的表面之下、种种创造性的违犯的可能性和界限，目的是不再将民族—国家以及本质主义视作大众日常生活和经验遥不可及的敌人，而是将它们（民族国家以及本质主义）视作社会生活不可或缺的一部分。❶

当然，造成这样一种人类学的民族主义研究局面，其一是因为民族主义长期以来，试图掩饰自身在文化亲密性层面的感召和运作，从而摆脱自身与诸多颇为"蒙昧落后"的地方性知识和实践的尴尬关系。其二，包括吉登斯等人在内的民族主义研究者，事实上在民族主义层面又设定了一套新的二元分类模式。❷ 这一分类模式与列维－斯特劳斯的"热社会"和"冷社会"的划分颇为相似，同样依照"我们"和"他者"与西方和非西方这一基本类型范畴，将民族主义的"热""族群性""冲突战争"以及非理性的"英雄主义"，投射到"他者"身上。毕力格的研究再一次论证了赫茨菲尔德所谓的"效应政治"的阐释力，这套效应政治首先在民族国家之

❶ Michael Herzfeld, *Cultural Intimacy: Social Poetics in the Nation-State*, 2nd edition, pp. 1-2.

❷ 毕力格在书中并没有明说这一"冷"与"热"的二元分类体系，但是他所述的"平庸"的民族主义确实有意与吉登斯等人的"热"的民族主义观念进行对照。毕力格认为包括吉登斯在内的分析家们，在使用"民族主义"这一概念时事实上总是将其与"热"的民族主义激情与爆发联系在一起，而这些颇有热度的民族主义情绪总是在极端社会运动所导致的社会断裂（social disruption）时才爆发出来。他们（指吉登斯等民族主义学者）这样做的同时，事实上在于指出一个当今社会非常熟悉并且可以确认的现象。这种观点的问题并不在于民族主义是如何被此类理论所描述的，而是它究竟省略了哪些内容和现象？如果"民族主义"这一术语仅仅适用于解释激烈的社会运动，有一些东西肯定从理论的意识中溜走了。正如同那些悬挂在公共建筑物之上的国旗被视而不见一样。同时，西方的民族主义通常被说成是"爱国主义"，并与他者的民族主义相对。参见 Michael Billig, *Banal Nationalism*, pp. 44-59.

间这一层面，界定何为民族主义；接着动用国家的各种资源乃至暴力形式，去直接干预和控制国内与国外颇有"热度"的民族主义运动。同时，在学术的"重要性"层面，效应政治同样会衍生出一套二元体系，从而将"重要的""有热度的""关系国家稳定、发展和战略利益"的民族主义研究，与"冷僻""平庸""日常"生活中的民族主义研究（主要是人类学的民族主义研究）区分开来，并将后者视作可有可无、无关紧要。而研究有"热度"的民族主义学者也乐得与民族国家合流，以获得更多的资源分配。

因此，对于人类学家而言，要打破这种"效应政治"支配之下的何为重要、何为琐碎的学术二元格局，就必须说明研究平庸的民族主义的重要性。正如毕力格所言，"民族国家自身的延续和复制并非魔法性地横空出世，各种平庸的实践（banal practices），而非有意识的选择或者集体性的想象行为，正是民族国家得以延续的关键。这一点正如一门语言没有惯常的使用者将很快消亡一样，一个国家或民族必须被日常地使用起来"。显然，民族国家在毕力格看来更多的是一种无意识的平庸实践的结果，而并非一种集体性想象的本能和意识。

同样，赫茨菲尔德提出的文化亲密性的概念说明，民众如何在私密、尴尬和平庸的日常生活中，去实践、体验和呈现民族国家的过程。这其中多少也包含对于安德森"想象的共同体"观念的反思性批判。赫茨菲尔德认为，大多数人类学家赞赏《想象的共同体》一书中的观点，是因为该书认识到民族主义如此的号召力。然而安德森却没有进一步去研究个体的民众为什么以及如何回应民族主义的感召。也就是，为什么人们为了一个既空洞又一本正经的观念而死心塌地，甚至不惜牺牲性命？安德森虽然意识到了这一点，但他却没有进一步对其加以研究，不能不说是一种遗憾。安德森指出，民族主义为民众提出了一个可以将他们自己的死亡转换成一种共有的不朽的方案，但是他并没有告诉我们为什么这一途径会如此地行之有效，他也没有说明为什么被转换群体的行为，事实上已经对于不断发展演变的民族国家的文化形式施加了一种互惠式的影响。**❶**

民族国家的感召力以及民族主义观念的延续和复制的秘诀就在于，大众在日常的平庸生活中"使用"这些观念。这些空洞和抽象的观念与赫茨菲尔德所谓的各种家庭、身体和情感密切相关的各种亲密性体验嫁接在一起，既可以表达愉悦，也可以表达伤感和愤怒，直至不惜牺牲性命。毕力格转引了 1937 年英王乔治六世加冕典礼当天，大众观察研究所做的一份调查报告，显示普通英国大众如何与英王代表的民族国家"休戚与共"地度过这庄严神圣的一天。其中一位妇人一天的经历表明，**❷**"恰当的情感宣泄并非无法形容的某种神秘冲动，并非裹挟着社会参与者盲目并且毫无预见性地表达爱国情绪。这位希望表现出恰当的爱国情绪的妇人，事实上正是借助某种社会形式（而这种社会形式自身完全是对熟悉的生活经验的模仿和复制），从而将宣泄爱国情绪与生日或者家庭的新年庆典仪式联系起来"。**❸**

这位英国妇人无疑是在自身熟知和亲切的环境中来体认民族主义。民族主义自然也深谙此道，因此也不遗余力地借助地方性乃至家庭等各种"褊狭"的社会经验来复制民族主义。从某种程度而言，

---

❶ Michael Herzfeld, *Cultural Intimacy: Social Poetics in the Nation-State*, 2nd edition, p. 6.

❷ 大众观察研究所的调查表明，这位普通的英国妇女在乔治六世加冕礼这一天早晨，被楼上一个男人在厨房内的踱步声惊醒，然后开始焦虑今天应该以何种恰当的方式叫醒自己的丈夫，睡眼惺忪的她不确定以"天佑吾王"的虔诚的口吻叫醒丈夫是否合适。最后她彻底清醒之后，觉得把自己的丈夫摇醒就足够了。参见 Michael Billig, *Banal Nationalism*, p. 45。

❸ Michael Billig, *Banal Nationalism*, p. 45.

民族主义同样是在一套根深蒂固的"我们"与"他者"、祖国与他国分类模式之上来运作的。民族国家毫无例外的必须对此加以掩饰，赫茨菲尔德认为这是出于文化亲密性内隐的表现，由此与大众形成一种心照不宣的尴尬的认同方式。而毕力格则认为西方民族国家同样不愿意宣扬此种"激情"和"非理性"的民族主义，而是将其投射到他者身上，因为此种民族主义与西方国家宣扬的民主、宽容和社会谅解等普世的价值理念不甚相符。两人尽管表述不一样，但是都同样认识到民族主义在"家"、亲属观念、父系群体、族群优越性以及种种地方性观念中，通过寻常的生活实践加以运作的重要性。很多残酷的事实也显示，民族主义确实亘古不变地依附在各种褊狭的观念中，凝聚忠诚意识，直至冷血杀戮。❶ 赫茨菲尔德将民族主义与地方性观念的结合，称作偷偷摸摸的共谋关系，由此形成文化的"亲密性地带"。而毕力格则将其称作平庸的民族主义，民族主义不断地嵌置于这种地方性的观念之中，并在日常实践中加以强化，由此形成一种无意识的民族国家"爱的地势观念"（topology of love）。

这一亲密性地带在毕力格看来，集中体现为"祖国"（homeland）这一概念，可以作为一切言辞、修辞、叙事、身份认同和归属感的重要投射场所（topos）。他认为，在发展完善的民族主义的言辞里，这一个被经常使用的言辞从来不会引起任何争议，本身是不证自明的，

---

❶ 赫茨菲尔德认为，对于根深蒂固的血的观念和各种层面的隐喻意义而言，民主的概念实在不值一提。这一点在苏东剧变中体现出来，包裹在文化多元主义以及文化差异的名义之下各种宽容的逻辑，恰恰提升了他者的意识，并且侵犯了平等这一只属于主体人群的民主的特殊待遇。在剧变之后的苏东社会中，原本颇为排外的有关亲属的言辞重新回来，并且作为新的排外主义的基础，有关血的话语（the language of blood）也一并复活了。在波斯尼亚，包括强奸、杀害婴儿以及各种谋杀以一种更加暴力的方式重新塑造了父系世仇这一逻辑，像幽灵一样徘徊在地方性社区之中，作为一种外部力量撕裂了地方社会原有的情感纽带，由此带来了种种毁灭性的灾难。参见 Michael Herzfeld, *Cultural Intimacy: Social Poetics in the Nation-State*, 2nd edition, p. 120。

所有表述都被置于"祖国"的言辞中，不断强化和确认其超越一切的正当性和自然性。然而，对于国家这一地势观念在言辞上的不断确认和强化，却是通过微不足道的、平庸的词语来完成。这些词语就像一面面没有被人刻意关注的国旗，飘扬在"祖国"这一言辞所形成的地势里（topography）。❶ 赫茨菲尔德也认为民族主义与大众日常生活形成一个交集的空间。与毕力格所描述的不证自明的"祖国"这一言辞地势在无意识和平庸中形成民族主义观念不同的是，赫茨菲尔德认为这一个空间是一个冲突、妥协和共谋的亲密性地带。他认为，在这一亲密性的空间之中，那些无法超越自身即刻的社会经验去思考的人，有必要通过身体的和亲属的比喻，来认识超越地方的社会和民族主义的抽象观念。地方性社区的民众与民族国家一样，都需要借助这些亲密性的术语，前者用来想象国家，后者用来争取民众。❷

赫茨菲尔德和毕力格对于民族主义在日常生活和地方性实践中运作，以强化抽象空洞的民族主义观念上见解完全相同，二人的分歧在于，毕力格将民族主义看作一种无意识的平庸词语不断强化的结果，大众毫无疑问都认同"祖国"这一言辞的投射场所。"祖国"这一"地势"观念的强势存在，似乎没有给大众留下任何创造、嘲讽、偏离、重组乃至利用民族主义的空间，大众的能动性是被一种强大的无意识所抑制的。而赫茨菲尔德却认为，文化亲密性构成民族主义与大众熟悉的生活和地方性经验的一个交集的空间，大众并非总是被动地认同民族主义观念，事实上，文化亲密性地带是一个

---

❶ 毕力格一再强调民族主义观念在平庸生活中的无意识状态，他认为，平庸的民族主义通过日常的、平淡无奇的词语来运作，而民族国家则被想当然地接受，并成为大众的一种惯习（enhabitation）。微不足道的词语，而非恢宏的可以记忆的事件持续地，但同时几乎也是无意识地提醒大众祖国的存在，由此造成我们所共有的一种难以忘却的国家认同。参见 Michael Billig, *Banal Nationalism*, p. 93。

❷ Michael Herzfeld, *Cultural Intimacy: Social Poetics in the Nation-State*, 2nd edition, p. 12.

结构、制度、形式与大众的能动性和日常实践相互界定和校准的重要场域，在制度和结构的规训中去呈现自身的创造性，才使得社会诗性式的展演成为可能。他说，个体的自我经验以及家庭的结构为民族国家提供了最初的可供想象的模型，国家层面的身份认同在将所有理想化的美德纳入其中的同时，也包含了种种难堪。正是这种多少有些让人无奈和自嘲意识的自我体认、这种内部的对于文化亲密性的肯定和确认，同样复制出了极强的民族主义观念。❶ 显然，如何自嘲式地去呈现祖国这一"言辞地势"所同时掺杂的各种尴尬，既是大众能动性的体现，也是认同的重要方面。当然，尽管毕力格的平庸的民族主义观念因缺少大众的社会诗性式的参与，而欠缺了一些生活的趣味，但是他敏锐地观察到大众在平庸生活中对于"祖国"这一言辞投射场所无意识的认同过程。❷

总之，民族主义既是共同体的也是个体的，既是高尚的也是平庸的，是政治观念也是日常生活实践，是国家的也是地方的和家庭

---

❶ Michael Herzfeld, *Cultural Intimacy: Social Poetics in the Nation-State*, 2nd edition, p. 6.

❷ 毕力格随机选取英国多家媒体同一天发行的多份报纸，从祖国的指示词（homeland deixis）出现的频率、国内与国际新闻版面设计、天气与体育报道等多个方面，来说明被大众习以为常的各种微不足道的词语是如何潜移默化地在平庸的生活中，塑造了一个无意识地以"祖国"为思考和叙述"地势"的过程。他认为，众多祖国的指示词比如"我们""这个"（this）等不断激发民族层面的"我们"的意识，并理所当然地将"我们"（us）置身于"我们"的祖国之中。而在天气预报中，一个祖国被创造出来的过程，将气象学转变成了与这个祖国相对应的天气。此处的天气，与"其他地方"或是"别处"（elsewhere）或者"这个国家的周边"相对，必须理解为其所指示的中心在祖国之内。"天气"似乎是以客观的、物质的面目出现，然而它却被限定在国家的疆界之内。与此同时，众人皆知的是，全球范围内的天气比国家的大得多，还有"国外"的天气、"全世界"的天气，还有"别处"在"我们"之外。祖国此时被明确无误地设定在中心位置，并以此中心来复制北大西洋的气象地图。这些都是报纸上出现的东西，然而这些微不足道的方式，却极大地将祖国复制出来，祖国是一个"我们"当作家的地方，"此处"（here）就是我们日常生活习以为常的中心。参见 Michael Billig, *Banal Nationalism*, pp. 105-117.

的，二者之间无须再泾渭分明地归类。因为二者都混合在一个意义模糊但频繁交往互动的文化亲密性地带。二者都在运作一套"亲密性的转换"策略，民族国家将民族主义朝着亲密性地带进行嫁接并加以转换，而民众则谋求一套从"私密"到"公共"颇为自主的转换策略，以便为自身、集体以及地方的各种"私利"、格调品位以及社会交往方式，争取一个"合法"的空间。两种转换互相交集、冲突和妥协，势所难免。亲密性地带的存在如同一个巨大的缓冲带，可以消解双方可能引发的诸多冲突和矛盾。民族国家的包容性越强，民众的自主性也就发展得越充分、越自信。❶ 在某种程度上，国家不能充当标准、本质和类型的制定者（空洞地界定何为崇高、何为低俗、什么是自私、什么是爱等），国家应该为这种自发的转换提供必要的条件，即哈贝马斯所谓的"教育、财富以及公共演说和辩论的能力"❷。

文化亲密性：民族国家"公共"与"私密"的转换之地

民族主义总是以整体的、公共利益的代表和捍卫者这一面目出现，宣称自己已经摒弃了所有的私利。然而，正如上文所示，民族

---

❶ "自主"是哈贝马斯在其《公共领域的结构转型》一书中的一个重要观点。他认为，早期的资产阶级公共空间，比如文学公共领域的形成对当下的公共领域产生的永恒的启发就在于，私人领域与公共领域的交往是自由主义的，具有独立自主意识的主体的自愿原则是这一类公共空间"健康"的标志。标准的资产阶级的公共领域解体之后，在资产阶级的自由主义原则之下仍然在生成和转变的公共性领域，包括阶级的形成过程、城市化过程、文化动员过程以及新的公共交往结构的产生过程等。参见哈贝马斯：《公共领域的结构转型》，曹卫东等译，第7页。
❷ 哈贝马斯：《公共领域的结构转型》，第20页。

主义所有的公共话语和理念却需要借助颇为"私密"的日常生活伦理、平庸的民族主义体验以及部落主义中的谱系观念来实现。由于公共和私密的模糊关系，我们很难再将民族主义与私密生活截然一分为二。如果以亲密性为参照，则可以将任何高度"公共化"的产品（包括民族国家以及民族主义观念）视为亲密性"延伸"的一部分，从而纳入文化亲密性的地带加以考察。当然，如果依照公共和私密的二元对立，换一个公共的视角和参照系，则可以将各种私密的和地方性知识及实践作为民族主义渗透、塑造的对象。因为在这样的理论架构中，似乎民族主义和民族国家已经是一个没有来源、无须发展的高度"自然化"和"具象化"之物，完全脱离于各种日常生活和文化体验而独立存在。显然，采取"亲密性"的视角，意味着我们仍然可以在这一公共与私密颇为模糊的地带，来叙述民族国家并进而认识民族主义。

长期以来，在社会人文科学的认识论领域，公共与私密的"截然相对"总是被一遍遍地加以强化。公共似乎总是与民主、法律、规范、社会、理性、工作甚至男性等观念相联系，而私密所能激发的想象总是充斥着各种散漫、无序、情绪化、与社会相对的家庭乃至女性的身体等。民族国家显然是以公共的形象出现，它似乎总是急于划清与私密的关系，尽管后者往往充当前者"肮脏凌乱的洗衣房"（赫茨菲尔德语）这一角色。然而，将民族国家看作各种私密领域向公共空间的一种延续，却并非是人类学家的发现。哈贝马斯将早期民族国家的政治模式看作家庭的父权观念和性别观念在公共空间的"结构转型"，❶

---

❶ 对于家庭在公共空间形成中的作用，哈贝马斯认为，小家庭具有父权特征，是市民社会私人领域的核心，同时也是自我指涉的主体性所具有的新型心理经验的源泉。这一以父权制为特征的小家庭向公共领域的扩展就产生了资产阶级的公共领域，并且构成了近代民族国家的政治维度，其前提是将女性排除在外，将工人阶级排除在外，

吉登斯则将更为私密的性爱与各种社会化途径（比如制度性反思、自我叙事能力以及民主观念）联系起来，❶ 马库斯则从政治科学的维度论证大众的情感体验与政治的理性并不相悖。❷ 上述观点都认为，亲

（接上页）将非市民阶层（城市手工业者或者劳动工人等）排除在外，从而形成早期资产阶级公共领域的一个权力特征，这一状况至少持续到了 19 世纪中叶。性别决定了政治公共领域的结构以及它与私人领域的关系。哈贝马斯：《公共领域的结构转型》，第 7—8 页。此外，哈贝马斯认为与家庭密切相关的"亲密关系是人性特征受到家庭保护"。同上书，第 52 页。扩而言之，亲密性关系因为是人性的基本特征也受到社区的保护，与意识形态有别的产生于内在私人领域的自愿、爱和教育观念是这些亲密关系的基础和庇护所。离开这些内在、私密和个体层面的主观感受和意义体验（embodiment），社会将无法进行再生产，民族主义的观念也无法被理解和体验。如此一来，家庭环境下熏陶和训练出的个体已经开始准备向公共领域进发了。哈贝马斯找到的第一个证据就是日记、书信的刊登和发表，日记、书信原本是极端私密的东西，一般不会在刊物上登载，但是人类渴望交往的心理在作怪（既关涉自己，又涉及别人），日记、书信的发表是将文化亲密性外显的绝好途径，也充分说明了"私"总是导向"公"这一道理，日记和书信的公开出版、选登，表明作者难以抑制地想与大众分享内心感受的心理，作为人性，亘古不变。

❶ 吉登斯的核心观念是这样的，包括性爱在内的颇为私密的生活，最终形成一种生活政治（politics of life），从而成为连接日常经验与抽象的社会伦理观念（包括民主观念在内）的重要纽带。他认为，事实上，生命政治（life politics）是一种生活方式的政治（politics of life-style），在制度性的反思框架内运作。它与生活方式的决定能力相关，却又重新赋予这些决定以道德的含义。准确地说，它可以将那些由于经验的隔绝，而被退离日常生活实践中的与道德以及存在相关的话题重新被人们所关注。生活政治将抽象的哲学、伦理观念以及切实的关照连接在一起。参见 Anthony Giddens, *The Transformation of Intimacy: Sexuality, Love, and Eroticism in Modern Societies*, Stanford: Stanford University Press, 1992, p. 197. 所以，吉登斯才一再强调，亲密性的转换并不仅仅局限在性和性别这一狭隘的领域，而是作为个体生活和全部实践的一种伦理因素的转变，其本身就内含民主的合理要素，可以将其推及更大的社会中。

❷ 马库斯认为，大众之所以是理性的，恰恰因为他们是情感的：情感使得理智成为可能，我们都带有情绪这一事实更容易激发我们理性的能力，而不是截然相对，理智并非是思想中的一个自发性区域，理智事实上是由情感体系征用的一种特定的能力，以帮助我们应对日常生活实践中的各种问题和挑战，公民的实践必须确认情感在理智发展过程中的作用。参见 George Marcus, *The Sentimental Citizen: Emotion in Democratic Politics*, University Park, Pennsylvania: The Pennsylvania University Press, 2002, p. 7. 顺着马库斯的这一观点，我们完全可以做出如下推论，如果情感使理智成为可能，那么亲密性的体验和日常生活实践使得以理性面目出现的政治成为可能，私密生活和日常实践使得民族国家的管理和运作成为可能。

密性和日常生活实践具有向公共空间延伸的能力。脱离这些亲密性的实践，民族国家和民族主义的各种空洞和抽象的概念，将无法在较为"私密"的层面被认知和体验。显然，民族主义和大众的私密生活之间一定存在一个有交集的场所，但是如何界定这一空间，却也众说纷纭。除了赫茨菲尔德提出的文化亲密性地带之外，还包括其他三种观点。一种是米戴尔（Joel S.Migdal）的国家的观念，一种是哈贝马斯的社会的观念，一种是施雅克的公共文化的观念。但无论是哪一种观念都肯定，国家、社会和公共文化领域尽管事实上总是"隐匿"着诸多"另类"和"偏离"的实践方式，却又总是受到包容。文化亲密性显然最容易理解这种偏离与包容的悖论，也更容易揭示一种颇为尴尬的认同意识如何将个体与国家联系在一起。总之，这些观念都不同程度地意识到，人类学的方法对于理解民族国家和民族主义可能带来的全新洞见。

1. 社会中的国家

米戴尔对传统的国家观念进行了颠覆性的改造，他的国家观念是一种变通的实践性组织或者制度，与刻板的民族主义观念相对。在这一意义上，米戴尔的国家观念具有亲密性的大众生活色彩，可以纳入文化亲密性的范畴予以考察。❶ 米戴尔同时批判韦伯的国家

---

❶ 米戴尔认为，国家是一个经由使用或者威胁使用暴力作为标志的权力场域（a field of power），这一场域受到两个因素的塑造，第一是在一片区域内一个一致连贯并具有控制能力的组织的意象（image）的存在，而这一意象代表了由这一区域整合起来的民众。第二个因素是不同部分现实的实践方式（actual practices）。参见 Joel S. Midgal, *State in Society: Studying How States and Societies Transform and Constitute One Another*, Cambridge: Cambridge University Press, 2001, p. 16. 也就是说，现实的国家同时受到意象（当然是一种理想的高度整合、同质、能建立规范性的秩序、表达民众集体诉求的一种永恒的文化形式）指导，民族主义就是这一意象，民族主义是国家的理想形式，也就是罗素所说的用来祈祷的东西，而民族国家则多少是一种实践方式，本身是对民族主义的一

观念和帕森斯的社会观念，意在破除传统政治科学领域中的国家和社会的二元框架。❶ 他认为国家与社会本质上并无区别，国家事实上是一种"社会中的国家"（state in society）。很有意思的是，促使米戴尔将国家和社会等同起来的理据，是因为他认识到了情感因素和日常实践在国家和社会中的作用。社会联结除了规范和认知之外，还有情感成分；除了工具性原则之外，还有感情的维度。米戴尔认为，社会是各种社会组织的复合体，而不是一种与国家相对的实体。社会对个体的作用，具体而言就是将物质激励与表示生活方式、情趣、品位的文化和象征资本相结合，其制度安排为个体提供多元的生存策略。社会不是一个一成不变的实在，而是对社会控制不断持续反动的结果。❷ 同理，既然民族国家每时每刻都在同一群带着情绪的公民（Marcus，2002）打交道，就不得不在民族主义的各种意象与日常实践中进行妥协。也就是说，任何国家都建立在如下相互对立的概念之上。国家致力于消解的悖论包括意象与实践、执法机构与各种腐败犯罪、理想与现实、主体叙事与替代性叙事或异议性叙事、启示与救赎等。如果愿意添加，这种对立关系还有很多。而国家总是尽力去调和各种紧张对立的关系，试图在这些悖论

（接上页）种反对与实践方式（各种理念在现实推行中，特别是在日常生活实践中所遭到的种种偏离、背弃和篡改）。

❶ 韦伯有关国家的经典定义——国家是人支配人的一种关系，这种关系是通过多种合法性的方式来获得支持的。也就是说，国家是在一片统治区域内成功地将各种暴力形式合法性地运用的权力加以垄断的一种人类共同体。米戴尔批判了韦伯的这一观点，认为韦伯描述的不过是一种理想的国家类型（ideal state），与现实的国家形态（actual state）相去甚远，现实的国家是理想国家的偏离或背弃形式，是理想国家的腐败或者堕落的版本（corrupted versions）。参见 Joel S. Midgal, *State in Society: Studying How States and Societies Transform and Constitute One Another*, pp. 13-14。

❷ Joel S. Midgal, *State in Society: Studying How States and Societies Transform and Constitute One Another*, pp. 49-50.

上努力获得一种摇摆不定的均衡。所以，"国家一直在扮演着反对自身的角色，是这种矛盾的实体"。❶ 也就是说，民族国家一方面制定各种严格的制度和规范，但又同时为民众各种偏离式的运作策略保留一定宽容和默许的空间。国家反对自身，从而与广大社会参与者所形成的一种共谋关系，正是赫茨菲尔德文化亲密性的一个基本要义。

鉴于民族国家与大众日常生活和情感体验之间千丝万缕的关系，米戴尔认为有必要采取一种"文化主义者的视角"（culturalist perspective）来研究国家以及民族主义。受到格尔茨国家具有剧场性因素这一观点的启发，米戴尔认为人类学在国家与民族主义研究中具有重要作用。他将这种重要性归纳为三点。第一，人类学的视角暗含着这样一个判断，即任何组织（特别是像国家一样复杂的组织）总有分裂的倾向，因为其组成部分总是在不同的方向受到牵引。第二，文化为那些离心的发展趋向提供了向心的黏合剂。第三，国家层面的仪式展演通常作为目的而非过程，并借此增加国家的权力。❷

然而，让人稍感遗憾的是，可能由于时间的关系，《社会中的国家》写作和出版（2001）之际，米戴尔可能没有接触到上文提及的人类学的民族主义研究最新成果，因此，他只是意识到人类学对于国家和民族主义研究的潜在意义，并且借用格尔茨文化框架（cultural frame）以及文化黏合剂（cultural glue）的概念，颇为笼统地将国家、社会以及政治内部的纷争对立消弭在"文化"之中。事实上，米戴尔所认识到的人类学视角对于研究民族主义的重要性，

---

❶ Joel S. Midgal, *State in Society: Studying How States and Societies Transform and Constitute One Another*, p. 22.

❷ Joel S. Midgal, *State in Society: Studying How States and Societies Transform and Constitute One Another*, p. 239.

完全可以在文化亲密性的理论框架下来加以关照和考察。

首先，赫茨菲尔德对文化亲密性的关注，其目的就在于"探索隐藏在民族国家统一一致的表面之下，各种违犯的可能性和界限……同时，这一研究所面临的挑战非常艰巨，非常不易对付。这是因为，国家的和谐展示出极具欺骗性的平静的表象，它不会轻易将隐藏在内的诸多分歧和裂隙拿出来示众。面对这一表里不一的最简单的选择，就是忽视内部的种种分歧和裂缝"。❶ 显然，文化亲密性的一个理论依据无疑就是假定，国家如同任何组织一样，都有分裂的倾向，同时又都致力于调和种种纷争对立，以达成一种摇摆不定的均衡。

其次，米戴尔借用格尔茨的文化黏合剂的概念，认为文化将那些离心的分裂倾向拉回到民族主义的轨道之内。此时的文化就是一套黏合社会各阶层（格尔茨的"剧场国家"中的王公贵族、各级官吏和普通大众）的符号体系，或者一套广泛整合的价值体系。任何民族国家和政治权威无论如何借助西方的民族主义话语，它本身仍然必须在自己的文化框架内运作，从而形成各种本土文化与西方民族主义话语的加法形式。这一点我们在施雅克所描述的约旦的部落主义加民族主义、加伊斯兰教、加民主选举的多种政治表述中看得很清楚。格尔茨所谓的"文化框架"与赫茨菲尔德所探讨的文化亲密性颇为相似，只不过前者较为静态地假定，这是一套王公贵族和普通大众都已习得的符号或价值体系，而后者则致力于在动态过程中，呈现现代民族国家与普通大众如何相互介入这一亲密性地带，在日常生活中"使用"这些符号，从而形成一种妥协和共生（coexistence）的关系。此时各种社会阶层"整合"或者"黏合"

---

❶ Michael Herzfeld, *Cultural Intimacy: Social Poetics in the Nation-State*, 2nd edition, p. 2.

在一起的关键，似乎不仅仅是某种共享的同质或静态的文化价值体系，而是通过不断的社会实践（或展演）所确定的语境、言辞和行动的合法性。这套合法性在赫茨菲尔德看来就是一套合法性的世界观（legitimate cosmology）。❶ 它当然是以文化为主要因素，并且就衍生自文化亲密性这一意义生成的模糊地带。

国家消解于社会和文化之中，包括民族主义在内的各种政治观念也可以方便地转换成一套文化价值或者符号体系。这是米戴尔《社会中的国家》一书的主要观点。然而国家真的消解了吗？民族主义话语已经没有市场来推销和宣扬了吗？情况未必如此，民族主义的一个精明之处就在于它附着于文化亲密性这一地带来汲取生长的肥料和养分。将公共隐匿在私密之处生长，在大众平庸的实践中模糊民族主义观念与地方性知识的差异，从而不断激发起自身的活力。民族主义与普通大众日常生活的模糊性使得哈贝马斯认为当前的民族国家样态正在发生一种"国家社会化和社会国家化"（哈贝马斯，1999）同时演变的趋势。早期资产阶级在国家与社会的张力中得以形成的"公共领域"正在发生结构转型，从而向包括市民在内的更多的社会阶层开放，形成一系列的"准公共领域"。

---

❶ 赫茨菲尔德以普通大众和各级官僚的交往互动为例，说明具有文化亲密性的社会经验如何消解二者之间的界线，在日常生活这一层面形成认同意识。赫茨菲尔德认为，民族国家的运作在很大程度上取决于文化亲密性不同的实现方式。一方面，人们将官方诸多极为正式的制度和规则视作日常生活中非常熟悉的现象，因此总会产生对官方的声明和动机的怀疑态度。此外，大多数民众都认为，既然国家是由那些官僚组成的，因此一味地顺从于法律和规则实在愚蠢可笑。此外，国家机制中的那些官僚如同普通大众一样，参与到一种象征性的世界中，从而能够方便地解释自身的诸多困惑、失败和民主的不尽如人意之处。因此，这一语境及其合法性的世界观事实上是以最为亲密性层面的社会经验为基础的——可以反复利用身体的或者熟悉的暗喻以及日常的习语，来解释这一体制的诸多弊端。民族国家一贯抵制民众的那些分裂性的实践，然而具有讽刺意味的是，正是这些敌对和破坏行为的存在，恰恰赋予了民族国家持续发展的前提条件。参见 Michael Herzfeld, *Cultural Intimacy: Social Poetics in the Nation-State*, 2nd edition, pp. 4-5。

2. 准公共领域

与米戴尔一样，哈贝马斯也认为，国家和社会之间的张力是公共领域产生的前提，其标志是国家权力的收缩、国家的消解。但是与米戴尔认为国家消解于文化制度和文化框架不一样的是，哈贝马斯认为国家会消解于与市民社会密切相关的各种准公共空间内。尽管哈贝马斯将民族国家"消解"在各种差异性社会实践中的场所定义为准公共空间，但是这些空间的"公共性"却带有诸多亲密性的色彩。这表明，哈贝马斯意识到众多公共的抽象概念（包括民族主义话语）只有在亲密性的社会实践中，才能彰显其公共或者公众的价值（也就是哈贝马斯所谓的与早期资产阶级公共空间相对应的公共文化以及公共舆论）。❶

哈贝马斯认为公共领域的转型要点在于，国家应该从公法中"逃遁"出来，公共权力的职责转移到企业、机构、团体和半公共性质的私法代理人手中。❷ 显然，国家的"转移"或者"消解"

---

❶ 事实上，公共与私密的关系是相辅相成的，公共概念必须在私密领域和日常生活实践中才具有现实的意义。同样，私密的总是具有导向公共的倾向和必要，这一点哈贝马斯在《公共领域的结构转型》一书中引用斯库德丽小姐的《谈话录》予以说明，一语道破了私密与公共的关系。《谈话录》说，国王的卧室实际上成了城堡里头的又一个焦点，床铺铺设得犹如一个舞台。这个空间事实上成了日常起居的展示场所，在这里，最隐私的东西才有公开的价值。哈贝马斯后来也说，私人信件的刊登本身也反映了私密性的公共导向的趋势。参见哈贝马斯：《公共领域的结构转型》，第 10 页。意识到私密的公共导向并进行精彩描述的学者，还包括德国社会学家桑巴特。他在《奢侈与资本主义》一书中，以婚姻、家居的布置以及菜肴品位的提升与女性角色的转换之间的关系为例，从日常生活极具亲密性色彩的内部，尤其是女性在婚姻和家庭中的私密性转向公共的这一重要历史时期，充满想象力地阐发了私密向公共领域转换对于资本主义的发展和资产阶级的兴起所产生的推动力量。参见桑巴特：《奢侈与资本主义》，王燕平等译，上海：上海人民出版社，2005 年，第 58—74 页。显然，二者交集所产生的模糊地带，使得公与私的相互转型成为可能。

❷ 哈贝马斯：《公共领域的结构转型》，第 178 页。

在很大程度上取决于有多大的公权力转移到了较为私密的领域。哈贝马斯论述的公共与私密的模糊关系，以及相互生成转换的互动模式，与赫茨菲尔德的文化亲密性观点颇为一致。这是因为，按照赫茨菲尔德的观点，文化亲密性是一个意义模糊的地带，其中穿插交织着国家与地方、精英与大众、公共与私密等多重复杂关系。双方文化式的相互卷入（culturally engaged）无法截然分开。这种模糊性在哈贝马斯看来，是因为在准公共领域中，国家机构和社会机构在功能上融为一体，无法再用"公"和"私"的标准来区分。❶ 按照哈贝马斯的观点，资产阶级的准公共空间在19世纪中叶已经逐步向更大的市民阶层开放（包括各种手工业者等），❷ 距今已经一百多年，并没有造成资本主义制度的倾覆。国家消解在市民阶层的各个社会领域和各种组织团体之中，反而促进了与社会经验和日常实践密切相关的各种"公共空间"的良性发展。显然，民族国家在发展了二百多年之后，其"消解"恐怕更应该理解为越发紧密地与各种亲密性知识结合在一起，从而形成"无为而治"的运作模式。❸ 民族国家成功运作的关键正如赫茨菲尔德所言，取决于"文化亲密性被实现的程度和方式"。❹

---

❶ 哈贝马斯：《公共领域的结构转型》，第176页。

❷ 哈贝马斯：《公共领域的结构转型》，第8—18页。

❸ 国家的这一发展过程在哈贝马斯看来是这样的，这一以父权制为特征的小家庭向公共领域的扩展就产生了资产阶级的公共领域，并且构成了近代民族国家的政治维度，其前提是将女性排除在外，将工人阶级排除在外，将非市民阶层（城市手工业者或者劳动工人等）排除在外，从而形成早期资产阶级公共领域的一个权力特征，这一状况至少持续到了19世纪中叶，随着女权运动以及各种下层阶级的大众文化和空间的形成，这一权力空间消失了，造成了性别关系的重大转变并且深入到小家庭的内部空间。参见哈贝马斯：《公共领域的结构转型》，第8页。

❹ Michael Herzfeld, *Cultural Intimacy: Social Poetics in the Nation-State*, 2nd edition, p. 4.

民族国家成功运作的关键在哈贝马斯看来，是因为私密的空间为公共领域的批判做了很好的铺垫和训练。这种批判意识是"迫使"公共权力有效转型的路径，同时也是公共与私密发生交集的重要前提，即一群略带哲学和理性思辨的公众如何吸纳，又同时改造国家的公共权力，从而使得各种制度更加符合私密的生活方式和交往体验。这种既符合私密生活需要同时又不缺乏集体关怀和公共导向的理想生活方式，在哈贝马斯论述的"理想国"——早期的资产阶级公共领域消失之后，不得不退而求其次地在各种与市民阶级相关的"准公共空间"被寄予厚望。但无论是理性的公共领域，还是准公共空间，一群包括有阅读思考习惯、有公共演说能力，以及在"参与商品交易过程中已经获得了某种自律的商人" ❶ 在内的各市民阶层，所具有的公共批判意识和素养，反而是保障一种"集体私密性" ❷ 得以存续的关键。

然而，文化亲密性与哈贝马斯转型的公共领域之间存在着差别。私密生活训练出了一种公共的批判意识，但并不一定局限在具有现代西方社会市民阶层烙印的诸多准公共领域。在部落林立的约旦，在偏远的中国乡村，民众的批判意识更多地与日常生活实践和文化经验联系在一起。此外，私密生活也培养了一种略带自嘲意味的民族主义认同意识，这恰恰是哈贝马斯的公共领域论述中没有提

---

❶ 商人这一重要群体所获得的"理性"和批判意识在哈贝马斯看来，尽管他们可能没有受过文学沙龙、读书会等领域的训练，但商人的个体在参与商品交易过程中已经获得了某种自律。哈贝马斯将其称为"自由竞争的商品所有者所具有的自律性质的社会关系"。参见哈贝马斯：《公共领域的结构转型》，第127页。

❷ 勃兰特认为，按照哈贝马斯的观点，批判的公共性的发展取决于沙龙、咖啡馆、印刷媒介以及工业资本主义等半正式的机制的扩张，民主的公共领域概念使得集体亲密性成为一个公共和社会的完美理念。没有这一亲密性，公共的批判意识这一功能将荡然无存。参见 Lauren Berlant, "Intimacy: A Special Issue," *Critical Inquiry*. Vol. 24. No.2, Intimacy(Winter, 1998), p. 283.

及的。在人类学家看来，公众的批判意识中同时也包含对民族国家认同的一面，这集中体现在"公共文化"（public culture）这一领域之内。公共文化领域中的这种自嘲和尴尬的认同，正好可以证明文化亲密性存在和运作的方式，并且也可以通过民族志的方式经验性地加以描述和阐释。

3. 公共文化

2001年，随着文化亲密性概念在学界持续产生影响，施雅克组织了八位学者，借助赫茨菲尔德文化亲密性的概念，就公共文化中的亲密性本质进行民族志式的描述和阐释。意在说明，这些公共文化的空间既包含着批判意识，同时也具有自嘲式的民族主义认同因素。2004年，八篇文章在《台下和台上：公共文化时代的亲密性与民族志》一书中结集出版。台上和台下隐喻式地对应着民族国家的自我呈现（self-presentation）与大众集体性内省的私密性（the privacy of self-introspection）之间的紧张关系。❶ 而公共文化正好是"台上"和"台下"、"公共"与"私密"这一充满呈现和内省张力的场域。八位学者的田野调查地包括欧洲、非洲、亚洲和南美洲，这些地区的"公共文化"领域由不同群体、不同的地方性知识参与

---

❶ "台上"和"台下"与"双符制"（disemia）这一概念颇为类似，赫茨菲尔德用其描述文化亲密性内隐与外显悖论式的关系。他认为，官方的自我呈现（official self-presentation）与集体性内省或自查的私密性之间，所具有的一种正式的、编码式的紧张关系，是双符制得以衍生的前提。官方与地方文化形式之间的对立被社会语言学家称为"双言制"（diglossia），也就是一种国家语言被分成两种语域或者社会方言，官方经常使用的语言通常较为正式并且故意采用古老的习语，而另一种则是普通的日常生活用语。然而，现在的问题在于，这种晦涩难懂的古旧用语越来越多地同方言的形式合流。过于正式且咬文嚼字的官方话语通常成为公众嘲讽权贵的来源，他们就是这样颠覆权力的不对称关系，而这正是该书的核心。参见 Michael Herzfeld, *Cultural Intimacy: Social Poetics in the Nation-State*, 2nd edition, p. 14。

建构。异曲同工的是，它们都包含着自嘲式的民族主义认同这一重要的文化亲密性因素。本节仅列举其中三个案例。

卡内基梅隆大学历史系教授麦多克（Karl Maddox）将 1992 年的西班牙世界博览会作为人类学的考察对象，意在说明，国家和公众同时借助这一公共文化"舞台"进行"展演"之际，无形中增强了彼此对于文化亲密性的诸多尴尬特质的体认。"尽管'亲密性'的外在形式和内容可能存在地方与地方之间的差异，但是其所具有的历史的、变迁的、政治的以及结构的根源，却并不见得是地方性的。"❶ 也就是说，文化亲密性历史性地建构出了民族国家乃至诸多的普世价值观念，我们只要沿着这一线索进行追溯，便能发现这些观念"褊狭排外"同时也异质杂陈的地方性源头。

西班牙塞维利亚 1992 年举行的世界博览会，成为大众公共文化的展示舞台，其间充斥着琳琅满目的地方性元素，也是各群体宣示身份的场所。在这一看似互起争端的公共文化领域，民族国家与地方社会、主流与边缘之间，反而形成了一致和默契。这是因为，首先，民族国家对各种地方性群体以展示自身差异性为目的、借助世博会进行的各种游行甚至示威活动，颇为不满和戒备；但是民族国家也意识到诸多的表述和展演，同样是在民族国家或者西方某种具有代表性的文明价值观（比如多元、差异、自由等）这一合法性框架下进行的，因此必须予以包容。

此外，世博会场馆建设期间有关官吏贪污腐败的"流言蜚语"，在公众看来是民族国家难以根治的官僚机制的弊病，却也有其存在

---

❶ Richard Maddox, "Intimacy and Hegemony in the New Europe: The Politics of Culture at Seville's Universal Exposition," in Andrew Shryock ed., *Off Stage/ On Display: Intimacy and Ethnography in the Age of Public Culture*, p. 132.

的文化亲密性基础。❶ 此外，世博会举办地塞维利亚的居民获得的一种"排斥的亲密性"（exclusionary intimacy）❷，反而使他们更加认同民族国家在对抗差异、寻求整合时的正当性。因为居民们各自的政治主张，事实上同样也包含着对其他观点的排斥、对抗和整合的企图。此种语境下习得的亲密性，正好帮助塞维利亚民众理解民族国家同样需要借助各种治理甚至暴力手段，去管控和压制诸多排斥和"分裂"性的身份意识，从而寻求统一和谐的合法性。在这样一个过程中，共同体内交织着各种具有差异性的且相互排斥的因素，然而二者却和谐并存，并"莫名其妙"地衍生出种种亲密意识。民族国家就是以这样一种悖论式的图景被民众所体验和认同的。

莫里斯（Rosalind Morris）则考察泰国前总理他信被弹劾期间，报纸、电视等大众媒介围绕"政治透明度"（political transparency）的论辩，所形成的一个公共文化空间。事实证明，"政治透明度"这一标志着西方政治文明和民主的强势话语体系，虽然借着各种媒介的宣传，却似乎并没有推动泰国政治文明的进程。恰恰相反的

---

❶ 麦多克将这种亲密性称为怀疑的亲密性（skeptical intimacy），并认为其属于文化亲密性的政治（politics of cultural intimacy）这一范畴。他说，怀疑性的亲密性是民众普遍相信国家的政客和官员们不全是民众的代表和中间人，他们完全按照自己的利益行事，因为他们是统治阶级精英阶层中的一员，追逐的是自身的利益，因此几乎不考虑也不重视普通民众的意见和需要。而追名逐利乃人之本性，官员亦不例外。参见 Richard Maddox, "Intimacy and Hegemony in the New Europe: The Politics of Culture at Seville's Universal Exposition," in Andrew Shryock ed., *Off Stage/ On Display: Intimacy and Ethnography in the Age of Public Culture*, p. 141。

❷ 所谓"排斥的亲密性"是说，世博会既然是一个难得的社会展演的舞台，因此各团体都非常愿意利用这一机会来表达自身的各种政治诉求，穿插其间的是各种形式的抗议、演讲、聚会、游行甚至暴力活动。这些群体的政治主张五花八门，其中包括代表拉丁美洲土著权益的、巴斯克分离主义以及各种环境保护组织。参见 Richard Maddox, "Intimacy and Hegemony in the New Europe: The Politics of Culture at Seville's Universal Exposition," in Andrew Shryock ed., *Off Stage/ On Display: Intimacy and Ethnography in the Age of Public Culture*, p. 145。

是，根据莫里斯的观察，"透明度"作为一种来自外部的对立之物，反而强化了国内民众内部种种需要掩饰的尴尬困境。这些文化困境无形中反而构成民众共同社会性的源泉，使得他们部分理解和同情他信的处境。[1] 普通的泰国民众表示，尽管他们没有仆人来转移财产，也没有财产转移给仆人，但是他们可以设身处地地理解他信所面临的困难。莫里斯认为，"这就是赫茨菲尔德所谓的一种真正的文化亲密性，也就是源自某种羞耻感的共同社会性"。[2] 显然，这一个开放的、在一定程度上可以辩论的公共空间的存在，反而消解了"政治透明度"等来自西方，并且裹挟着普世价值观念的话语的影响效应。这一带有亲密性色彩的"公共文化"地带的存在，不但激发了对某种尴尬的文化传统的认同，并连锁反应地激发了同样建立在这一共同社会性基础上的民族国家的认同。

施雅克考察的对象则是"9·11"事件之后，美国底特律的一个穆斯林社区。"9·11"之后，这一阿拉伯美国人社区受到了密切的监视，外力的作用将其"隐秘"的角落暴露出来，强制性的美国化过程正紧锣密鼓地进行，当然其中也不乏污名化的过程。[3] 一般人看来，在外部的高压之下，这一穆斯林社区似乎没有什么

---

[1] 在莫里斯看来，他信将诸多"赃款赃物"转移给自己的仆人（家人）这一策略，体现了他消弭差异的能力：他消解了雇员和家人的差异、统治阶级和被统治阶级的差异。所有这些差异最终被归入文化一类，每一种阶级原本都附着在特定的地带之内，然而却被互惠的可能性神奇般地消解了。在莫里斯看来这种共同的社会性是跨越社会差异和阶级的，因此需要在一个颇为模糊的领域内运作或者展演。参见 Rosalind Morris, "Intimacy and Corruption in Thailand's Age of Transparency," in Andrew Shryock ed., *Off Stage/On Display: Intimacy and Ethnography in the Age of Public Culture*, p. 232。

[2] Rosalind Morris, "Intimacy and Corruption in Thailand's Age of Transparency," in Andrew Shryock ed., *Off Stage/ On Display: Intimacy and Ethnography in the Age of Public Culture*, p. 238.

[3] Andrew Shryock, "In the Double Remoteness of Arab Detroit: Reflections on Ethnography, Culture Work, and the Intimate Disciplines of Americanization," in Andrew Shryock ed., *Off Stage/On Display: Intimacy and Ethnography in the Age of Public Culture*, p. 280.

"隐秘性"的操作空间。然而情况并非如此,外部的美国化压力与内部自我身份的表述策略之间,正好构成了一个穆斯林社区的公共文化展演的空间。❶ 这一展演空间同样借助于美国的主流价值观念的经典表述形式,将内部的诸多非主流的亲密性特质掩盖起来。也就是说,为了继续维护包括身份、宗教、生活方式在内的"集体亲密性",这一穆斯林社区通过公共文化向外展演的一个重要手段,同样也是复制民族国家惯用的"污名化"的策略。

　　施雅克认为,这一污名化的过程是这样被复制的。对于美国的主流价值观念而言,"9·11"之后的穆斯林群体(大多数都有美国的身份且信伊斯兰教、来自中东的阿拉伯国家),就是亟待清洗的"脏衣服"(施雅克在此引用赫茨菲尔德有关文化亲密性是民族国家的"肮脏凌乱的洗衣房"这一比喻)。而在穆斯林群体内部也有他们自己的"脏衣服"需要清洗,即刚刚移民到美国的阿拉伯人。他们没有工作,不会讲英语,大多数人还没有被同化,因此多多少少还带有极端宗教思想,他们在穆斯林社区内部同样承受着偏见与歧视。为了获得美国主流价值观念的认可,穆斯林社区在对外的公众展示中,将新移民出卖了,从而与这些其实自己内心也认可的文化划清界限,同时突出了美国公民的身份。❷

　　显然,这一穆斯林群体同样清楚民族国家的运作方式。他们

---

❶ 在施雅克看来,社区正是在一种外力的作用之下才获得了某种表述的策略,斗争的普遍经验,以及一种集体自传式的历史叙事意识。所有这些都不会自然地从某一群体内部生发出来,而是充满主动性的创造过程,之后又影响到每一个个体,个体进而又成为影响社群的一个源泉。参见 Andrew Shryock, "In the Double Remoteness of Arab Detroit: Reflections on Ethnography, Culture Work, and the Intimate Disciplines of Americanization," *Off Stage/On Display: Intimacy and Ethnography in the Age of Public Culture*, p. 289。

❷ Andrew Shryock, "In the Double Remoteness of Arab Detroit: Reflections on Ethnography, Culture Work, and the Intimate Disciplines of Americanization," *Off Stage/On Display: Intimacy and Ethnography in the Age of Public Culture*, pp. 281-285.

也知道在公共文化这一竞技场域，什么需要展示，什么需要掩饰。在公共文化地带这一掩饰与展示的张力作用之下，社区民众通过"复制"国家层面的分类体系观念（所谓美国主流价值观念相对于多少显得"激进另类"的穆斯林少数群体观念），并将之运用于自身社区的类型划分，从而对民族国家权力运作的本质有了更为深切的体认。

上述分别从社会学、哲学和人类学等不同学科领域衍生出来的"公共文化""准公共空间"以及"国家"概念，与各自不同的语境相对应——准公共空间以国家社会为其阐释的张力，"公共文化"则呈现"公共"领域的社会展演背后私密性的运作逻辑，而"国家"的观念则揭示一种包括国家自身在内的理念和制度，被实践不断修正的过程，以至于"国家"在实践中充当了自身的反对者这一角色。这些从不同的阐释框架（国家与社会、公共与私密以及制度与实践）出发的概念，致力于提出各种消解或者是吸纳民族国家权力的方案，都认识到了民族国家是一个增强与消解同时并存的悖论式的产物。民族国家一方面在不断强化自身的存在（通过各种主权宣示、疆界及移民管控以及民族主义在意识形态领域中的操纵等），然而却又处于一个不断消解自身的过程之中。民族国家是一个增强与消解的悖论，同时也是这一张力的结果。民族国家的存在似乎就取决于，在民族主义理念建构层面象征性地增强自身存在的同时，如何在文化亲密性地带富有策略地消解自身。

殊途同归的是，这些张力之下的概念及其对应的"缓冲地带"，都具有赫茨菲尔德所界定的文化亲密性这一实质。文化亲密性理论的另一个重要概念——社会诗性，将漫布其间的社会参与者的角色勾勒出来。他们的公共展演的策略——我们与他者的分类本能、差异性的展示、群体间相互竞争所形成的优越性，以及身份的具象化和本质化——与民族主义的运作方式并无根本的区别。国家和大众所共享的这套亲密性的实践逻辑，深深地浸润到国家和社会生活的方方面面。将原本泾渭分明的各种给定性实体，稀释成斑斑点点、混沌一片、相互交融渗透的大杂烩式的拼图，造成了国家与社会、公共与私密、制度与实践之张力下的各种哲学、社会学和人类学的阐释框架。二者形成一个互补性的统一体，彼此不能进行简单的二元分类，都是赫茨菲尔德所谓的亲密性不同程度的折射和实现方式。

如今，文化亲密性概念已经被很多研究中国社会和文化的学者所借用。文化亲密性作为包括国家与地方、精英与大众在内的不同权力等级，以及公共与私密的不同领域所共享的文化特质，其所表征出来的共同社会性，对于反思当下中国社会公共生活的组织方式具有重要意义。下一节的研究将表明，在中国这一语境中，文化亲密性是增进社会团结、凝聚民族国家认同的重要因素。

文化亲密性与中国社会公共生活的组织方式

从文化亲密性所具有的公共与私密的双向维度，来反思当下中国社会公共生活的组织方式，出于两方面的原因。首先，目前相关的中国公共生活的研究将公共与私密二元对立地割裂开来，弥漫着一种"理性焦虑症"的思想，因此有必要在理论上找到弥合二者的新的知识范式，从而将近期学界探讨较多的中国公民（市民）社会、社团组织、公共空间以及个体的社会化等众多具有公共生活面向的话题，❶ 纳入到文化亲密性这一视角予以反思和考察。其次，在现实关怀上，将中国公民社会和社团组织方式建立在差异性和社会分工的基础之上，较为片面。这事实上等同于牺牲更复杂也更为普遍和私密的情感体验来换取机械的社会团结和合作，明显有悖于人之"本性"。因此本节力图在关照情感和私密生活的本能需要的前提下，探讨中国社会公共生活真正"有机"的组织方式和路径，以期给予种种"非理性"的私密生活和日常实践方式以更多的人文关怀和包容。

恐怕是出于"启蒙"的迫切需要，中国学界在建构未来公共社会的蓝图中，似乎总是急于将私密生活和情感体验等一类"非理性"的因素从理性的公共领域的"再造"中清除出去。在很多学者的论述中，公共就意味着与私密的彻底决裂，建设公共领域同时也是对私密空间批判和改造的过程。此外，"公"在中国的语境中，通常具有"公家""集体""牺牲奉献"的含义，从而与"私人""私利""损公肥私"对立起来，具有极强的世俗意味。正是在这样的公私截然对立的语境下，我们认为有必要引入文化亲密性的概念，以反思公共与私密之间的关系，并说明私密生活对公共领域的渗透和塑造作用。文化亲密性是亲密性概念的一种融通的

---

❶ 本书认为包括国家、社会以及社团（公民）组织在内的多种制度都属于公共生活的范围。这一点正如维斯所表达的那样，人们参与国家、文化乃至文明约束下的各种社会生活，本质上是想借助社会所提供的有效组织方式，最终过一种公共的生活，因为他们需要的是一种更为内在（inclusive）、更加稳定以及更加丰富的在一起的方式。参见 Paul Weiss, *Our Public Life*, Bloomington：Indiana University Press，1959，p. 29。国内学者赵旭东也认为"在一起"应该是文化和社会转型应该着力予以反思和建构的生活方式，参见赵旭东：《在一起：一种文化转型人类学的新视野》，《云南民族大学学报》（哲学社会科学版），2013 年第 3 期。

形式，❶ 它以民族国家为阐释的框架，以某种文化特质所形成的社会性作为公共与私密共享的亲密性，揭示了二者在国家、文化和社会等公共领域展示中的"共谋关系"。在很大程度上，民族主义、国家文化意象以及各种社会制度的组织方式，事实上都是这种亲密性在公共领域的一种延伸形式，而民族国家则悖论式地建立在其所试图根除的文化亲密性地带。

近二十年来，在邓正来等学者发起的中国公民（市民）社会建设讨论的推动下，各种公共生活的话题和文章也大量涌现出来，有些文章谈论社会契约精神在重构中国市民社会组织中的作用，❷ 有的谈论社会分工造成的横向的社会团结的可能性，❸ 有的则比较国家和社会互动下的法团主义在中国的"变异"形式，❹ 有的则

---

❶ 亲密性是近来学界研究公共与私密互为参照、相互渗透，因而形成流动易变情境的重要概念。亲密性概念大致包括以下几类：第一，亲密性从根本上而言，是一种叙事的能力，当然也是能动性的体现（参见 Anthony Giddens，*The Transformation of Intimacy*，p. 91），这种讲述和分享故事的冲动使得亲密性内敛（inwardness）的一面与相应的公共（publicness）的一面重叠在一起，从而使得一种亦公亦私的"集体亲密性"（collective intimacy）成为可能（参见 Lauren Berlant，"Intimacy：A Special Issue，"*Critical Inquiry*，Vol.24，No.2，Intimacy（Winter 1998），p. 281）。第二，在全球化的语境下，国家与社会之间的张力，不再是公共领域的唯一合法的阐释框架，民族国家的话语不再是放大自身社会性的唯一媒介，一种"公共的亲密性"（public intimacy）借助新的社交网方式，不但使不同的群体得以借助私密性作为身份表述和建构的策略，而且也是参与公共生活的重要路径（参见 Levent Soysal，"Critical Engagements with Cultural Intimacy：Intimate Engagements of the Public Kind，"*Anthropological Quarterly*，Vol.83，No.2，Spring 2010，pp. 383-384）。第三，如果我们将民族国家也看作一种公共产品，那么公共领域和公共生活事实上就是民族国家与各种私密性体验、实践方式的一个"共谋"地带，因为双方都共享一套"文化亲密性"（cultural intimacy）规则，从而在公共领域的展示中决定哪些尴尬的共同社会性需要加以掩饰（参见 Michael Herzfeld，*Cultural Intimacy：Social Poetics and the Real Life of States, Societies and Institutions*，3rd edition，New York：Routledge，2016，p. 7）。

❷ 邓正来：《国家与社会：中国市民社会研究》，北京：北京大学出版社，2008 年。

❸ 高丙中：《社团合作与中国公民社会的有机团结》，《中国社会科学》，2006 年第 3 期。

❹ 吴建平：《理解法团主义：兼论其在中国国家与社会关系研究中的适用性》，《社会学研究》，2012 年第 1 期。

焦虑公共产品的匮乏，不足以为"脱嵌"的个体提供重新嵌入（re-embedded）社会的保障和相关机制。❶ 事实上，任何形式和层面的国家和社会互动、社会团结的方式以及个体化的策略、路径，都弥漫和浸润着文化亲密性的意识。它决定了国家、社会和个体以何种最为经济有效的形式联结、互动，从而在这一相互介入和妥协的文化亲密性地带，国家收获了忠诚意识、社会得以有机地组织在一起，而个体的"创造性"伎俩（社会诗性）也受到宽容，最终完成个体的社会化过程。

文化亲密性应该成为考察中国公共生活以及社会组织方式的一个重要概念。这是因为，一方面，文化亲密性与情感及私密生活（private life）息息相关，然而这些私密性同时毫无例外都带有公共的面向，尤其在通信技术以及社交网络日新月异的当下，更是如此。❷ 因此考察包括情感在内的种种私密性在公共领域所凸显出来

---

❶ Yunxiang Yan, "Introduction: Understanding the Rise of the Individual in China," *European Journal of East Asian Studies* 7. I（2008）. Mette Halskov Hansen and Cuiming Pang, "Me and My Family: Perceptions of Individual and Collective among Young Rural Chinese," *European Journal of East Asian Studies*, 7.I（2008）. Unn Malfird H. Rolandsen, "A Collective of Their Own: Young Volunteers at the Fringes of the Party Realm," *European Journal of East Asian Studies*, 7.I（2008）.

❷ 公共生活是私密性通过社会交往、媒介和信息交流的一种放大形式，其背后的原因无一例外，大概都出于人类有选择地将私密公开的天性。及至印刷业兴起、其影响范围日益扩大，私人的信件也登上了报纸和杂志，成为公开展示的一部分。如今，在互联网以及新的社交网络的推动下，私密生活愈益成为"公共"的重要部分。每天只要一打开微信，向下滚动，朋友圈中形形色色的私密生活便会扑面而来，有炫娃的、秀恩爱的、心情郁闷沮丧的、走了 1.2 万步的、出门不知道坐地铁还是打车的、该穿哪条裙子的。私密生活之所以能毫无顾忌地公开展示，是因为一种可以称作"共同社会性"（common sociality）的东西，即最初仅限于在面对面的私密空间中分享的喜怒哀乐的情感体验，如今被新的通信技术和社交网络在不同层面加以放大，形成一种 Soysal所谓的"放大的社会性"（amplified sociality），并且在公共领域衍生出了一种亲密性的（intimacy）意识。参见 Levent Soysal, "Critical Engagements with Cultural Intimacy," pp. 376-377.

的"结构性"特征，❶ 本应成为中国公民（市民）社会及其团结或组织方式的一个基本要义。另一方面，文化亲密性是私密生活对于公共制度的一种变通的日常体验和实践方式，一种对公共性加以改造的能动意识和技巧策略。❷

也就是说，公共领域的形式和结构更多地以私密生活的日常实践来体验和呈现。具体而言，在中国的语境中，如果不能说明由血缘亲情、亲属关系等构成的"情感结构"，以及由"差序格局"和关系网络所形成的地方性知识特有的亲密性，通过个体和群体，在

---

❶ "情感结构"是英国马克思主义文艺理论批评家雷蒙德·威廉姆斯提出的一个有关情感与思想关系的概念，他认为，因为选择情感是为了强调其与一种更为正式的诸如"世界观"或者"意识形态"概念的区别，我们只能超越这些正式的和系统的信条（当然我们始终也要将其包括在内），因为我们关心的是意义和价值如何被积极地体验和感知，我们在谈论的是有关冲动、克制以及语气的诸多特性，尤其是意识和关系的诸多情绪化因素：这种做法并非要使情感和思想对立，而是将思想视作体验，将情感看作思想。参见 Raymond Williams, *Marxism and Literature*, Oxford：Oxford University Press, 1977, p. 132。显然，威廉姆斯将情感视作结构和社会的（social），是想将后者作为前者的一种延续从而纳入情感的范畴。当代美国人类学家马库斯也反对将情感（sentimental）与理智相互割裂的二元对立，他认为，大众之所以是理性的恰恰因为他们是情感的；情感使得理智成为可能，我们都带有情绪这一事实更容易激发我们理性的能力，而不是截然相反。理智并非是思想中的一个自发性区域，理智事实上是由情感体系征用的一种特定能力，以帮助我们应对日常生活实践中的各种问题和挑战，公民的实践必须确认情感在理智发展过程中的作用。参见 George Marcus, *The Sentimental Citizen: Emotion in Democratic Politics*, p. 7。顺着马库斯的这一观点，我们完全可以做出如下推论，如果情感使理智成为可能，那么亲密性的体验和日常生活实践使得以理性面目出现的政治成为可能，私密生活和日常实践使得民族国家的管理和运作成为可能。

❷ 按照 Berlant 的看法，亲密性的能动意识表现在，亲密的生活（intimate lives）方式一方面吸收同时也拒斥公共领域中已经形成霸权的言辞、法律、伦理以及意识形态，另一方面也将公共领域中的诸多影响加以个性化（个体化），从而复制出了一种幻象，即私密生活相对于集体生活而言更加真实，因为集体生活通常是超现实的、在彼处的、堕落的以及不相干的。亲密性本身是公共性的一种充满能动性的折中及过滤形式。参见 Lauren Berlant, "Intimacy：A Special Issue," pp. 282-283。

具有"此地、当下、鲜活、行动以及主体性"❶ 这一日常实践语境中参与公共生活的方式，恐怕任何有关中国公共领域和社会组织的描述，都内容空洞，只能是泛泛而谈。❷ 因此，与其划定一方"公共领域"的净土，将经济理性、权利义务对等以及尊重差异性等理念作为其组织原则和"公私"泾渭分明的界线，不如开放这一边界，让日常琐碎的私密生活进入公共空间。我们便会发现，公共与私密相互渗透，彼此竞争，不断处于冲突、调和这一"过程"，而非某种给定性的"实在"。这些方面正好是文化亲密性对于当下中国公共领域建设应有的启示。

1. 中国社团组织和关系网络中的文化亲密性

社团组织的建设和运作通常被看作公民社会发展和成形的重要指标。然而，如果按照西方的公民社会、社团组织和运作的标准来衡量，中国民间的社团组织尤其带有太多的血缘宗亲、地方社会的仪式展演甚至关系网络的运作等痕迹，更多的像是一个人情世故的松散联系，很难按照卢梭的社会契约论组织起一种新型的社会关系。如果此时仍然按照西方的标准和定义，对中国公民（市民）社

---

❶ Raymond Williams, *Marxism and Literature*, Oxford：Oxford University Press，1977, p. 128.

❷ 一直坚持在国家与社会互动论框架下研究中国市民社会的邓正来，也感受到这种思维范式始终停留在理论层面，在现实分析中难有作为。他认为，作为研究范式的诉求仅仅停留在理论主张上或与此前的解释模式的论辩上，而未能对中国现代化进程中的国家与社会间的真实互动关系进行反理性的解释和分析。也就是说市民社会理论仅仅是一个有待验证的理论范式或者解释模式，它能不能对中国现代化进程中国家与社会间种种具体的互动关系以及这些互动关系的变化进行详尽的分析和研究都是一个问题。参见邓正来：《国家与社会：中国市民社会研究》，第 129—130 页。显然，邓正来已经开始意识到对于中国市民社会的"反理性"解释和分析的可能性和必要性，"以便对于中国包括血缘亲情为基础的文化网络之于整合中国市民社会的正面意义有一个更为充分的认识"。³ 参见邓正来："中国发展研究的检视"，载《国家与社会：中国市民社会研究》，第 129—130 页。

会和社团组织进行界定，除了增加更多的争论和类型划分之外，大多于事无补。近来已经有学者认识到，"研究中国情境下的公民社会需要更多的范例研究，而非范式的争论"。❶ 显然，人类学必须有更多的民族志研究来说明，具有血缘亲属关系和地方性知识体验的群体，是如何组织自己的公共生活，并由此形成了"中国特色"的公共空间。当然，更为重要的是，我们必须能够说明，在这种社团组织的过程中同样运作着一套文化亲密性的策略。

高丙中将家族组织作为一种当代社团予以研究，无疑就是人类学范例研究的很好尝试。家族或宗族作为一种血缘关系组织，其核心的、以血的意象凝练而成的忠诚和团结意识，不但是宗族观念或者"情感结构"延续至今的关键，同时也是民族国家必须加以利用的重要的地方性知识。国家将忠诚观念嫁接在宗族这一血缘单位上，二者因此形成某种"共谋"关系。民族国家必须一定程度地容忍宗族组织的各种传统的方式，客观上为宗族组织以宗族文化为符号、对各种公共空间的征用（比如宗亲会对文史研究会这一空间的征用）❷ 和再造提供了可能。然而，缘于父系形成的忠诚意识，往往伴随着不同父系团体之间的纷争和冲突，却是民族国家不愿看到的。虽然当下这种冲突并非表现为团体间的械斗，但是以表述自身的优越性地位而带有的竞争意识（比如这一江南大姓在族谱中提及的 170 余人出仕为官，无一贪渎等❸），并且将本群体（宗族）本质化和意象化（正直清廉甚至就是中国文化的化身）的过程，当然也

---

❶ 朱建刚：《Civil Society 在中国情境下的应用》，《西北民族研究》，2009 年第 3 期。

❷ 高丙中等：《作为当代社团的家族组织：公民社会的视角》，《北京大学学报》，2012 年第 4 期。

❸ 高丙中等：《作为当代社团的家族组织：公民社会的视角》，《北京大学学报》，2012 年第 4 期。

是纷争的一种方式。

　　国家与宗族组织的文化亲密性就体现在，民族国家一方面认识到宗族情感的褊狭排外所带有的根深蒂固的分裂性和反叛性，然而以父系血缘团体凝聚而成的忠诚意识，不但反映了近代民族国家血缘群体这一实质（哈贝马斯所谓的早期民族国家的父系家庭特征），同时也是民族主义运作的关键。双方都共享一套多少带有宗族痕迹的文化价值理念，❶ 并以此作为赫茨菲尔德所谓的内部的共同社会性。这种内部的共同社会性，即便在国内追求典型的西方公民社会建设的学者眼中，多少也带有太过浓郁的中国文化特质，是与理性和制度的精神格格不入的，带有"封建残余"，是令人"尴尬的"。然而，我们可以预料的是，未来中国新的公共空间的拓展必定是这种尴尬的文化特质被制度化、形式化和社会化的过程。将这种文化特质作为非理性、非西方的因素试图一劳永逸地荡涤殆尽，完全不符合共同社会性的运作逻辑，也将极大地增加这些组织和社团"合法化"❷ 的成本和代价。而民族国家对这一文化亲密性实践的认同、默许和共谋，是这一类组织拓展社会空间的重要前提。不难想见，未来中国的社团组织都可能打上这种文化亲密性的烙印。

　　事实上，如果我们不板着脸将这些宗族组织的社团空间再造活动进行社会科学式的分析，而是像威廉姆斯一样将其看作一种艺术或者文学的"想象"和"创作"方式，那么我们就可以用一种"审

---

❶　这一点从 1994 年镇政府将"江南第一家"申报为爱国主义教育基地的材料中看得很清楚，镇政府提出：江南第一家以"孝义治家、忠国爱民、尊师尚学、睦族恤邻、廉洁奉公"为世训。因此继承和弘扬义门的传统美德，对增强人们的爱国意识，促进社会安定团结和建设社会主义精神文明具有极其重要的意义。转引自高丙中等：《作为当代社团的家族组织：公民社会的视角》，《北京大学学报》，2012 年第 4 期。

❷　关于社团合法性的问题，高丙中在《社会团体的合法性问题》一文中，有精当和严谨的论述。见高丙中：《社会团体的合法性问题》，《中国社会科学》，2000 年第 2 期。

美"（aesthetics）的眼光，对待这些颇具想象力和创造性的"社会艺术品"，从中发现一种美感。在威廉姆斯看来，"艺术品中明白无误地呈现出各种特定的元素，正是因为这些元素没有被其他正式的体系所掩盖或者至少是简约化，才是这些文学和艺术品'审美价值'的源泉。同样，我们需要，一方面确认（并且欢迎）这些元素的特别之处——特定的情感、特定的节奏，另一方面我们也需要找到恰当的方法来确认其社会化的特殊方式"。❶ 显然，宗族组织的社会化过程，多少类似一种艺术或者文学作品的想象和创作过程。弥漫其间的情感、节奏甚至色调和肌理，是其在公共领域"合法化"的最自然、最亲密也是最为"有机"的方式。因此在论述"公民社会"或者社团组织横向、平等、互利、理性地发生联系的时候，也不能摒除这些有机的亲密性元素自身的公共性维度。

此处借用高丙中对于社团"有机"这一概念的定义，即"有机"是指灵活应变的生命机制，持续的再生性，自主调节的适应性，这些无疑都适用于宗族组织的特征。然而高丙中论述的"有机团结"，事实上更强调团结，他所说的有机团结是指人们在相互间的差异基础上，凭理念、志趣以及协商以达成合作的那种机制。❷ 这种建立在差异性基础之上的理性合作机制，似乎更为"机械"（出于利益攸关的考虑），而非"有机"。所以他有关中国社会"有机团结"的设计，在某种程度上还是将熟人社会或者乡土社会这一共同体中获得的亲密性知识和情感结构，排除在更大的社会团结之外。此外，涂尔干所谓的机械社会中的个体是否一定"缺少个人自主性"，现在看来也是一个问题。因此如果按照涂尔干的"机械团结"

---

❶ Raymond Williams, *Marxism and Literature*, p. 133.
❷ 高丙中：《社团合作与中国公民社会的有机团结》，《中国社会科学》，2006 年第 3 期。着重号是笔者所加。

和"有机团结"的划分，笼统地将中国乡土社会视作"机械团结"的社会，显得过于片面。

与这种建立在差异性基础之上的社会团结模型和范式不同的是，一种观点倾向于在熟人社会、乡土社会的"关系网络"中去寻找中国"市民社会"的替代形式——民间社会的组织方式和路径。杨美惠的看法与高丙中在"社团合作和中国公民社会的有机团结"一文中的观点截然不同。杨美惠认为，中国所有法律、公众或制度化的机构和团体都附属或本身就是国家体制的一部分；社会团体之间几乎没有跨地域和机构设置的公开或正式的、独立于国家的横向联系。❶ 因此，一种由关系网络构成的经济、互惠、资源共享和交换机制，甚至一套完整的关系政治策略，势必作为国家在政治、经济和话语垄断性地位的替代性或补充性的手段，在民间社会中发挥相当大的动员能力，从而形成一种关系网状的社团组织形式。

关系网的运作无疑深刻地塑造了中国民间组织的方式和路径，即便是任何"西化"的社团组织都带有关系和熟人社会的烙印，不可能纯粹地建立在差异性的包容这一理性的基础之上。究其原因，杨美惠认为主要有以下几点。第一，关系学是一种日常生活伦理和"艺术"，中国社会具有梁漱溟所谓的"关系本位"的特点；第二，关系学是古代中国的一种国家理性，具有历史合法性；第三，关系学是中国个体自主性形成的关键。

关系学是一种日常生活伦理，说明"关系"这一概念嵌置在日常生活的方方面面，在无意识的操演中已经成为一种"惯习"。以至于我们今天一办事，首先想到的是有没有关系，以及如何搭上关

---

❶ 杨美惠：《礼物、关系学与国家：中国人际关系与主体性建构》，赵旭东等译，南京：江苏人民出版社，2009年，第247页。

系等。其次，关系学赋予我们历史和现实地考察中国个人主体性建构的特定视角，正如该书的副标题所暗示的一样，社会结构（国家权力、制度和机构等）总是也只能相对于个体的自主意识和能动性而存在。而以个人为基点对于关系网络的认识和运作，不但赋予个体以自主意识和存在感，并且也是个体重要的社会化途径。这一点与费孝通先生的"差序格局"的认识并不相悖。此外，可以肯定的是，这套关系网的运作最初是通过亲属关系之间的交流来获得个体最初的认知的，这无疑具有威廉姆斯"情感结构"的特点。这就为中国的政治和国家理性在乡土和民间社会找到了一种理据——文化亲密性层面的悖论，即集权的国家治理（governmentality）以及相应的各种规训和制度，都必须默许一种替代性的"伎俩"和"策略"（关系／能动意识）的存在，作为对自身加以补充和修正的重要参照系。

然而，民间社团能够组织和运作的关键，在杨美惠看来是因为其是非政府的，也是与正式的官僚渠道毫不相干的。❶ 这一点确实值得商榷。一个显而易见的事实是，社会日益国家化已经成为一种普遍趋势，似乎没有什么组织或团体可以简单地以官方和非官方、政治和非政治加以划分。如果我们按照"政治"一词的希腊语词源，将其广义性地理解为一切人类的生活方式，情况更是如此。因此，在我看来，中国的民间组织得以运作的关键，大体是因为民间与官方共享一套亲密性的原则。

这是因为，第一，各种社团或民间组织无一例外，为了生存，总在运作一套"政治合法化"（此处当然是狭义的政治）的策略。"主动"向政府靠拢，以获取更多的资源和话语权。这符合文化亲

---

❶ 杨美惠，《礼物、关系学与国家：中国人际关系与主体性建构》，第247页。

密性的"社会诗性"这一认识，即如何将内部很多有违于政府规范、有悖于政治和精神文明的"实践"和"陋习"，以外部"政治正确"的方式加以包装和呈现，从而延续内部共同社会性。事实上，有学者有关社团组织的合法性研究，❶ 为我们呈现出了中国社团组织的四种纵向的等级性地位体系，中国社团形成和发展的关键似乎就在于如何由低向高地进行合法化运作（比如由第四级向第三级运作，并以此类推）。因此，中国的民间组织或者社团主动的"政治正确化"策略，也是契合现实语境的一种能动性体现。此外，主动与官方建立"关系"，才好办事儿，原本也是中国关系网络中的一种普遍认识，理应成为关系学研究中的一个基本要义。第二，从国家的角度来看，国家能够允许这些组织和团体的社会运作，是因为二者都共享一套人情世故、礼尚往来的伦理价值体系，或者以小型血缘单位为基础的忠孝意识和爱国情怀。只不过民族国家出于理性的表述策略的需要，将这些"落后"的文化特质予以掩盖或者加以修饰。

总之，我们完全可以将关系看作一种文化亲密性。这是因为，首先，国家强大的主导地位反而形成了一种以关系伦理为基础的公共空间，成为国家的一种有益的补充形式。特别在国家以单位或者大院来规划人的生活和居住空间，以城乡户口制约人口流动，以及以各种粮票、布票来统一进行资源分配的"非常时期"。这种空间以自身的方式造成了一种社会的流动、资源和利益的再分配格局，培养了较为"良性"的主体意识和一种替代性的社会化途径（而不必是所有的道路都堵死之后，只剩下的一种纯粹的反社会的人格和个体）。显然，民族国家就悖论式地建立在这一亲密性地带。

---

❶ 高丙中：《社会团体的合法性问题》，《中国社会科学》，2000 年第 2 期。

其次，杨美惠将官方和民间对于关系的不同话语切割开来对待。官方话语与民间话语（方言）自说自话，彼此无涉，事实上忽视了二者的亲密和互动关系。官方的话语在赫茨菲尔德看来是一种所谓"双符制"（disemia）式的文化亲密性的包装和编码策略，其本身并不是一套二元对立的话语体系。他认为在官方和平民的文化形式之间，存在着一种紧张关系，也就是社会语言学家所说的"双言制"（diglossia）现象，即一种民族语言被分裂为两个语域（register）或者社会方言：一是为了官方目的而运用的正式的且通常是文言的成语，二是日常生活中的普通语言。❶ 因此，双符制是一个符号的编码过程，这一过程事实上"展示了官方的自我呈现（official self-presentation）与集体内省（collective self-introspection）的私密性之间、正式的或者编码式的紧张关系"。❷

如此看来，"礼物"这样一种民族语言或者重要的中国文化"符号连续统"（a semiotic continuum）❸，裂变成官方话语和民间话语两个语域。官方话语只是这个"连续统"的一部分，与民间话语（各种方言）有着千丝万缕的关系。这种关系体现在，一方面，官方的话语显然意识到了大众日常生活中关系实践的千变万化、公私混杂，难于界定、区分和表述。因此，将这种集体内省式的且瞬息万变、难于监控的生活交往体验加以千篇一律地表达的官方话语中充斥着各种"焦虑"。这种焦虑多少是对民众生活层面的关系实践、话语和

---

❶ Michael Herzfeld, *Cultural Intimacy: Social Poetics and the Real Life of States, Societies and Institutions*, 3rd edition, p. 20.

❷ Michael Herzfeld, *Cultural Intimacy: Social Poetics and the Real Life of States, Societies and Institutions*, 3rd edition p. 19.

❸ Michael Herzfeld, *Cultural Intimacy: Social Poetics and the Real Life of States, Societies and Institutions*, 3rd edition p. 20.

策略这一既成事实的"无奈"和"承认"。❶ 在某种程度上，官方语域的形成随时以较低语域为重要的信息来源。官方话语以日常话语为编码的基础和重要参照系，不断进行调整和校正。这事实上已经说明了二者共享一套"关系的亲密性"这一本质。

另一方面，官方过于古旧典雅、千篇一律、空洞乏味的陈述很容易成为民间话语嘲讽、调侃的对象。更有甚者，"官方话语所刻意贬低的群体或者社会现象，有时反而成为人们引以为豪的'资本'"。❷ "拉关系"和"走后门"显然是官方话语批判和谴责的社会不良风气，然而民间却认为这是"有门路""关系活""有能力"的表现。"油滑活络"的人与那些没有关系因而也办不成事的老实人形成对比。❸ 显然，从低价值语域这一民间话语的角度来看，大众显然意识到，在这一套官话和方言的"双言制"体系中，被高价值语域所贬低和批判的现象和群体，大约构成了文化亲密性实践的重要空间。由此衍生了一种以"关系活不活""路子广不广"来区分界定的社会等级观念。颇为吊诡的是，大众对这种亲密性空间的确认，以及这种等级观念的加强反而是借助官方的话语来完善和实现的。

当然，这种调侃和嘲讽并非一定是具有公共意识的批判，而是一种文化亲密性层面的认同。杨美惠记录了 20 世纪 80 年代中国城

---

❶ 在杨美惠的论述中，官方话语要么将关系的不正之风归咎于腐朽封建残余的"复活"，要么将其说成是资产阶级个人主义的影响。此外，面对关系对社会风气的腐蚀和败坏，官方治理关系网的办法并不多，唯一的办法就是铁了心，把好关，打破关系网。参见杨美惠：《礼物、关系学与国家：中国人际关系与主体性建构》，第 53—65 页。官方的统一表述的多变，只能说明一种理念与内部千变万化的各种实践的紧张关系，以及官方表述的贫乏和焦虑。事实上，大众非常清楚，官方解决关系网的办法，大多只是流于表面。

❷ Michael Herzfeld, *Cultural Intimacy: Social Poetics and the Real Life of States, Societies and Institutions*, 3rd edition, p. 21.

❸ 杨美惠：《礼物、关系学与国家：中国人际关系与主体性建构》，第 59—61 页。

市表示请托关系社会阶层的一段顺口溜，❶ 可以很明显地看出，这种以关系来界定的社会等级，事实上无意中巩固了大众对权力的运作方式及其所造成的社会分层的认同意识。个体努力的方向无疑就是培养更为有效和广泛的关系网络，向上层进行社会流动。这是对国家权力和制度的一种"体谅式的认同方式"。大众显然很清楚，国家的权力和制度深深嵌入一套关系的文化框架之中，从而具有了合理和合法的一面。身处这套关系文化中的个体，只能是更为"油滑活络"地培养自己的关系网络，这种认同尽管无奈，却出于双方都共享关系的文化亲密性这一社会现实。

总之，血缘亲属关系理念，地方性知识体验（高丙中论述的河北龙牌会的复兴即属此例），以及关系网络在文化亲密性空间的建构、维护和实践，将继续在中国未来的社团组织和公共生活中留下深深的烙印。因为这些与理性的公民社会格格不入的各种"落后"的文化特质，无形中加强了国家治理的合法性以及普罗大众的归属意识，从而参与到民族国家建构的进程之中。

对于公共空间的营造而言，各种私密的日常生活实践一开始便带有公共的取向，同样也参与到公共性的建构进程之中。地方性的个体和群体总是以亲密性的知识为参照，去体验包括民族国家在内的各种公共空间所具有的制度、结构和规范的意义。同时，他们也致力于寻找一种恰当的媒介或者展演形式，以公共为导向，来运作和呈现各种社会经验，公共空间由此得以形成。因此，私密的也是公共的，反之亦然。我们同样可以在"公共"空间中去寻找各种"隐秘"和"尴尬"的共同社会性，以便说明这些公共空间在多大程度上是被一种亲密性知识所塑造的。有学者对台北地铁和中国

---

❶ 杨美惠：《礼物、关系学与国家：中国人际关系与主体性建构》，第 76 页。

"屌丝"现象加以研究,为我们提供了两个公共空间(其中一个属于网络公共空间)被文化亲密性所渗透和塑造的案例。

2. 素质与屌丝:公共空间的文化亲密性

李(Anru Lee)将台北地铁"捷运"作为一个文化亲密性空间加以考察,意在说明两个问题。第一,为什么台北民众对于捷运致力于提升大众文明的种种举措,持一种积极和认同的态度?第二,为什么民众能够容忍主管捷运的市政部门针对乘客所提出的各种规章和条令,自觉在乘坐地铁时表现得文明有礼,然而在地铁外却很可能我行我素、行为迥异?❶

李所考察的台湾致力于提升大众文明这一现象,与大陆提升大众"素质"的种种工程颇为一致。由此产生的各种展现文明和素质的公共空间(地铁、车站以及旅游景点等一类重点展演区域),事实上也是一个隐匿着诸多文化亲密性的场域。这是因为,第一,这些公共空间是一个充满争议的场域,而争论的焦点事实上都围绕着社会中特有的且需要向外部加以掩饰的种种尴尬的文化特质。比如该文中提到的捷运建造时各种贪污问题,民众对于地铁车厢和车站过度奢华的装饰和配套设施(据说仅一个垃圾桶的造价就为 800 美元)、所透支的公共财政不满。此外,列车的安全和技术等问题,也备受大众质疑。更让人恼火的是,捷运的市政主管部门出于提升大众文明制定的各种严苛的乘车规范和条令,使社会各界普遍联想到国民党专制统治时期所开展的改善个人卫生观念、组织排队以及新生活等各种运动。这些运动的实质是培养听话和驯服的顺

---

❶ Anru Lee, "Subways as A Space of Cultural Intimacy: the Mass Rapid Transit System in Taipei," *The China Journal*, Jul. 2007, No.58, p. 32.

民。❶ 总之，这些文化特质多少令人悲观地构成了某种"国民性"，虽然还没有达到柏杨在《丑陋的中国人》一书中所描述的那种无可救药的程度。但是，这些特质确实是公共空间在形成之初就备受争议的焦点，大众的亲密性知识在公共空间的呈现和掩饰之间的张力，以及由此引起的怀疑、焦虑和身份认同的模糊多变甚至分裂，使得公共空间成为亲密性得以展演的重要媒介，同时也成为集体掩饰"国民劣根性"和各种尴尬文化特质的重要场所。

第二，文化亲密性的诸多特质造成了尴尬的民族国家认同方式。此时的空间正如赫茨菲尔德所言，同样是一个具象化的场所。因为空间同时也是一个人们设法摆脱官方侵扰，获得安全感的地带——空间对于官方各种规范的定义性的摒弃（defining rejection）为其提供了内部的安全感。然而空间同时也可能悖论式地集结各种力量，来支持官方的各种规训和强制措施。一个最初可能令人尴尬的场所，最终也许发展成为众人引以为傲的空间。❷

我们还是以台北捷运为例，地铁开始动工和建造的过程中，在种种流言蜚语、新闻报道以及公知的评头论足的推波助澜作用下，很快成为大众关注和议论的焦点，并迅速成为一个"公共空间"。当然这个空间起初充斥着对官方话语的"怀疑"和"不信任"，并且由于种种负面报道，还可能引发"国民性"以及"身份认同"等更深层面的"焦虑"和"尴尬"。这一空间的形成正如赫茨菲尔德所言，是建立在大众对于官方的各种规范"界定性的摒弃"或者"集体嘲弄"这一基础之上。对官方的批判、怀疑和不信任使得大众获得了一种内部的安全感。然而戏剧性的是，这一

---

❶ Anru Lee, "Subways as A Space of Cultural Intimacy," pp. 33-34.

❷ Michael Herzfeld, *Cultural Intimacy: Social Poetics and the Real Life of States, Societies and Institutions*, 3rd edition, p. 53.

空间又可以悖论式地成为官方的各种强制措施、各种致力于提升大众文明和素质的运动动员的支持力量，或者至少弱化反对的声音。一种被李称为"玩世不恭"（cynicism）的华族文化特质，❶帮助大众实现了这一空间的反转，使其从最初的批判和怀疑，发展成最终的信任和合作。这种玩世不恭多少有点"逆来顺受"的意味，事实上是一种"怀疑的文化亲密性"（Maddox，2004）的体现。在台北地铁建造这一语境中，怀疑的文化亲密性首先肯定官员也是人，贪污腐化连同官僚机制的敷衍塞责、挥霍浪费似乎是难以根治的人之本性和官僚制度的本质，因此大众早就做好了各种最坏的打算。然而，"一旦大众发现，捷运的完工大大地改善了他们的生活和城市环境，一切都在发生积极的转变时，他们便会立刻欢欣鼓舞、备感自豪"。❷ 显然，正是诸如此类的"不信任""怀疑"和"嘲弄讽刺"所具有的文化亲密性，最终悖论式地帮助官方收获了民众的身份认同和归属意识。❸ 赫茨菲尔德文化亲密性理论，同时也回答了文章开头所提出的两个问题。台北捷运因此构成了一个"文化亲密性的空间，在这一空间之内，台北民众不断地加强或者重塑其与官方的模糊和矛盾的关系。与此同

---

❶ 李的一位受访者的话，是这种玩世不恭的典型表现。这位受访者说，大众早就料到地铁建设一定会有不好的事情发生，因此大众必须学会自然和平静地承受任何不良后果。见 Anru Lee，"Subways as A Space of Cultural Intimacy，"p. 35.

❷ Anru Lee，"Subways as A Space of Cultural Intimacy，"p. 35.

❸ 原本令人尴尬的场所，如今成为令人自傲的空间。公共空间中最初存在的各种与官方话语、规范和强制性条令格格不入的"怀疑"和"不信任"，最终却在"一个更为隐秘且充斥着争议的空间中，以一种颇为尴尬的方式促成了国家的统一和民族意识的凝聚。对于那些致力于考察民族国家形成之初，如何颇费周章地整合各种支持力量的历史学家而言，这些尴尬且充斥着争议的文化亲密性空间所形成的凝聚意识，往往被他们忽略不计"。参见 Michael Herzfeld，*Cultural Intimacy: Social Poetics and the Real Life of States, Societies and Institutions*，3rd edition，pp. 53-54。

时，他们的集体身份也在不断地加强和重塑这一充满变动的过程之中"。❶

与台北捷运展现的一个物理空间（physical space）不同的是，"屌丝"这一网络热词构成了一个"虚拟的网络空间"（cyber space）。然而二者的共同之处在于，如同"怀疑的文化亲密性"在捷运所营造的公共空间中到处弥漫一样，一种可以称作"自嘲""恶搞"乃至"有策略地发泄抱怨"的文化亲密性，同样渗透并塑造了"屌丝"这一虚拟的"网络公共空间"。❷

---

❶ Anru Lee，"Subways as A Space of Cultural Intimacy，"pp. 34-35.

❷ 探讨网络空间中文化亲密性问题的文章，还有赫茨菲尔德的学生马拉比（Thomas Malaby）在著名网站"二次生活"（Second Life）的实验室所做的研究。马拉比试图借用文化亲密性理论，探讨散漫无序的虚拟的游戏空间（game space）对应着何种管理的制度和规范，如果将前者看作自由散漫的大众文化亲密性空间，那么它又对应着何种官僚治理机制以及更为正式和抽象的民族主义观念呢？将文化亲密性理论在网络公司和虚拟游戏空间加以延伸，马拉比尝试回答如下的问题，当一个新型的数码"帝国"试图通过管理世界和自身来奠定其合法性的时候（这种管理的机制通常也是这些网络帝国所一贯追寻的），其所开发的游戏多少形成了一种具有文化亲密性质的散漫芜杂的空间，从而与其管理机制的设想相背离，这种情况与民族国家所需要面对的文化亲密性空间在多大程度上相似呢？此外，这种悖论（一方面要鼓励尽可能多的用户进来注册并激发他们的创造性，然而另一方面却面临管理和规范的问题）是否已经成为当下数码时代的一个主要问题？显然，马拉比意图通过网络空间游戏与管理的研究，对比民族国家与地方性社会实践（文化亲密性）的互动和治理。马拉比在旧金山的林登实验室（Linden Lab），也就是"二次生活"网站的公司所在地进行田野研究。马拉比发现，林登实验室开发的游戏软件以及创造出的虚拟空间激发起了玩家的能动性，而玩家的这种能动性恰恰是公司得以进行市场运作的关键。可是用户们逐渐发现了"二次生活"软件的诸多漏洞，他们可以乘机复制值钱的东西，攻击其他用户，乃至颠覆这一虚拟世界自身。即便是在林登实验室内部，也面临着这样一种纵向的制度管理与横向激发员工平等的创造性与参与意识之间的悖论（paradox）。马拉比说，随着"二次生活"规模的扩大以及日益复杂化，林登实验室同样也在扩大规模。管理的问题变得日益突出，公司内部的关系也紧张起来。公司管理的问题同样是充满政治因素的配置（politically charged disposition）从上至下推行的结果，这种纵向推行的决策多少与依靠协同、平等以及众声喧哗产生的创造性和合作关系相背离。员工们不但见证着公司的日益发展壮大，同时也担心自身的创

杨沛东等人有关"屌丝"现象的研究事实上意在反思斯科特（James Scott）的"底边政治"（infrapolitics）这一概念，在当下模糊的社会等级关系划分以及纷繁芜杂的个体身份表述语境下阐释的张力。按照斯科特有关"底边政治"的界定，❶ 屌丝现象无疑属于一种"弱者的武器"。然而，这一"弱者的武器"在分析大众所营造的更大的"屌丝"这一公共空间的时候，很难说得清楚谁是精英，谁是屌丝；谁居于主导地位，谁居于从属地位；谁必须运用各种"无伤大雅"的反抗策略，而谁又会成为这些反抗策略针对的目标。此类因素在屌丝这一公共空间内呈现出混沌不清的状态。这些"类型的划分"（强与弱、主导与附属、精英与贱民或者草根等）显然是斯科特的底边政治中谁在使用"弱者的武器"的一个重要前提。此外，国家话语的介入，❷ 使得这一原

（接上页）造性和自由受到损害，从而形成一种公司越是发展，员工的焦虑也与日俱增的困境。然而正是在这一困境中，马拉比将赫茨菲尔德论述的民族国家的困境与之并置起来。他认为，我们迫切想要知道的是，这些网络帝国在将它们的触角伸到我们数码生活深处的时候，如何还能解决治理与协作及自由的困境，而赫茨菲尔德认为民族国家面临同样的困境，即如何在大众充满瑕疵、嘲弄和"反叛"意识的日常生活实践中，确立一种合法性的治理权力。参见 Thomas Malaby, "The Second Life of Institutions: Social Poetics in a Digital State ," in *Anthropological Quarterly*, 2010, pp. 360-363。

❶ 按照斯科特定义，"底边政治"被普遍理解为居于从属地位的群体所运用的一套特定的抵抗策略。它具有以下几个特点：第一，这套抵抗的策略会以语言的形式作伪装，比如各种幽默、玩笑、语言上的小把戏、民间故事、仪式上的姿势等，以此对权力或者拥有权力的人加以批判。其次，运用这套策略的人知道，他们的行为以一种匿名的形式进行，并且无关痛痒，因此不会惹祸上身。因为，这是一种不能以自己的名义来进行的低风险的抵抗形式。最后，底边政治事实上对更加明显的政治行为起到一种文化和结构的支撑作用，只不过我们的注意力大多集中在明显的政治行为上。转引自 Peidong Yang, "Diaosi as Infrapolitics: Scatological Tropes, Identity Making and Cultural Intimacy on China's Internet," *Media Culture & Society*, 2015, Vol 37(2), p. 199。

❷ 2012 年 11 月 3 日，"屌丝"一词首次出现在《人民日报》"十八大特刊"上。见 Peidong Yang, "Diaosi as Infrapolitics: Scatological Tropes, Identity Making and Cultural Intimacy on China's Internet," p. 201。这说明民族国家似乎并不反对这一颇具戏谑式的称谓。

本就模糊不清的阶层认同以及身份表述的政治和策略，更加复杂和易变。

显然，在屌丝这一公共空间营造的过程中，以下两种现象是底边政治所不能阐释的。首先，屌丝是一个身份认同的符号，最初被社会底层或者草根阶层用来表示某种社会不满，然而让人疑惑的是，这一底层的术语为何如此广泛地被社会各阶层所接受，并作为一种普遍的身份认同方式。也就是说，这本该是加深社会"分裂"以及阶层对立意识的"弱者的武器"，为何反而起到了强大的文化黏合或整合作用呢？其次，主流的官方媒介似乎也接受了这一新鲜的表述，有意将其收编在自身的话语体系之中。在屌丝的公共空间形成的过程中，官方的媒体也起到了推波助澜的作用，弱势的一方和强势的一方似乎形成了某种相互体认的关系。对于这样一种"共谋"的现象，强调强弱纷争的底边政治，显然没有意识到国家和大众所共享的文化亲密性这一实质。

公共空间营造方式的匮乏，显然是导致"虚拟的网络"作为一种最重要的替代性公共空间出现的重要原因。屌丝的言辞和行为因其具有的各种无伤大雅的情感宣泄和抱怨的策略、自嘲式的幽默和语言的机敏睿智，促进了这一空间越来越普遍的认同意识。显然，这样一种具有相似情感和亲密性体验的"想象共同体"，在屌丝的情结中不可避免地持续发酵，形成更大的空间，并且成为整合各社会阶层的黏合剂。"文化亲密性可以解释为什么那些有权有势的人同样迫切地自认为是屌丝。其原因在于，对于那些相比之下已经取得优越性地位的'获胜者'而言，自认为是屌丝以便分享与其他'失意者'共有的文化亲密性，从而获得一种社会团结／亲密关系意识，不失为一项明智的策略，以便更好地保护自己的既得利益，

在日益分化的社会中使自己占据有利的地位。"❶

同样，与民族国家共享文化亲密性也是屌丝这一公共空间得以合法化的重要原因。这种文化亲密性首先表现在，屌丝具有赫茨菲尔德所谓的尴尬以及自我确认的亲密性内在的特质。人们在非个体的网络空间中，颇为愉悦地自认为是"屌丝"，从而获得了一种亲密性。然而这样一种内部的共同社会性确认的标志，如果被外人（outsiders）所使用，则在众多自认"屌丝"者眼中，不但颇为尴尬，而且可能被认为是一种侮辱。❷

另一方面，从国家的角度而言，民族国家也愿意在众多屌丝的日常生活中开发各种元素，以便在新形势下为民族主义注入更多活力。这一点在杨沛东看来是一种亲密性的文化政治的体现。也就是说，屌丝文化激起了一种从下至上的、自发的文化亲密性，而参与到这一文化亲密性之中获取民族的凝聚力，无疑稳固了国家的权力。《人民日报》对屌丝一词的使用表明，国家批准并分享了衍生自文化亲密性的这一普通中国人的公共维度。❸

任何公共空间能够持续在国家这一社会容器中运作下去，是因为公共空间最初形成的批判意识必定最终以一个更大的、充满各种亲密性知识的文化框架（比如已经论述的血缘宗亲、关系网络、孝道观念、各种"国民劣根性"，以及屌丝现象所具有的自嘲戏谑情结，等等）为尴尬认同的依据。斯科特的底边政治只注意到批判和抵抗，却忽视了认同。事实上，国家和群体都内在于这一文化框架

---

❶ Peidong Yang, "Diaosi as Infrapolitics: Scatological Tropes, Identity Making and Cultural Intimacy on China's Internet," p. 211.

❷ Peidong Yang, "Diaosi as Infrapolitics: Scatological Tropes, Identity Making and Cultural Intimacy on China's Internet," pp. 209-211.

❸ Peidong Yang, "Diaosi as Infrapolitics: Scatological Tropes, Identity Making and Cultural Intimacy on China's Internet," p. 211.

之内，双方的互动又以这些文化亲密性所内在的特质为润滑剂和黏合剂。对于民众而言，他们的各种创造性的小伎俩、各种抱怨和不满在"合法性文化框架"之内得到了恰当（社会诗学式）的展演和宣泄；对于民族国家而言，对这些小把戏和怨愤的适当宽容，收获了至关重要的忠诚意识和民族主义观念。在这一意义上，公共空间是文化亲密性的延伸形式，公共空间如同民族国家一样，也是文化亲密性不同的实现方式。

公共空间是由个体构成的，公共生活的主体毋庸置疑仍然是具有社会参与意识的个体。个体化是个体参与公共生活的程度和方式，公共生活的意义、"在一起"的情感体验及其所形成的制度和规范是个体化的重要前提。既然公共空间和公共生活在很大程度上是文化亲密性的一种折射形式，那么个体化也必须以同样的文化亲密性作为重要的参照和校准体系。简而言之，个体化事实上也是一个文化亲密性习得的过程。

3. 个体化的文化亲密性

阎云翔在近期有关中国社会的个体化（individualization）和生活的私密性（private life）研究中，认为"个体从之前无所不在的各种社会网络以及家庭、亲属关系和社区的保障体系（social categories）中'脱嵌'（disembeddedment），同时又无法重新嵌入到新的社会保障机制之中，这构成当前中国个体化过程的一个显著特点"。❶ 个体化趋向的加重，以及各种社会保障机制、福利体系和公共产品供给的匮乏，在阎云翔看来，导致了中国乡村公共生活的

---

❶ Yunxiang Yan，"Introduction：Understanding the Rise of the Individual in China，"*European Journal of East Asian Studies* 7.I（2008），p. 2.

日益"凋敝"和"荒凉"。这是因为，中国的私密性由于没有很好地向公共进行导向的途径，似乎正在演变成一种极端自私的个人主义（egotism），随之而来的是在公共场合的各种"不文明"（uncivil）现象。个体身份和主体性一直被限定在私人生活领域，从而演变成一种自我中心意识。其结果是，对于社区和其他个体的责任和义务的意识越发丧失，这是一种与现代文明背道而驰的非常危险的发展路径。❶

对于那些外出打工、力图实现自己的城市和现代生活梦想的个体而言，他们个体化的道路确实面临一个"脱嵌"和"重新嵌入"的悖论。因为城市并没有为这些农村打工者提供相应的社会保障机制，他们很难走出"二等公民"的困境。❷ 然而对于那些留在农村的个体而言，他们的公共性似乎并没有被个体化的趋向以及"私人家庭"（private family）生活❸ 所湮没。近年来，农村各种传统文化的复兴、民间社团组织活动的频繁以及展演"规模"的扩大，无疑都说明"个体化"趋向以及"私密"生活的需要，并非一定以挤占乡村公共空间为代价。关键在于我们如何界定乡村的公共生活，如何看待公共生活中的各种"不文明"和"低素质"现象。

---

❶ Yunxiang Yan, *Private Life Under Socialism: Love, Intimacy and Family Change in a Chinese Village, 1949-1999*, Stanford: Stanford University Press, 2003, p.235.

❷ Yunxiang Yan, "Introduction: Understanding the Rise of the Individual in China, "pp. 3-4.

❸ 私人化的家庭类似于核心家庭，但阎云翔对这一过于西化的概念进行了必要的修正，他的定义是：中国乡村的这种私人化家庭出现于 20 世纪 90 年代，其特点是公共性力量对其造成的影响相对较弱，个体对于那些相对外显因而容易被他者审视的行为的控制力明显加强（比如家庭内部客厅与卧室的隔离、窗帘的使用，总之，是一种保护隐私的观念），伙伴式的婚姻关系（companionate marriage），以及夫妻之间的亲密联系（conjugal relationships）成为中心，此外也更加强调个体的福祉和彼此之间的情感联系。见 Yunxiang Yan, *Private Life Under Socialism: Love, Intimacy and Family Change in A Chinese Village, 1949-1999*, p. 219。

事实上，对于中国的乡村公共生活而言，这种公共性同样表现为一种文化亲密性。公共和私密并不截然两分，而是形成一个互动和相互介入的亲密性地带。各种亲密性的知识（孝道、家庭理念、礼尚往来等）所具有的共同社会性，事实上成为一个更大的公共产品和伦理准则，供个体"消费"和"校准"；成为个体在乡村与城市、落后与文明等多种困境中，不断塑造和重构身份意识的主要依据，尽管这些公共产品和伦理观念带有诸多"不文明""非理性"的尴尬特质。当然，这种带有浓郁的亲密性知识印记的乡村公共生活，与西方的公共生活是有差别的。因为后者讲究绝对的义务与权利对等、强调公共批判意识，并且有着完善的社会福利保障制度。个体朝向后一种公共维度的认同正如阎云翔所言，是困难的，因为公共生活和私密生活是分离的。❶ 然而，如果个体化的路径和策略仍然以乡村社会中的各种亲密性知识和情感结构为导向，则公共和私密又是融为一体的。隐匿在乡村社会中的诸多尴尬的共同社会性，以及由此形成的共同体意识，构成了乡村公共生活的基础。

石汉（Hans Steinmuller）在中国湖北巴山的一个乡村中，观察到了颇为"热闹红火"（social heat）的乡村公共生活图景，似乎与阎云

---

❶ 阎云翔认为，主要从私密生活中崛起的个体在公共生活中仅仅获得十分有限的空间和权利，因此公共和私密领域的分离对于正在崛起的个体造成了负面的影响。Yunxiang Yan, "Introduction: Understanding the Rise of the Individual in China," p. 6。显然，阎云翔是用西方的公共生活为参照系，来说明公共产品的匮乏以及社会保障和福利制度的缺失，对于个体化所带来的消极影响。然而作为具有能动意识的个体，对于自身传统文化和公共生活的认同，同样不失为社会化的重要路径。个体化并非一定以挣脱传统的社会关系和社区保障机制为代价，新的身份的塑造和表述并不一定要与传统相决裂，也并不一定要以西方的公民社会为导向，个体的兴趣也并不一定与传统的公共责任相冲突。很多时候，个体化更像是一个调和多方矛盾关系的产物，这一点正如冯的"孝道的民族主义"（Fong, 2004）观念一样，是个体在传统孝道、民族国家以及超越国家的想象的国际共同体之张力间，获得的一种崭新的身份意识，这当然是一种具有能动性的个体化策略。

翔的日益私密化的乡村家庭生活形成强烈的反差，尽管这些公共生活多少带有"不文明"甚至"封建残余"的诸多因素。石汉为我们呈现了其中几个主要的乡村公共生活的场景，其中包括红白喜事在内的各种"酒席"以及请客送礼、赌博现象。此外，由官方发动、民众参与的各种"乡村建设"运动和"面子工程"（face projects），也促进了村民参与公共生活的热情。这些活动在石汉看来一方面是公共性的，因为一次新房的上梁仪式几乎连续几天成为全村的公共事件；一位镇长为母亲祝寿所摆下的酒席几乎动员了村、镇甚至县、市的所有人情、亲属以及社会关系网络。每逢这些公共性时刻，村里鞭炮齐鸣、众人兴高采烈，围坐在一起，喝酒划拳，赌博游戏，呈现出热闹红火的农村生活景象。然而，另一方面，这些公共性事件似乎同时又是私密性的，它们是不能见容于官方的话语的，❶ 并且对于村庄外的人也是需要加以掩饰和自圆其说的。

面对这种公共与私密的悖论，石汉认为赫茨菲尔德的文化亲密性理论才能更好地解释乡村公共生活所特有的私密性维度，二者并不是割裂和彼此对立的。这是因为，首先，上述各种红白喜事的请客送礼和大张筵席，虽然是官方话语三令五申加以反对的铺张浪费现象，然而这又是一个"合乎风俗人情的礼节"（the propriety in ritual），官方话语和地方礼仪因此同时并存于一个模糊地带。地方政府能够策略性地宽容这些"陋俗"，❷ 正好说明这些私密性知识已经

---

❶ 这些公共生活不适宜大力提倡是因为，面临大众仪式日益商业化的压力，地方政府以及以主流意识形态为导向的各种媒体均积极致力于反对"平白无故地大摆酒宴"所导致的"奢侈和浪费"。见 Hans Steinmuller, *Communities of Complicity: Everyday Ethics in Rural China*, New York：Berghahn Books, 2013, p. 173.

❷ 文化亲密性并非仅仅局限于平民百姓或者"贱民阶层"，官员们同样体验到文化亲密性的存在，如同普通的村民一样，手握权力的官员同样热衷于运用各种"社会诗性"的策略，在合乎"人情礼仪"的形式之下"礼尚往来"。参见 Hans Steinmuller, *Communities of Complicity: Everyday Ethics in Rural China*, p. 173.

形成一种无所不在的公共性，成为左右官方和大众的"公共"社会交往准则。其次，对于农村普遍存在的"赌博"现象，同样存在一个"赌"与"玩"的模糊地带。[1] 借用赫茨菲尔德的文化亲密性理论，石汉认为赌博就是一种实践。这一实践一方面是维系地方社会性的关键，另一方面却又成为外在尴尬的来源。这种亲密性意识具有来自外部的现代性表述（赌博持续受到谴责）与地方性实践的延续性之间的矛盾与张力。[2] 然而，正是这一内与外的张力和困境，极大丰富了大众社会诗性的表述策略。他们将"赌"说成"玩"，使其具有官方也提倡或至少保持中立的"大众娱乐休闲活动"的性质。"赌博"就在这一内与外、官方与大众相互介入的模糊地带，持续地构成乡村公共生活的一个重要维度。"赌博"所具有的地方共同社会性及其衍生出的一套对外的表述策略，既是这一公共生活得以延续的基础，同时也是文化亲密性的呈现方式。总之，中国乡村的公共生活被私密性所深刻塑造，种种公共性的背后所隐匿着的更为关键的亲密性知识，同样塑造着个体化的策略和路径。

显然，乡村公共生活的依然"热闹红火"，就已经足以说明个体似乎不太容易从传统的社会关系网络以及家庭、亲属和社区的各种保障机制中挣脱出去。在石汉看来，个体化同时也是一个社会化的过程、一个被社会规训的过程。为了减少这一过程中的挫折和失败感，本着趋利避害的原则，个体事实上是在采用一种"亲密性的个体化策略"（intimate individualization）。个体的自由、独立甚至社会反叛意识这样一种本能，始终与各种亲密性的知识处于不断的磨合和调适的过程之中。个体化的过程如同青少年的成长一样，同

---

❶　Hans Steinmuller, *Communities of Complicity: Everyday Ethics in Rural China*, p. 182.

❷　Hans Steinmuller, *Communities of Complicity: Everyday Ethics in Rural China*, pp. 193-194.

样是包括"孝道的民族主义"观念在内的各种亲密性知识的习得过程。❶ 各种亲密性知识一方面成为"叛逆"的个体谴责、抱怨以及对外表述中的尴尬的来源,然而另一方面却形成共同的社会性、一种日常生活的伦理,为个体化过程中出现的各种挫折、失意以及困境提供一个自圆其说的地方性的解释框架和道德支持体系。

亲密性的个体化策略,包括如下三个因素。第一,个体不能真正从各种亲密性的社会生活中"脱嵌出去"。无论是哪种社会,正如阎云翔所言,公共生活和私密生活的分离,对于正在崛起的个体都会产生负面影响。❷ 这正好说明,西方社会中的个体的公共生活事实上从未从"集体的亲密性"这一维度分裂出去。公共生活中的个体活动的空间以及相应的各种权利的保障,形成特定的西方社会的亲密性知识,既是个体的共识也是个体化的主要条件。同样,对

---

❶ 孝道的民族主义(filial nationalism)观念是美籍华人人类学家冯文受到赫茨菲尔德的文化亲密性概念启发之后提出来的。在大连陆续进行了两年多田野调查的人类学家试图解决这样一个令人困惑的问题,即为什么尽管中国青少年普遍意识到,与西方众多发达国家和富裕社会相比,自己的祖国无疑是落后的,可是这反而激发出了一种强烈的爱国意识?这一悖论在冯看来是因为,不断增强的媒介全球化这一本质、对英文的熟悉和掌握以及教育式的"朝圣"机会的增多,使得中国的青少年们不但获得了一种跨群的"中国人"的身份想象,而且同时也将自己视作一个更大的想象的共同体的成员,这一更大的共同体由全球充满抱负且受过良好教育的人构成。同时,这些青少年对中国仍然抱有一种强烈的忠诚意识,这种忠诚并不是建立在想象的共同体这一观念之上,而是建立在一种想象式的家庭观念之上,中国被视作一个饱经沧桑和磨难的母亲,尽管她有诸多缺点和不尽如人意之处,但是仍然值得孝敬的儿女们的尊重和奉献。参见 Vanessa Fong, "Filial Nationalism among Chinese Teenagers with Global Identities," *American Ethnologist*, 2004。显然,文化的传承和延续,关键就在于它是否打造出了按照自身的逻辑来思考和表述的主体,这当然同时也是一个能动性的过程,特定文化逻辑的主体性的建构必然要经历诸多的矛盾、焦虑和困惑,然而最终能够形成共同社会性的种种亲密性的言辞和实践(比如孝道),才能帮助青少年弥合各种断裂的体验(落后与先进、中国与西方、民族主义与全球的想象的共同体等)。总之,青少年的成年是一个文化亲密性知识(intimate knowledge)习得和成形的过程。

❷ Yunxiang, Yan, "Introduction: Understanding the Rise of the Individual in China," p. 6.

于中国社会中的个体而言，公共生活中的文化亲密性一样为个体提供活动的空间（包括婚丧嫁娶在内的乡村各种仪式性的公共事件）以及相应的各种义务规定和权利保障（礼尚往来的关系网络等），理所应当地成为个体化的首要前提。关键在于我们不能以西方的公民社会为透镜，来分析中国的公共生活和个体化路径，从而得出公共与私密相分离的结论。中国乡村社会公共生活中的各种亲密性知识，一样保证大多数个体将自己的私密生活和公共生活有机地联系起来，而不必不计成本地成为社会的"另类"。

事实上，同一期有关中国乡村和城市个体化研究的文章中，个体化与传统社会关系网络和保障机制之间的冲突和磨合，仍然是个体所面临的一个主要困境。Hansen 和 Cuiming Pan 的研究表明，生活在一个个体化进程快速发展的社会中，青年们努力将他们自己界定为高度自主化的个体，有权在重大的问题面前做出自己的决定。然而，与此同时，关系紧密的家庭仍然是他们最值得信任和奉献的对象。很明显，家庭常常是社会、经济和情感保障最便利、最稳固的源泉。❶ 显然，即便最为决绝的个体也很难割断与家庭千丝万缕的关系，家庭仍然是各种情感的归宿，是重要的社会和经济保障机制。也就是说，个体化的路径可能颇为"狂野"，个体脱离乡村，来到大城市生活，甚至漂洋过海，定居海外。也有可能名利双收，出人头地。但无论个体如何"发达"，对家庭和父母的责任及孝道这一文化亲密性原则显然是中国人最为重要的伦理基础。所谓衣锦还乡、光宗耀祖即是。

第二，个体化总是以一套石汉所谓的"日常生活的伦理"（everyday ethics）作为身份调适的依据。在他看来，日常伦理在寻

---

❶ Mette Halskov Hansen and Cuiming Pang, "Me and My Family: Perceptions of Individual and Collective among Young Rural Chinese," *European Journal of East Asian Studies*, 7.I（2008）, p. 76.

常的行为和话语中加以表述，因此对某种道德理念的日常表述便是日常伦理……或者进一步说，道德是某种还没有加以反映和体验的惯习（habitus），同时也是某些并没有加以质疑的道德话语，而伦理则是经过反映和体验之后对于道德规范的一种改造和变通的方式。❶这一认识带给我们两点启示，首先，有关中国个体化研究的文章大多充满一种焦虑，认为建立在封闭狭隘家庭观念之上的极端自私的个人主义，与权利义务相对等的理性公民社会之间存在很大的"道德差距"。为了弥合这种差距，个体化似乎变成了个体必须加强道德修养，从而将个体利益与公民社会的义务与担当完美地统一起来。然而，一个不争的事实是，很难用一套空洞的道德理念将个体与社会联结起来，个体融入社会主要是靠实践中的潜移默化，亦即一种基于日常生活，对道德进行创造性修正的日常伦理和实践方式。其次，日常伦理的文化亲密性就体现在，个体在实践中对于道德规范加以创造性的变通，以获得内部的共同社会性，对外则将其以"合乎礼节"（上文提到的 the propriety of ritual）等规范形式加以表述。❷也就是说，一种看似与公共生活相对立的私密性（文化亲密性）弥合了社会与个体之间的"裂隙"，构成个体化的重要语境。

第三，亲密性从家庭生活和日常社会交往形式等内部的空间中，借助种种地方性知识和日常伦理实践，赋予个体"推己及物"的诗性智慧，以及想象民族国家甚至国际共同体身份的能动性。这种天下和公共的意识，无疑是从私密生活中形成的。因此个体化似乎并不是以一套外在的颇为空洞抽象的道德理念，以社会责任为参

---

❶ Hans Steinmuller, *Communities of Complicity: Everyday Ethics in Rural China*, pp. 4-13.

❷ 比如石汉在书中提到的村庄中的红白喜事，大摆酒席，虽然属于官方一再反对的铺张浪费现象，但是村民在对外表述中，认为这合乎传统礼节。

照，由外向内、由上至下地对个体施加塑造和修炼。❶它是一套由内而外、由下至上的亲密性知识的日常实践，伴随其中的是身份的不断调适和建构的过程。

石汉在湖北巴山观察到乡村家庭内部的各种仪式性的日常实践，事实上以一种"致中庸"（channelling along the centring path）的方式，将普通中国人的不偏不倚、不亏不溢的道德理念在日常生活中加以展演。通过这些行为，合乎礼节的重要性再次成为关键：特定中心的固定不变以及围绕这一中心的各种等级式的合作，将国家的礼仪与当代家庭的生活庆典，跨越时空地联系起来。❷普通个体无疑正是通过这些内部的日常生活实践，由内而外地认识社会等级和道德观念，努力使自己的行为合乎礼节、不偏不倚，并将这套"礼"的日常实践和体验作为个体化的重要路径。这是一条合理（礼）的个体化路径，毕竟大多数人都不会不计成本地去对抗社会和文化有关"合乎礼节"的制度性安排，文化也在个体的日常参与和体验中不断复制和延续。

当然，这种颇具仪式感的日常生活实践同样具有文化亲密的属性。各种铺张浪费、请客送礼的庆典活动，都以家庭为中心。这些"自私自利"的个体主义趋向，在那些强调理性的学者眼中，是与建立在差异性基础之上的公民社会格格不入的。然而他们在强调大众沉

---

❶ 事实上，吉登斯对这种由上至下的"规训"的观点也有过类似的批判。吉登斯认为，有必要从个体的自主性（autonomy）、自觉意识、反思性以及日常生活中的政治性等能动性维度对于现代文明重新加以认识，这显然是一条从个体到社会的延伸的认知路径，而这一路径延伸的关键就在于对种种亲密性观念的改造和转型。转型需要两个前提，一个是自我叙述和反思的能力，另一个是社会的导向，即社会进程中那些被社会化的"自然"之事物。参见 Anthony Giddens, *The Transformation of Intimacy: Sexuality, Love, and Eroticism in Modern Societies*, pp. 15-24。显然，那些被社会化的"自然"之事物，作为个体日常生活的惯习，也是文化亲密性的重要成分，是个体化的语境和前提。

❷ 参见 Hans Steinmuller, *Communities of Complicity: Everyday Ethics in Rural China*, p151。

溺于私密生活之中不能自拔、担忧极端功利的个体主义与公民社会互不相容、焦虑私密与公共相互割裂的时候，却忽视了私密生活所具有的公共性，低估了个体借助日常伦理在家庭、乡村乃至麻将方桌❶等内部空间中想象和建构身份的能力。

显然，如果我们承认传统的孝道观念、家庭生活所激发的信任与奉献、亲属和社会关系网络的保障作用，仍然是当下中国社会的一个现实，那么，我们就不能期待生活在这一社会中的个体，会以另外一种提供"充足的活动空间和权利保障"的公共生活为个体化的重要前提。我们同时也能够理解，为什么个体始终不能突破传统的血缘亲情、"狭隘"的家庭责任和奉献心态的束缚，不能真正发展成为一个合格的西方社会化的"公民"。因为个体化这一同时也是社会化的过程，同样是一个文化亲密性的习得过程。

在公共生活的营造和个体化过程中，国家作为一种重要的权力

---

❶ 事实上，借助文化亲密性理论，费保罗（Paul Festa）通过对台北麻将的考察，为我们勾勒了民族国家共同体想象中，由内而外、由下至上的个体化路径。在费保罗看来，台北麻将桌上体现的这种男子气概当然与特定的地方性知识联系在一起，这就是台湾青壮年（18—40岁）必须强制性接受的两年义务兵役制度。而打麻将无疑就成为对曾经接受过的军事训练的一种结构性的怀旧方式。费保罗认为，如同战争一样，麻将包括了竞争（agon）、机遇、模拟（simulation）以及眩晕四个特点。对于沉浮在牌桌上的挚友或"战友"看来，这四个特点足以用来对照、反观、理解以及阐释外在于自身或者外在于地方性的任何群体或者社会的实质。因为包括战争、党争、性别差异所引起的一切抗争、博弈和角力都具有这四个特点。参见 Paul Festa, "Mahjong Agonistics and the Political Public in Taiwan" [J], *Anthropological Quarterly*, Volume 80, No. 1, Winter, 2007, p. 117. 显然，牌桌上的智慧、博弈、策略，牌友之间亦竞争亦合作的亲密关系，构成了一种从"私密性"领域参与民族国家运作的重要方式，从而将民族国家内化于自身的亲密性实践之中，并从中衍生出符合自身认知逻辑的亲密性的阐释策略。麻将的个体化策略，就在于它帮助个体通过自身熟悉的言辞和社会实践，从自身、社区一直想象到国家都内在于一个大的文化亲密体之内。一个同样需要竞争、运势（运气），同样可能面临失意挫败，同样需要伎俩策略的亲密体，尤其在面对外部敌对势力的"阴谋"和"颠覆"时更是如此。

存在形式，始终试图界定公共生活的范围、形式和内容，并努力提供维系权力在场的多种公共性产品（比如少年宫、共青团、工会等纳入国家管理的组织和活动）。此外，国家也总是试图规划和设计个体化的路径和策略。国家、地方（乡村）、个体甚至诸多超越国家的共同体的想象和展演方式，将不可避免地以公共生活作为竞技场域来相互调适和妥协。而文化亲密性无疑是一种有用的策略，很容易在上述多方的张力中形成一种均衡默契的关系。这一点正如赫茨菲尔德所言，各方均需借助传统的价值观念，将其作为维持现状（status quo）的工具；这些存在于文化亲密性空间中的尴尬和老套的模式，成为各方汲取养分的源泉。在加强忠诚意识的同时，至少在表面上与现行的规范和法律保持一致。❶ 此外，个体化作为一种重要的能动性，不必完全表现为对公共生活的批判、抵制或者自我孤立。因为文化亲密性将个体的"叛逆"和认同完美统一起来，为个体融入社会中所遇到的各种困境提供了切实的解决方案——一种社会诗学式的自我呈现的机会和策略。也就是说，在表面上与形式、规范完全一致的同时，也允许个体各种"叛逆性"伎俩的存在。各方在文化亲密性这一空间中，在维持现状和忠诚意识的前提下，所形成的包容和尴尬认同，反而缓冲和稀释了个体的"叛逆性"所具有的潜在威胁，加速了个体的社会化进程。

此外，将当下中国的私密生活和个人主义看作与公共生活截然相对、彼此割裂的观点是有害的。以西方的公民社会为参照，来反观和批判中国社会组织中的非西方公民社会的"落后"因素、家庭生活和个体化困境，明显不符合中国的语境。事实上，社会团结以

---

❶ Michael Herzfeld, *Cultural Intimacy: Social Poetics and the Real Life of States, Societies and Institutions*, 3rd edition, p. 27.

及公共生活是私密性的一种折射形式，即便连国家这样一种公共产品在哈贝马斯看来，也不过是父权制家庭的一种反映。❶ 西方的民主和社会制度在吉登斯看来，同样也是亲密性的一种转换形式（the transformation of intimacy），亲密性的转换作为个体政治和实践的一种伦理因素的转变，本身就内含民主的合理要素，可以将其推及更大的社会中。❷ 也就是说，要想以根除私密性来达到改造社会的目的，不是解决问题的办法。文化亲密性虽然没有提供解决问题的方案，但是它最为客观地描述了当下中国社会公共生活的各种组织方式、路径以及策略。一种内部的共同社会性决定了个体、地方以及国家以何种方式和策略来建构和组织各种公共空间和公共生活，从而在延续"尴尬"的各种传统价值观念的时候，国家收获了各种忠诚意识和民族主义观念，而大众的各种社会诗学式的创造性展演，也获得相应的空间。这一表面上与形式和规范并不相悖的创造性和能动性，以其日积月累的韧性和日常生活的"平庸性"（Billig，1995）、对形式所造成的慢慢侵蚀和改造（deformations），或许正好是那根推动社会转型的杠杆。

在文化亲密性这一理论视角下，促使中国人"在一起"的公共生活，事实上也是文化亲密性的一种折射和程度不同的实现方式。相应的亲密性意识必然蔓延到社会组织以及公共领域的方方面面，最终与各种现代的民族主义观念"合流"，造成了分享共同文化特质的群体和民族国家之间的内属意识和共同社会性。然而，任何被冠以国家和民族等本质主义色彩的概念，都试图掩饰这种共同的社会性，尤其是当诸如"文化"以及"遗产"被冠以民族国家头衔的

---

❶ 哈贝马斯：《公共领域的结构转型》，第 8 页。
❷ Anthony Giddens, *The Transformation of Intimacy: Sexuality, Love, and Eroticism in Modern Societies*, p. 197.

时候。有鉴于此，赫茨菲尔德近十年有关文化遗产、城市空间的研究，事实上还是文化亲密性理论的一种延续，意在考察文化和遗产与大众的日常生活以及世居之地相剥离这一具象化的过程。伴随其间的各种"空间清洗"和"士绅化"运动，是造成这些颠沛流离的"失地"民众之苦难的根源。

第 8 章

文化遗产、空间清洗与
有担当的人类学

2009 年，年过六旬的赫茨菲尔德开玩笑地对我说，人类学家变得越老，就越激进。当时他有关意大利罗马蒙蒂区"士绅化"过程的研究作品《逐离永恒》刚刚出版，这一区域内被迫搬迁的居民的命运让他既同情又无奈。同时在泰国进行的相关研究，也使他再次面对具有相同命运的群体。与这些流离失所的人在一起，体会他们的苦难以及生活之不易，对官僚的冷漠无情感到愤慨，人类学家当然不由自主地会变得激进起来，从而多多少少放弃"客观中立"的观察视角。然而，人类学家在深度参与的同时，也在不停地反思如下的问题：搬迁过程中所打的"民族遗产"或者"遗产保护"的旗号背后，究竟运作的是何种"空间清洗"的逻辑？民族遗产的话语是如何生产出来的，它与大众的日常生活呈现出何种关系？这一话语企图掩饰何种文化亲密性？这些问题都需要对遗产重新加以批判性地认识。此外，在"城市的复兴"（urban regeneration），即"士绅化"这一过程中处处被动的群体，应该如何发挥自己的能动性，从而参与到这一城市空间格局的再造和分配之中，努力维持自身的社会时间观念以及生活的节奏。

显然，抽象的遗产观念和空间观念都对应着社会参与者的日常生活和社会实践活动，对后者开展民族志式的深描，无疑是人类学参与遗产以及城市化研究的重要路径。赫茨菲尔德将文化遗产的视角首先投射到手工艺人的身上，试图通过这一群体的工作场所、师徒关系以及技艺的传承方式，来说明知识、传统和遗产的原本样态。

被规训的身体：手工艺人的知识传承及自我塑造

　　雷瑟姆诺斯（Rethemonos）是希腊克里特的一个小镇，因为有很多历史古迹，所以小镇的旅游业发展得不错，由此也带动了手工业的进一步发展。在《历史之地》一书中，赫茨菲尔德对这个小镇有这样的描述：

　　　　一大清早，夜幕即将隐去之时，小镇中便涌动着暖热的烤面包的香味，紧接着，木匠作坊的锯刀也发出刺耳的响声，空气中很快便混合了清漆辛辣的味道。日头渐渐升高，黑色的窗户内起初会微微地飘出橄榄油温热的甜味，很快便掺杂着肉、土豆、大蒜和洋葱诱人的香味。鼻子好的左邻右舍完全可以凭气味判断出邻家是穷是富以及当天的餐桌是否丰盛。很快，烤面包和木工这两项小镇传统的手工业所散发出的味道便会湮没在小镇的现代性中，狭窄的街道回荡着摩托车的轰鸣声、刹车声以及卡车挤开一条道路时不耐烦的喇叭声。三三两两的游客此时悠闲地朝海边走去，外国女人身上散发出浓烈的防晒油味同当地颇为时髦的男子早晨洗漱用的肥皂和喷洒的香水味混合在一起——这种气味似乎让人隐隐嗅出了一个世纪之前的土耳其男子所使用的香水味。此时，来小镇的乡下人身上所穿的厚重的黑外套也会散发出辛苦劳作之后的一丝混合着羊油味的汗味。❶

在赫茨菲尔德看来，雷瑟姆诺斯小镇的手工艺人生活在"传统"与"现代"这一困境之中。希腊的手工艺人及其学徒处于边缘地位，但是令人感到矛盾的是，他们也被国家视作民族美德和传统典范的化身。手工艺制造在希腊已经成为全国性的以及商品化的民俗的一部分，通常与民族意识的觉醒联系在一起，并且被尊为希腊古典技艺和品格的宝藏。如此一来，手工艺人就成为希腊整个国家的缩影，因为希腊也正背负着西方文明起源地的沉重包袱。手工艺人们知道，他们同传统的关系就像一柄双刃剑，在提升他们地位的同时，也将其边缘化了，从而无法享受他们渴盼的现代性的成果。❷

众所周知，"传统"是现代的一种发明。然而在这一发明的过程中，传统的很多方面已经被加以"现代性"的改造和遮蔽。手工艺人仅仅作为传统的一种象征体系或者符号而出现，他们的真实生活、对身体的规训方式、社会地位、知识（技艺）的传承通常与现代文明格格不入，属于需要掩饰的文化亲密性范畴。因此，只能透过这一群体的世界，才能理解传统、知识和遗产原本的样态。

在手工艺人看来，传统手艺的延续首先有赖于师徒（master and apprentice）之间所建立起来的雇佣关系。手工作坊中大多是"非

---

❶ Michael Herzfeld, *A Place in History: Social and Monumental Time in A Cretan Town*, Princeton, NJ: Princeton University Press, 1991, pp. 3-4.

❷ Michael Herzfeld, *The Body Impolitic: Artisans and Artifice in the Global Hierarchy of Value*, Chicago: The University of Chicago Press, 2004, p. 5.

法"雇用的学徒，他们自然不会签订现代所谓的用工合同或者明确权利、义务、福利待遇等的法律文本。这一制度从欧洲的主流价值观念看来是不人道的、非法的，但在从事这一行业的人眼中，这恰巧是希腊的传统还在延续的最好证据，并进一步表明真正的希腊人还没有被现代文明所湮没。❶

其次，传统的延续、技艺的传承基本不通过语言表达的方式，这是一种与言说和论辩不同的知识形态。赫茨菲尔德认为，手工艺人非常清楚，他们是靠双手谋生的人，他们通常对于源自书本的知识表现出不屑甚至鄙视。他们是在精心地塑造生活。也就是说，他们是在处理实际性的问题而不是进行某种抽象的概括。❷ 因此，即便现代社会承认传统的价值，将其擢升为民族和精神的某种财富，但是对于传统延续的方式事实上是贬损和歧视的。原因在于现代社会的知识生产和言说方式完全受到笛卡儿二元对立的支配，认为心性总是高于物质，思想总是优于身体，理论总是重于实践。不难想象，如果在表述某种传统的时候，总是存有如此的二元对立预设，极有可能有意掩饰传统承继的本质和逻辑，从而造成认识和理解上的偏差。

此外，知识的习得最初总是伴随着对身体的某种规训，此时的身体就如同亟待加工的工艺品的原材料一样，同样需要打磨和锤炼，正所谓"玉不琢不成器"。如此一来，不断磨炼的身体与思想越发契合在一起。身体成为用以衡量的器物或尺度，表现出取舍万物的从容和自信。身体的经验（触觉、感觉、嗅觉等）不再成为思想的负担，而思想也不必逃遁于身体经验之外，成为某种遥不可

---

❶ Michael Herzfeld, *The Body Impolitic: Artisans and Artifice in the Global Hierarchy of Value*, p. 30.

❷ Michael Herzfeld, *The Body Impolitic: Artisans and Artifice in the Global Hierarchy of Value*, p. 34.

及的超验，二者密切结合在一起，成为知识习得的本质。有意思的是，通过手工艺人知识习得的过程，赫茨菲尔德将手工艺品的打造与学术写作联系起来看待。通过手工艺人这样一种生产的节奏、身体与思想高度合一的直觉和熟练性，他领悟到了书写与熟练的体力劳动的类似关系。写作首先也必须凭借一种直觉，一种对记忆多少有点无意识的整理过程。好的写作如同打造一件精湛的工艺品，同样是一种自然、自发，多少依靠直觉并且同样体现着自信的过程。他在训练学生写作的时候经常要求他们凭着记忆写作，特别是那些从田野回来的学生，不必一头扎进图书馆去寻找自己在田野期间可能错过的最新的相关理论，这事实上是对自己的田野经验、也是对自己的身体体验（观察、记忆）的不自信。如果实在囿于理论的规范和束缚迟迟动不了笔，那么可以喝一点酒来疏通自己的思路。

第三，手工艺人的行业、工作的场所、师徒的关系如同一个微观世界，折射出更大的地区乃至国家的组织、管理和运作的方式。二者如出一辙，呈现出一种"同中心"的关系。手工作坊中的学徒对于自己身体的"锤炼"，与社会中的个体所受到的规训别无二致。个体与社会像学徒与作坊生产一样，同样遭遇一系列的矛盾。这是一种既爱又恨、既敌对又合作的学习模式和过程，本身充满了模糊性。❶ 手工作坊中的伙计们对身体的控制策略——懈怠、漫不经心

---

❶ 这种模糊性非常好地帮助学徒们调和了如下的矛盾：学徒们一方面必须"热爱"自己的工作，另一方面又对自己手上的活计恼怒和憎恨；他们一方面通常对于以前的雇主（师傅）都能留下美好回忆，另一方面又对现在的雇主充满敌意，他们一方面对于真正的手工工艺满含敬意，但又抱怨枯燥乏味的劳动。这就是手工艺人自我和技艺（self and craft）的展演逻辑，他们将传统中有关自我和风格（self and style）的诸多概念加以延伸并创造性地利用这些概念的变体形式，同时这些概念的有趣之处还在于：它们在更大的社会中也再造出了相似的困境。显然，能在手工作坊从容应付这些问题，自然也就复制出了在更大社会中的交往经验。参见 Michael Herzfeld, *The Body Impolitic: Artisans and Artifice in the Global Hierarchy of Value*, p. 77。

以及沉默寡言，无疑既是一种重要的学习方式，也是一个合作的过程。这多少也体现为公民与略带强势的国家交往过程中的常见策略，或许也是弱者所使用的一种武器。手工作坊无疑几乎全部复制了民族国家的各种治理（govern mentality）手段，以及大众的各种应对策略。

赫茨菲尔德对于希腊手工艺人诸多传统的考察，意在说明传统在现代这一发明过程中，因为诸多的二元分类体系被刻意遮蔽和掩饰的部分。同样，作为传统的书写和最终呈现方式的遗产概念，显然是一个更加具象化之后的产物。对于赫茨菲尔德而言，人类学的遗产研究路径就在于揭示某一群体诸多的文化秘密。正是人类学所拥有的超越显而易见的权威结构这一洞察力，得以发现表面的权力结构之下所掩盖的另一种翔实丰富的事实。这正好赋予了人类学质疑权力的来源的能力，也是还原有关人类生活状况的知识的必要工具。[1] 如果将传统的现代发明以及遗产概念看作一种权威结构或者权力话语，那么人类学的任务就是深入这些权力和分类体系所试图遮蔽的内部和细微之处，从而提出一种有关遗产的批判性视角。

遗产与文化亲密性

《难以约束的身体》一书写作的初衷，并非要系统谈论遗产问题，而是希望通过考察希腊手工艺人工场，来系统论述他们借

---

[1] Michael Herzfeld, "Anthropology and the Inchoate Intimacies of Power," *American Ethnologist*, Vol. 42, No. 1, p. 19.

助身体，在规训过程中经由懈怠、反抗、合作等策略，进行自我和社会再造的过程。这同时也是对布尔迪厄"社会配置"（social dispositions）理论的一种回应和补充。"因为社会配置理论强调了经过系统和日常灌输的某些观念，在人的社会实践、交往方式以及社会等级中的沉淀过程，以及最终所形成的某种具有支配性的'惯习'。但是对于某一群体如何通过自身的生活方式来习得、展演和巩固这种'惯习'，却缺乏有效的说明。因此，一旦我们通过对手工艺人的民族志研究，便能很好地领会理论与实践、知识与肉体的关系。"❶ 此外，该书也试图通过民族国家与手工作坊所共享的诸多文化特质，来分析当时赫茨菲尔德正在思考中的文化亲密性这一概念。然而，不论出于何种写作目的，这本书以手工艺人为民族志考察的对象，无意中为今后的遗产研究在方法论❷上做好了准备。

2015 年，赫茨菲尔德与研究文化遗产的人类学家西塞丽（Chiara De Cesari）合作，首次界定了"批判性的遗产研究"（critical heritage studies）这一概念，旨在批判和质疑至今仍然四处蔓延的有关遗产和文化的本质主义视角。❸ 为了抵制文化和遗产的本质主义倾向，就必须反思遗产与文化亲密性之间的关系。因此在某种程度

---

❶ Michael Herzfeld, *The Body Impolitic: Artisans and Artifice in the Global Hierarchy of Value*, p. 49.

❷ 赫茨菲尔德认为人类学的文化遗产研究的方法论，不但使得描绘这些稍纵即逝的细节成为可能，而且使得它们（细节）在本体论层面清晰可辨（visibility），同时也能够揭示这些细枝末节的言辞和行为所暗含的意义。参见 Michael Herzfeld, "Anthropology and the Inchoate Intimacies of Power," pp. 25-28。

❸ 两位学者认为，遗产和文化的本质主义视角（essentialist approach）是 19 世纪人类学的一项遗产，如今仍然在很大程度上左右了大多数民族主义观念和身份构造的话语，并且经常以极端的形式演变为种族灭绝和大规模迫害的借口。现在，同样的文化本质主义观念同遗产的术语合流并且极易受到政治的操控，从而在排外的政治和学术之间形成合谋关系。参见 Chiara De Cesari and Michael Herzfeld, "Urban Heritage and Social Movements," in Lynn Meskell ed., *Global Heritage: A Reader*, John Wiley & Sons Inc., 2015, pp. 171-173。

上，赫茨菲尔德所倡导的文化遗产的人类学研究，事实上是文化亲密性观念的某种延续。

20世纪初希腊的民族主义建构的过程，事实上是一个"种族清洗"（ethnic cleansing）的过程。双方为了净化各自的种族空间，希腊方面将境内讲希腊语的"土耳其人"逐出境外，而土耳其方面也将小亚细亚只会讲土耳其语的"希腊人"驱逐出境。判定的标准仅仅是因为他们信仰的不同，而全然不顾这两个群体在上述地区数百年生活之后所形成的故土情结。民族主义的这种对无序之物（matter out of place）的清除，在赫茨菲尔德看来与民族遗产（national heritage）这一概念的生产过程别无二致。二者都建立在对于外来的、具有污染及潜在威胁的元素的清洗这一基础之上。❶ 相应地，遗产观念所内含的纯净主义（purism），事实上意味着对各种异质杂陈的社会生活乃至衰败（decay）和死亡等事实的抵制和掩盖。❷

遗产所追寻的完美统一以及永恒不朽，与现实的异质纷呈、短暂易变形成鲜明对照。遗产因此常常被理解为一道对抗腐败与消亡的屏障，通过虚拟的民族身份的复制，将永恒不朽的观念世代延续下去。❸ 遗产的保护总是伴随着族群和空间清洗这一过程，因为充满流动性的群体，总是潜在性地对永恒不朽的物质和非物质遗产具有侵蚀和"污染"的作用。此外，人这一有机体的衰败和死亡实在不能将其与永恒不朽的遗产并置一处。在象征意义上，由于有机体的衰败、死亡和遗产的永恒不朽之间的巨大反差，有必要在空间上

---

❶ Michael Herzfeld, "Heritage and Corruption: the Two Faces of the Nation-State," *International Journal of Heritage Studies*, Vol.21（6）, 2015.

❷ Michael Herzfeld, "Heritage and Corruption: the Two Faces of the Nation-State," pp. 5-6.

❸ Michael Herzfeld, "Heritage and Corruption: the Two Faces of the Nation-State," pp. 8-9.

对某些群体加以驱离（使人远离文化遗迹）、洁净（表现为各种素质提升的宣传）以及置换（士绅化）。在这种"新自由主义"支配下的城市空间中❶从事人类学研究的学者，在赫茨菲尔德看来，都应该具有一种"有担当的人类学"（engaged anthropology）的品质。

空间清洗

空间清洗总是伴随着一种永恒的时间观念的想象和建构，同时这也是一种永恒的文化形式和社会结构在物质空间中"绘制"（mapped）的过程。空间清洗试图"清洗"的是那些与永恒性（eternity）格格不入的各种生活体验、言辞和社会实践，这些充满变动、流通、偶然、短暂性的社会交往和展演形式与永恒性所宣称的超验、普世、简约、干净、统一和抽象完全不能调和，唯一的解决之道就是在空间的规划中将这些"肮脏"的"失序之物"（matter out of place）一劳永逸地清洗干净。空间清洗有两条重要的途径，一是严格区分城市的各种功能，将宗教的、商业的、历史遗迹的区域同现实的社会生活隔离开来，造成一种空间的区隔。第二条路径是在物质空间之内营造一种"纪念碑式的时间"（monumental time）观念。然而无论是哪一条路径都涉及对大众"社会时间"（social

---

❶ 赫茨菲尔德和西塞丽所谓"新自由主义的城市化"（neoliberal urbanism），是一种将冷酷的假设（relentless speculation）与社会空间的重新组织结合在一起的方式。这一过程极大地降低了国家和市政在社会服务方面的责任和能力。他们认为，无论如何，遗产在种种社会不公的生产和抵制的过程中发挥着日益重要的作用，官僚、商业大亨、地方商人和手工艺者、宗教狂热分子、居民、考古学家、遗产顾问以及居民全都卷入了城市的复兴（urban renewal）这一过程之中。参见 Chiara De Cesari and Michael Herzfeld，"Urban Heritage and Social Movements，"p. 172。

time）的改造和遮蔽。

　　空间清洗在西方的语境下同"士绅化"（gentrification）这一过程密切相关。在中国的语境下可能更多地与"拆迁"联系在一起，与我们都很熟悉的各种打造"东方瑞士、东方佛罗伦萨、东方巴黎甚至中国香榭丽舍大道"的城市改造和现代性工程联系在一起，当然也与各种高档封闭小区（gated communities）的建设联系在一起。❶然而无论在西方还是在中国，士绅化和拆迁都是一种空间的清洗过程，即把那些世代居住在"历史遗迹之地"或者"城中村"的居民"逐离永恒"（evicted from eternity）。❷空间清洗重复着以下的逻辑：首先，历史遗迹的保护区内不能出现"极不和谐"的世俗生活场景，二者如同水火，不能相容。其次，空间清洗所试图建构的纪念碑式的时间观念总是对大众碎片式的、即兴的又是前后矛盾的记忆和叙事方式持怀疑态度，因此总是刻意对后者的社会时间观念加以重塑、遮蔽甚至清除。

---

❶ 张黎（音译，Li Zhang）在对昆明的居住小区进行了为期七年的考察之后，提出"阶级的空间化"（the spatialization of class）这一理论框架，她认为之前少有学者将中产阶级的形成同城市空间的新布局（urban spatial configurations，作者在此指居住小区）联系起来。对这一问题的考察会产生很多有关政治、文化以及社会的批判性问题。参见 Li Zhang, *In Search of Paradise: Middle Class Living in A Chinese Metropolis*，Ithaca and London：Cornell University Press，2010，p. 13。然而遗憾的是作者的"空间化"的考察并没有针对城市改造和拆迁过程中丧失了住所（dispossession）的群体，我们在本文中需要进一步考察的是，这些失地群体的阶级空间以及居住地貌又经历了何种的转变，他们又是如何围绕着新的地貌空间的生产（physical production）来进行各种社会和文化的再生产的（social production）。

❷ 这是赫茨菲尔德《逐离永恒》一书的标题。此处的永恒是罗马教会和城市规划、遗产保护以及地产商共同推动的在观念和物质空间所力图创造的一种永恒的时间观念和文化形式，以此对抗或者清洗现实生活的短暂易变。这一矛盾不但伴随着道德冲突的观念形式体现在大众日常生活之中，而且还最终伴随着事实的"空间清洗"过程。参见 Michael Herzfeld, *Evicted From Eternity: The Restructuring of Modern Rome*，Chicago and London：The University of Chicago Press，2009，pp. 109-110。

对于居住在永恒之地的居民而言，他们的日常生活实践就显得七零八落，都是一些碎片化的过程和事件，与永恒毫无关系。他们的生活用宗教的教义和国家所倡导的公民社会的情趣、品位和德行来看，也多是堕落和腐败的（decay），至少跟以前相比是如此，总之是一代不如一代。然而正是这种看似七零八碎的社会生活的"残片"中蕴含着真正的永恒，找到这种永恒性恐怕正是城市民族志研究的一个重要方面，因为它能够帮助我们认识个体如何感知、体验（embodiment）和呈现进入其生活周遭的抽象而空洞的历史进程、事件、观念的意义和价值。

要寻找这种世俗生活的永恒性，就必须进入"他者"的文化亲密性层面。这种永恒性就是人根据现实需要对某些规范、制度所进行的灵活变通的处理方式和展演策略，可以将其纳入能动性考察的范畴。赫茨菲尔德在《逐离永恒》一书中将永恒性形象地称作民间自我表述中"带有的一丝不苟的色彩"，并进一步将其概括为两个方面：首先，面临搬迁的居民总是生活在模棱两可的氛围中，他们有时必须用一种略带嘲讽的幽默、诡辩以及异常灵活的适应性方式来处理颇为暴虐地强加给他们的某些僵化刻板的规章制度，从而在实践的迫切需要与刻板僵化的法令之间寻找一种妥协，这种近乎厚颜的灵活性（cheeky vitality）就是永恒的一面。其次，永恒的另一面则是社会经验的碎片，这些碎片深深地嵌入这座城市诸多宏伟遗迹裂缝间的生活中并不断被改写，但始终在城市的大街小巷中留下烙印。❶

在面临拆迁的邻里社区从事田野研究的人类学家，游走在宏伟壮丽的历史遗迹和略显衰败颓废的居住地之间，像画家或者雕塑家

---

❶　Michael Herzfeld, *Evicted From Eternity: The Restructuring of Modern Rome*, pp. 11-12.

一样，留意着宏大建筑"缝隙"间的社会生活场景，努力捕捉这种生活的线条、色彩和节奏，以便写出自己的民族志，这固然是很美好的学术的一面，然而，当人类学家面对的是一个即将失去家园的群体时，不知还能否客观中立？此时的一个问题同样让人困惑，人类学家是否应该参与到他们的维权行动之中？如果要参与，应该如何参与？"士绅化"和"空间清洗"的过程催生了一门不同于应用人类学的"有担当的人类学"。当然，要参与或者卷入地方性的社会空间和活动轨迹之中，首先必须熟悉与大众社会经验密切相关的社会时间的记忆和叙事的方式，从而与民族国家意图建构的纪念碑式的时间区别开来。

社会时间和纪念碑式的时间

赫茨菲尔德在《历史之地》一书中首先提出了这两种时间概念。❶ 在《逐离永恒》一书中，他认为，社会时间是日常经验的产物，在这样的时间中一切事件都是未知的，却可以通过点滴的努力对事件施加影响，社会时间使得事件具有实在的意义。而纪念碑式的时间则正好相反，它具有简约性和普世的意义，它将事件当作冥冥中早已注定的事情，是命运的某种应验。此外，社会经验也被简

---

❶ 赫茨菲尔德将一个地方置于延续的历史之中加以考察，从而揭示时间变迁中的空间在社会和文化地貌（topology）上的变化，并试图说明空间是如何受到历史变迁的影响，以及空间（包括附着于空间之中的群体及其日常的政治行为、观念、习俗）是如何根据当下的实际需要来对历史进行妥协并加以选择，进而影响了人们对空间所进行的观念和行为层面的改造。参见 Michael Herzfeld, *A Place in History: Social and Monumental Time in A Cretan Town*, p. 257。

化为集体的可预见性。❶ 因此，如何创制一种永恒的文化形式以便对抗现实的民众生活的"腐败"甚至无可救药，如何用一种直线、整洁、统一［至少差异中的一体（unity in diversity）］的时间观念和国家叙事，来取代支离破碎、前后矛盾、即兴发挥的民间叙事和记忆模式，就成为民族国家的当务之急。这种建构永恒的时间观念的企图就是"纪念碑式"的时间观念。

贵州的镇山村是一个依山傍水的小村落，居民多为布依族和苗族。他们的住房比较有特色，屋顶覆有较薄的石板，称为石板房。因为该村村民"民族"的身份和建筑的特色，因此成为较为理想的原生态文化的投射之地，这一原生态文化空间建构的时间也就是1993 年贵州省将其定为布依族民族文化村的时候，后来学者的相关文章必提这一标志性的事件，不断重复这一纪念碑式的时间，以强化官方和学界对这一村落"原生态"的身份识别和判定。❷ 然而随着20 世纪90 年代初旅游业的开发，这一村落的"原生态文化"却逐渐"陨落"了。学者们也对此深感痛心、焦虑和无奈，他们将其称作"民族文化内涵的丧失"，具体包括"失史""失礼""失法"。❸ 总之，作为人的一切有"价值的东西"都失去了。事实上，这种刻板僵化的纪念碑式的时间观念忽略了另外一种时间观念，即社会时间观念。上述包括建立博物馆、认定为某种文化村落等机制旨在建构一种"纪念碑式的时间"。这种时空观念试图去复制、重叠甚至遮蔽普通大众的"社会时间"。显然，纪念碑式的时间意图塑造一种

---

❶ Michael Herzfeld, *Evicted From Eternity: The Restructuring of Modern Rome*, p. 10.

❷ 至少目前笔者所看到的三篇文章全都提到 1993 年，被政府部门定为文化村、生态村等似乎已经成为这一类文章惯常的叙述模式。

❸ 比如张帅：《旅游经济发展中布依族民族文化面临的危机——来自镇山村的报告》，《原生态民族文化学刊》，2009 年第 2 期。

静止的、纯洁的、可简化的和具有普世意义的公共记忆模式，而社会时间则与人们的日常经验和邻里生活密切结合在一起。其塑造的记忆模式充斥着日常生活的种种烙印，这是一种具有各种形状、气味和声音的公共记忆。

镇山村的村民当然也有自己的历史叙事和社会时间观念、社会记忆模式和文化传承策略，他们也开办自己的博物馆。笔者2004年去镇山村的时候参观了一位村民的家庭博物馆，当时也收门票，票价为一元。不大的家庭博物馆只有一间略大的"展室"，挂着布依族的民族服饰。这个家庭博物馆的建立与2002年创办的生态博物馆有唱对台戏的味道，后者不但有国家的背景，还有国外的背景（挪威出资）。按理说，两个博物馆完全不在一个等级和层次上，很多村人也说，创办家庭博物馆的人哗众取宠，想通过门票获利，是典型的异想天开。而家庭博物馆的创办者却说，我的东西（指服饰）都是祖辈的，都是真的，他们（指生态博物馆）还要到处收东西，很多东西都是从外边收来的，不是村子的，不是真的。

显然，包括"原生态"观念在内的特定文化空间——花溪镇山村生态博物馆在收集、出版、展示、整合公共记忆的理据，部分出于以下的认识：与某种公共记忆密切相关的族群身份和文化现象正在衰退和消亡，因此有必要以一种符合民族—国家身份认同和历史叙事的公共记忆模式对其加以拯救乃至替代。然而，这个事实却往往被刻意地忽略，即那些似乎久已湮没的话语和社会实践方式正在以日常生活为场域，不断激活属于这一群体的公共记忆和历史事件。如此一来，诸如博物馆一类的文化空间建构相对静止、单一以及同质的公共记忆的努力，总会在暗中被变动、复杂和异质的社会记忆所侵蚀。而后者因为被赋予了行为的语境，因此使得自身的历史叙述和展演更加充满生命力。事实也证明了社会时间的文化记忆和展演的生命力，笔者2011年重返镇山村的时候，生态博物馆已经被挪用为玉石商店，成为四方游客把玩石头的场所。

同样，在赫茨菲尔德考察的罗马，其永恒性受到一种"管理意识形态"（managerial ideology）的控制。罗马城的建筑和生活的结构部分已经被腐蚀却又永远都充满节奏和活力，但这种观念更多关注的是如何创制一种永恒的文化形式。这一观念试图延缓建筑的老化进程，声称已经革除了政治的腐败，最重要的是它将伦理简化成一种数目化的流水账形式，将历史简化成干净的名字和日期的编年史。这种永恒的观念一部分是从天主教教义和社会经验中分离出来的，它特别藐视时间的侵蚀性。❶

这种纪念碑式的时间和永恒，同样无法躲避现实生活的侵蚀。而这种短暂性对永恒（永恒也是法律所凭借的依据）的侵蚀，是通过更适合于人的社会生活的节奏来完成的。具体而言，刻板僵化、貌似永恒的法律和各种规章制度，被民众的各种生活节奏所改造，日益完善和人性化，从而获得最为坚实的存在的理由。所以，赫茨菲尔德很形象地说"官方的各种规章制度存在的目的就在于它迫切期待着有人来违犯"。❷

上述案例表明，纪念碑式的时间所获得的意义取决于它与现实生活和政治的深刻互动。为了获得意义，营造纪念碑式的时间也采取了区隔、遮蔽的策略，这一点与空间清洗几无二致。纪念碑式的时间如同刻板僵化的法律一样，必须在社会生活的不停参与乃至改造中才获得实际意义。从这一层面而言，纪念碑式的时间无疑都是短暂的，而赋予其意义的社会生活才是永恒的。这种社会生活的永

---

❶ Michael Herzfeld, *Evicted From Eternity: The Restructuring of Modern Rome*, p. 66.

❷ Michael Herzfeld, *Evicted From Eternity: The Restructuring of Modern Rome*, p. 251.

恒性深深嵌入文化亲密性层面，也是空间清洗无法抹除的社会记忆和自我叙事的方式。

文化亲密性："公共"与"私密"的维度

亲密性（intimacy）这一概念有助于我们考察"公共"与"私密"的关系，并进一步明晰"公共"/"私密"和"纪念碑式的时间"与"社会时间"这一分类体系的理据。一般而言，前者总是试图对后者加以遮蔽，并且从空间上予以清洗。

按照哈贝马斯的观点，形成公众的私人并不是"从社交中"产生出来的，他们可以说一直都是从私人生活中走出来的……亲密关系是人性特征受到家庭的保护。❶ 扩而言之，亲密性关系因为是人性的基本特征，也受到社区的保护，与意识形态有别的产生于内在私人领域的自愿、爱和教育观念，离开这些内在、私密和个体层面的主观感受和意义体验（embodiment），社会将无法进行再生产，民族主义的观念也无法被理解和体验。❷

此外，作为真理并具有永久性的法律也是私人领域向公共领域

---

❶ 哈贝马斯：《公共领域的结构转型》，第 50—52 页。

❷ 如此一来，家庭环境下熏陶和训练出的个体已经开始准备向公共领域进发了，哈贝马斯找到的第一个证据就是日记、书信的刊登和发表，日记、书信原本是极端私密的东西，一般不会在刊物上登载，但是人类渴望交往的心理在作怪（既关涉自己，又涉及别人），日记、书信的发表是将文化亲密性外显的绝好途径，也充分说明了"私"总是导向"公"这一道理，日记和书信的公开出版表明作者难以抑制地想和大众分享内心感受，作为人性，亘古不变。日记、书信很快发展成为第一人称的小说。小说中人物的个体经验和情感可以同现实生活中的经验、情感相互验证，也就是说，亲密性的公共延伸造就了第一批学会独立思考的市民阶层。参见哈贝马斯：《公共领域的结构转型》，第 52 页。

延伸的一种具有规范性的表述体系。孟德斯鸠说，建立法律的是真理而不是权威，永久性的法律是由人民颁布并为人民所通晓的。❶ 孟德斯鸠并没有说清楚何为永久性的法律，他只是粗略地感知到这些法律是由人民颁布并通晓的。在"人民通晓"这一点上，只有维柯说得更清楚，这种人民通晓的法律是"诗性智慧"这一普遍法则基础上的共同习俗，以及居于第一位的凡俗智慧推动下所获得的真理和知识。❷ 更直接地说，自我和社会同时得以保存、复制和延续的文化亲密性，是一种与家庭、族群、乡情、血缘密切相关的知识。有鉴于此，建立法律的真理性就必须使法律贴近世俗知识得以操演的文化亲密性空间，考察其在熟悉的世界（familial worlds）中运作的路径，从而降低公共权力领域对这一亲密性空间的控制。从人类学的角度而言，与其讨论普通大众天然所具有的法律的理性来说明法律普及和素质提升的重要性，不如说明国家与普通大众在非理性层面千丝万缕的关系。

显然，如果我们将法律、民族国家观念以及纪念碑式的时间，看作在公共领域可以彰显的一种永恒的文化形式，我们也必须看到这一永恒的时间观念和文化形式与私密的、多少有点四分五裂的地方社会甚至个体经验的共谋关系。在这一意义上，吉登斯也将西方所谓的"民主"制度当作永恒的文化形式来加以考察，只不过他的考察深入到了更为亲密性的层面——人的性观念和性行为，从而考察性爱／私密与文明／公共的关系，并且认为后者是前者在私密性层面的自我叙

---

❶ 转引自哈贝马斯：《公共领域的结构转型》，第 57 页。

❷ 维柯认为，法律起于人类习俗，而习俗则来自各民族的共同本性（这就是科学的正当主题），而且维持住人类社会，此外就没有什么比遵守自然习俗更为自然的了。参见维柯：《新科学》，第 127 页。

事能力（能动性）向公共领域的延伸和呈现。❶ 这些考察都表明，私只有朝向公，才能彰显其"私"的价值。同样，公也是一部分私（很大程度上是内部经验、身体的知识、感官的体验）的社会延伸。这一延伸当然也伴随着条文化、法律化和道德伦理化的过程，然而这些"公"的部分一旦试图超越肉体的感受、个体的实践和经验的范畴，立刻会变得僵化无比，充斥着说教，并令人厌恶。显然，公私之间不可能泾渭分明，同理，纪念碑式的时间也绝不可能将社会时间一劳永逸地清洗干净。因为这些公共空间经历着社会时间和生活经验的渗透和形塑，尽管缓慢，但持续进行，亘古不变。总之，社会时间在更大的空间中缓慢地塑造了纪念碑式的时间，而不是相反。

然而不幸的是，一切"公"都似乎只有在表明与"私"的彻底决裂之后才获得合法性。历史遗迹和文化遗产保护旗号下所进行的空间清洗，似乎也一定要以搬迁"脏乱差"的社区为前提。这一相同的观念和逻辑表明"永恒"的意识形态和文化形式对于私密性空间的抵触和怀疑。文化亲密性从外部看因为具有诸多令人尴尬、非法、低俗和愚昧的文化特质，当然也在清洗的范畴内。

文化亲密性内部的诸多文化特质，尽管从外部看令人尴尬，却是某一群体赖以维持其共同社会性和亲密关系的基础。❷ 对于居住

---

❶ 在吉登斯看来，个体成为连接内在的经验体系与外在的社会规范的重要节点（prime point），而是否能建立起联系取决于个体的自我反思能力。吉登斯试图将亲密性与民主这一高度社会化和历史化的概念等同起来，从而暗示亲密性的转变必然在民主这一层面得以形成。为了阐释这一等式，他发展了个体的政治（politics of the personal）这一概念，认为性爱与性别的联系催生了个体的政治这一概念，从而将抽象的哲学、伦理观念以及切实的关照（practical concerns）连接在一起。参见 Anthony Giddens, *The Transformation of Intimacy: Sexuality, Love and Eroticism in Modern Societies*, p. 197。

❷ Michael Herzfeld, *Cultural Intimacy: Social Poetics and the Real Life of States, Societes and Institations*, pp. 3-4. 在赫茨菲尔德进行田野调查的希腊克里特高地的牧羊群体中，牧人之间互惠式的相互窃羊这一习俗尽管在政府眼中十足的野蛮和落后，却是文化亲密性的重要维度。

在永恒之地并且面临被驱逐的罗马蒙蒂的居民而言，他们居住的社区空间内存在着令人尴尬的文化亲密性。

首先是法律和规则的文化亲密性，这一地区的民众从未把法律看作措辞严谨的文本，并且也怀疑法律和规则是否能得到有力和公正的执行。此外，制定法律和规则的教会人员、官僚、议员以及执法的警察等，在民众看来同样是在现实生活中的人，同样会犯各种错误。此外，国家所表现出来的对公民及其利益的漠视，又为民众的麻木不仁和唯利是图的行为提供了道德借口（ethical alibi）。❶ 这一特质在外人看来不但体现了玩世不恭、蔑视法律的劣性，并且进一步加强了对这一群体已有的"刻板"（stereotyped）印象，也就是葛兰西所谓的意大利信仰天主教的工人阶级特有的消极、懒惰和无赖的习性。更为严重的是，在明白罗马地方政府、教会和左派的政党对他们的处境置若罔闻、全然冷漠之后，蒙蒂区的居民似乎在向右翼团体甚至法西斯政党寻找慰藉。工人阶级革命性的生成和发展的社会过程，就这样有意无意地被民族志的细腻生动的描绘所捕捉。

其次是高利贷层面的文化亲密性，赫茨菲尔德认为，"高利贷者如果不实际，他们的生意便无从做起。当他们知道借贷者可能无法偿还债务时，仍然能够嗅出与借贷者之间可能形成一种合理并且有利可图的妥协方式"。❷ 尽管高利贷这一社会行为并没有在借贷者和放贷人之间建立起多少"亲密性"的关系，但由于双方很少将债务争端诉诸法律，因此这仍然属于需要对官方加以掩饰的社会范畴，因此还是一种文化亲密性。此外，各种层面的信用团体及其与各种行会组织的密切关系，都表明了"非法"信贷手段的长期存

---

❶ Michael Herzfeld, *Evicted From Eternity: The Restructuring of Modern Rome*, pp. 118-119.

❷ Michael Herzfeld, *Evicted From Eternity: The Restructuring of Modern Rome*, p. 146.

在，在银行信贷体系长期缺失的群体中发挥着亲密性作用。高利贷虽然建立起了一个地方性的信用体系，甚至建立起了一个地方性的道德世界或信任体系，但在外人看来，高利贷如同赌博一样，仍然是清洁的空间需要清理的对象。

第三是偷盗的文化亲密性。在《逐离永恒》一书中，蒙蒂社区居民失窃的东西可以通过中间人赎回来，这些中间人因此同被盗者之间建立起了长期的互惠关系。失窃的一方通过中间人赎回失物之后，长期对中间人抱有感激的态度。而作为中间人也会通过恰当的方式约束这一社区的偷盗行为（比如不偷曾经帮助自己打赢官司的律师的财物，专偷那些唯利是图的商人等）。如此一来，偷盗在蒙蒂社区中可能还具有了一种惩恶扬善的意义，其本身具有严格的伦理道德观念。比如除了拿走一部分财物之外，其他跟失窃人有着密切情感关系的照片、礼物以及护照等东西都会归还。如果偷窃是人类社会的永恒行为，永远也不会消失的话，那么蒙蒂的居民无疑更愿意承受这种互惠性的偷盗，因为此类偷盗是有"节制的"。如今由于老居民大量迁走，这种偷盗已经失去了原有的社会语境，如今偷盗完全就是为了钱。所以，当地居民有时还对过去的小偷小摸抱着一丝怀旧，他们认为，这种偷盗是乡村生活的标志，这种具有南方特点❶的社会关系与"冷冰冰"的犯罪形成了鲜明的对比，如今犯罪

❶ 此处的南方社会指意大利南部，属于地中海地区，通常被称为南欧社会。这一区域被人类学家、历史学家和社会学家冠以"荣誉与耻辱"并重的文化模式加以研究，通常被认为保留着与北欧社会"冷冰冰"的理性和法制相悖的诸多惯习和思维方式，比如裙带关系、中世纪的庇护制度等落后因素。英国人类学家戴维斯认为，地中海人类学的作用和地位非常显著，首先它吸引了早期人类学家的关注，这一田野调查区域产生出重要的思想和研究方法；人类学在这一区域产生了多重的影响，既是早期殖民政策的帮手，也是争取独立的民族主义运动和民族—国家形成的一个因素。地中海人类学的独特之处还在于一个同质化的区域（homogeneous area）能产生出形态各异的政治形式。学者们从有关西班牙、葡萄牙、意大利、希腊、黎巴嫩以及

为了赤裸裸的利益而不惜采用暴力。❶

上述罗马蒙蒂区的三种亲密性特质受到清洗主要是因为它们符合道格拉斯所定义的"失序之物"这一范畴。道格拉斯认为宗教"纯净"自身的种种策略强化了洁净与肮脏、神圣与世俗、正统与异端的二元分类图式，她相信对越轨（transgressions）行为加以区分、净化、限定以及惩戒的观念，主要的作用就在于对并不连贯统一的经验（inherently untidy experience），有体系地加以规范和制约，一种秩序的外观才得以创造出来。❷ 如果我们将文化亲密性的种种伎俩（包括对法律和规则各种玩世不恭的违犯行为），看作并不连贯的社会经验或者各种越轨的社会实践，那么国家也采取了一种类似于宗教的"纯净"自身的行为和分类图式，从而对这些伎俩加以规范和制约，并至少创造出一种秩序的外观。当这种秩序的外观被绘制到空间之上时，观念（洁净与肮脏）和物质（宽阔整洁、便于监视的街道、广场社区以及绿地与阴暗狭窄邻里社区）两个维度的空间界限的划分也就十分清楚了。清洗也将针对这两种界限的划分而进行。

文化亲密性"内隐"的杂乱无序反过来也加强了官僚机制对于良好秩序的渴望，因此空间清洗旨在规范民众混乱不堪的各种社会交往行为。希腊政府一直致力于管控各种"跳蚤"市场，官方的报告指出这些市场毫无章法，从罩衫、电器到肉和鱼，什么都卖。而在泰国首都曼谷，对于秩序的渴望使得政府不停地要整顿占据人行道售卖食

（接上页）摩洛哥的政治制度的描述中找到很多显而易见的相似之处；在对比有关这些国家庇护制度的描述中，读者总是禁不住产生一些临时性的推断，比如合作、世袭制度以及村庄政治中议会式的民主因素的不同形式等。参见 John Davis, *People of the Mediterranean: An Essay in Comparative Social Anthropology*, p. 4。

❶ Michael Herzfeld, *Evicted From Eternity: The Restructuring of Modern Rome*, p. 155.

❷ Mary Douglas, *Purity and Danger: An Analysis of Concepts of Pollution and Taboo*, London: Routledge, 2002, p. 5.

物的商贩。❶ 显然，商品类型的混乱、人员的流动以及掺杂其间的讨价还价，都会被视为一种不理性的经济样态。最理想的商业"秩序"模式无疑是超市，那里价格统一，对人群的监管也更为便利。但是民众显然更习惯于各种早市和路边的菜摊所带来的便捷，讨价还价也是他们日常生活的组成部分，当然也是文化亲密性的一部分。

人类学家对于文化亲密性并不陌生，对这些琐碎之事的关注和对流言蜚语的倾听，已经成为他们田野工作的重要内容。在某种程度上，我们甚至可以说，人类学家在多大程度上介入文化亲密性这一层面，已成为判断田野调查质量高下的重要因素。此外，田野研究事实上就是一次充满感情、友谊以及各种机缘巧合（passionate serendipity）❷ 的旅行，穿插其间、并非刻意追求的各种社会交往形式，丰富了人类学家对地方社会的介入和体验，由此催生了"有担当的人类学"的意识。

有担当的人类学

人类学家对地方社会的进入（get inside）乃至"担当"（engaged）事实上是对文化亲密性这一层面的体验，并且也以这一层面的琐碎甚至"怪异离奇"的言语和社会实践为研究的对象。人类学一直以来饱受诟病和指责，在国内曾一度被认为专门研究"吃喝拉撒"的

❶ Michael Herzfeld, "Spatial Cleansing: Monumental Vacuity and the Idea of the West," *Journal of Material Culture*, Vol. 11（1/2）, 2006, pp. 143-144.

❷ Michael Herzfeld, "Passionate Serendipity: From the Acropolis to the Golden Mount," in Alma Gottlieb ed., *The Restless Anthropologist: New Fieldsites, New Visions*, Chicago: University of Chicago Press, 2012.

学科，尽管这在人类学内部多少有点自我解嘲的意味。然而在学科的认识论维度，当我们准备进入文化亲密性这一层面的时候必须反思如下两个问题：首先，我们对文化亲密性进行研究的正当性（legitimate）何在？要回答这一问题，就必须明白所谓学术研究的重要性与琐碎性这一分类体系是如何产生的。赫茨菲尔德认为这是一种典型"效应政治"向学术研究领域渗透的结果，即什么被赋予重要性、什么又被归于微不足道的一类的分类体系。❶

人类学这一专事研究"琐碎"之事的学科面临的指责还包括，总是对于逸闻趣事、小道消息、少数群体甚至边缘和怪异的事物感兴趣。在面对这一类嘲讽和诘难的时候，我们应该反问，既然这些问题微不足道，为何官方还要花费如此大的力气来掩饰甚至清洗呢？显然，如同赫茨菲尔德所认识到的那样，如果我们审视主流或者精英费尽心思地来抵制文化亲密性侵入的原因，我们也就能够为人类学的正当性和重要性加以辩护。❷

其次，人类学"卷入"文化亲密性还能否维持社会科学研究的"客观"和"理性"？事实上，强调社会科学研究的全然"客观的姿态"不但是一种无法实现的自欺欺人，❸ 而且还带有笛卡

---

❶ Michael Herzfeld, "Anthropology and the Politics of Significance," *Social Analysis*, 41: 1997.

❷ 在赫茨菲尔德看来，文化亲密性可以用来界定和理解充满文化敏感性（cultural sensitivity），但同时也让人颇为难堪的这一地带，从而也能阐释为何官方似乎总是默许甚至纵容大众在日常生活中继续偷偷摸摸地让这些陋俗存在下去。参见 Michael Herzfeld, *Cultural Intimacy: Social Poetics in the Nation-State*, 2nd edition, preface x。

❸ 布尔迪厄对这种"客观的姿态"也是持批判态度的。他认为，对于熟悉的世界的一种实践性的理解（practical apprehension）才能真正有助于我们摆脱社会科学长期以来陷入的客观性（objectivism）和主观性（subjectivism）的二元论泥淖。因此我们应该考察实践的策略和技巧（practical mastery）发挥创造性并产生作用的模式。唯其如此，一种客观意义上可以理解的实践以及一种多少浸染着客观性的实践经验才成为可能。因此，所有的科学的理论实践都必须从属于一种实践理论以及实践知识。参见 Pierre Bourdieu, *Outline of A Theory of Practice*, Cambridge: Cambridge University Press, 1977, p. 4。

儿式的二元论的烙印。强调研究和观察一方"客观""理性"的姿态再伴以犀利审视的目光，事实上是要说明被观察一方作为研究对象的存在，后者作为客体在理论建构中无足轻重的地位，被不断加深和刻板化。这种二元体系（研究与被研究，观察与被观察）所建构的客观视角，不但自身就是一个很大的问题，而且最终的目的是要将"被观察一方"的能动性（部分表现为"理论建构和阐释"的能动性）❶，从社会科学纯粹的理论架构中清除出去，从而创建一种永恒的和普世的理论范式。然而人类学家的个人经验所梦想达到的"永恒和有效的理性，在千差万别的实践经验（文化亲密性层面）这一坩埚中很快便灰飞烟灭"。❷ 所以，由于实践经验的千差万别和瞬息万变，人类学家的个人经验必须以他者的经验为其理论和文化预设的前提，唯其如此，民族志的"田野工作"才可能被置于可操作、可比较、可反思以及可检验的经验层面。❸

由此可见，参与是双向和互动的，不仅仅表现为有学术良知的人类学家对较为"弱势"一方的某种责任和负担，这种互动甚至互惠的关系首先表现在人类学家通过深度参与以便获得信息和数据，而另一方肯定也会利用外来的人类学家、学者的身份（知识意味着权力）来达成自身的目的。此外，二者的互动还能产生一种"建设性的不适"（productive discomfort），以此来质疑权力对于学术和居

---

❶ 因为这种能动性依据日常生活和实践的需要，总是充满变通性、灵活性和偶然性。

❷ Michael Herzfeld, *Cultural Intimacy: Social Poetics and the Real Life of States, Societes and Institations*, p. 43.

❸ 刘珩："民族志认识论的三个维度：兼评《什么是人类常识》"，《中国社会科学》，2008年第 2 期。

住空间的"侵蚀"。❶

事实上，有担当的人类学的交往和互动性还体现为对他者能动性的确认。此处的能动性与文化亲密性外显的一面密切相关，也就是个体或者某一群体对外进行社会展演的言辞和实践策略。简单地说，这是一种将形式（form）加以改造（deform）以适应现实需要的策略，属于社会诗学（social poetics）范畴。从某种程度上而言，人类学家采取的也是一种社会诗学式的策略，即将某种理论范式跨越时空加以改造，以便适应自己所撰述的民族志语境，然后在千差万别的实践环境下对其不断地检验和审视，从而契合"理论即实践"这一民族志撰述的认识论维度。❷

对于面临空间清洗的群体而言，他们当然也有自己的社会诗学策略，要么是在剧烈变迁的居住空间营造能够记得住乡愁的氛围，要么从官方的一整套有关清洁、安全、遗产保护乃至鼓励地方性知识和地方社会文化多样性的法令、政策中寻取资源，将其稍加变通之后，来维护自己居住在"永恒之地"的权利。对于这些群体而言，没有人比他们更清楚如何"社会诗学"式地栖居在这片被不断

---

❶ 这种权力的侵蚀对于学术领域而言，主要表现为一种极为普遍的"反智主义"（anti-intellectualism）。学术这一刻板形象通过"象牙塔"一类的比喻得到强化，并造成读书无用的印象，这当然是政治和商业等权力机制运作的结果。这种具有固定操作模式的权力对居住空间的侵蚀和清洗自然不言而喻。所以，人类学家长期并且是具有亲密性地参与到当地人的日常生活中，倾听他们的流言蜚语，从琐碎的言谈和举止中发掘意义，从而对于任何刻板僵化的权力运作模式产生质疑，同时不必表现为全然的否定和抵制。参见 Michael Herzfeld，"Passionate Serendipity：From the Acropolis to the Golden Mountain，"in Alma Gottlieb ed.，*The Restless Anthropologist: New Fieldsites, New Visions*，p. 120。

❷ 赫茨菲尔德认为，民族志的认识论不但属于人类学家（民族志学理和学术的一面），而且还属于供人类学家研究的群体（民族志的实践层面），因此一种"理论即实践"的民族志导向从道义的角度和学理的角度同时确认了受访者对这门学科理论形成的贡献，这同时也是民族志的生命力所在。参见赫茨菲尔德著：《人类学：社会和文化领域中的理论实践》，刘珩等译，第24—28页。

"绘制"的家园上，当然也没有人比他们更清楚如何抵抗纪念碑式的时间对他们社会时间、社会记忆的侵蚀。

社会诗学式的栖居是对海德格尔的诗意的栖居依照现实需要所采取的一种调适和改造（deform）。诗意是对栖居的一种说明、一种理解、一种限定，表明在诗人心目中居住的理想境界。然而栖居的对象是这个"大地"，这个大地多多少少被现代工业和文明所玷污，因此也缺乏诗意的大地。要回到原生态的诗意的栖居状态是一种乌托邦式的幻想，是一种诗人气质的产物。如果我们不能重回"原初"和"本真"的自然状态（当然，我也怀疑是否有过这样的状态，重回原初和过去只不过是人类"结构性"怀旧的体现，即一代不如一代的心理在作怪），那么我们面对被"玷污"的环境和"一代不如一代"的社会现实的时候，如何还能诗意地栖居？社会诗学式地栖居在大地上，明显地体现了主体对于持续进入其周遭并产生影响的外部世界这一客体的认知、体现、调和、利用和展示的过程。这一主客体的在场和相互嵌入，表明了"社会诗学式栖居视角"所重视的人的主观能动性，从而将人的作用凸显和放大。当然，人的认知、体验、展示和呈现，多多少少显得杂乱无章、前后矛盾、即兴且不稳定，不能见容于规范、清晰和统一的社会结构分析范畴，但这恰恰是社会诗学的"实践向度"，同时也是人这一极不稳定的主体，往往被"空间清洗"这种追寻统一、纯净的理念排除出去的原因。总之，充满诗学的社会生活从来不在理论和描述、结构和能动性，以及规则与实践之间创制出截然的二分观念，社会生活事实上就是上述这些维度颇为混沌，但又相互调节、改造和妥协所缔造的一种相对完满的实践、感知和展演的方式。

上文提到的贵州镇山村村民自办博物馆与官方的生态博物馆就"真实性"来表明自身对外展示的合法性和正当性，事实上就是一种社会诗学式的栖居策略。朱晓阳调查的滇池东岸小村的案例表明，农田被征用的村民在自建房的时候都知道政府"管地不管天"，因此他们的房屋都往高处建。管地不管天就是一种诗学的实践逻辑。当然，尽管农民的居住空间发生了显著的变化，但他们还是努力营造一种"传统的诗意空间"。包括高楼仍然采取"三间耳房"的建筑格局，以及村民为一只很有灵性的"石猫猫"修庙等。❶

这种策略性地适应变迁环境的能力和技巧，大概可以称为"社会诗学式的生态观"。赫茨菲尔德有关曼谷曼哈康的社区研究表明，这一仅有 300 人的居民社区在抵抗政府强制拆迁的过程中，也衍生出自己的一套社会诗学体系，他们至今仍居住在这一社区之内。当地的居民使用的诗学策略包括：第一，创办博物馆、发展手工艺，将自己打造成泰国 120 万手工艺人的代言人。第二，将整个社区作为文化展示的旅游地，吸引游客。第三，在建房过程中集体协商，根据各自的生计需求合理安排居住空间（比如洗衣房的人须保留自己靠近河道的居住地，以保证晾晒衣物）。第四，与城市规划学者、考古学家、人类学家以及各种非政府组织的人员接触，赢得最大的支持和同情。❷

社会诗学是对永恒的时间观念和文化形式的嘲弄、质疑和改造。对社会参与者这一能动性的确认，促使人类学家重新思考人类学介入田野之地后担当的方式。担当绝不是一种为弱者代言的姿态，也不是一次道义的修炼过程或者采取的一套伦理规则。它是一种在友谊、人性以及尊严等方面休戚与共、息息相通的理解和投入。这种担当是双向和互动的，双方有时还可互为理论资源

---

❶ 朱晓阳：《小村故事：地志与家园》，北京：北京大学出版社，2007 年，第 127—167 页。

❷ Michael Herzfeld, "The Crypto-Colonial Dilemmas of Rattanakosin Island," *Journal of the Siam Society*, Vol. 100, 2012, pp. 211-217.

（theoretical capital）。^❶ 因此担当的人类学在赫茨菲尔德看来首先要同 "应用人类学"（applied anthropology）保持距离。他认为：

> 有一种人类学将干预（intervention）作为直接和重要目的，然而在我看来，有担当的人类学与此不同。人类学家出于学术的追求来到某一特定的场所并同某一特定的群体接触时，这种卷入（involvement）便出现了。人类学家了解资讯人面临的困境，并提供一些富有启发性的建议。这一实践的视角使得人类学家可以仔细地评估如此境况下的伦理的复杂性，并且揭示出社会结构的经验事实（experiential reality）总是并只能在日常生活和田野研究中以社会交往的实际展演（actual performance）来呈现的路径，社会规则也总是在参与者对诸多规范的创造性应对和利用这一过程中才变得合理和易于接受。总之，有担当的人类学一直告诫人类学家持续观察，如果认为民族志的完成就意味着诸多尚存争议的伦理原则已经清晰界定并且已经盖棺定论，这才是对道义的最终背叛。^❷

与此同时，有担当的人类学也必须同善意的激进分子（activists）保持距离。这些激进分子大多与 NGO 组织有着长期的联系。他们有时顽固地抱有一种来自西方的狭隘的社会公正和人权的观念，总是按照这一模式来寻找一成不变的解决方案，试图 "跨越时间和超

---

❶ 赫茨菲尔德认为，我们的理论资本来自于我们的田野经验，并且受到我们的资讯人所具有的理论能力的诸多启示。所以人类学家的参与从这一意义而言也是双向和互动的。参见 Michael Herzfeld, "The Passionate Serendipity", p118.

❷ Michael Herzfeld, "Engagement, Gentrification, and the Neoliberal Hijacking of History," *Current Anthropology*, Vol. 51, Supplement 2, October 2010, p. s265.

越语境"地来解决问题。而这种"跨越时间和超越语境"的方法，与人类学长期的以及深度参与的田野工作所获得的经验和视角是完全相左的。❶

显然，有担当的人类学并不固守一套刻板的"伦理规则"，从不高高在上地将田野研究看作一次个人道德的完善和修炼，这种参与也不会随着民族志撰述的完成而终结。这种担当从一开始就表现出对他者能动性的体认和敬意，具有"随意""流通"的社会生活的属性，带着世俗生活的节奏和色调，体现着双向互动的社会交往规则。此外，担当没有预设的目标，也不遵循刻板僵化的原理准则，一切都充满着偶然性，因此又都富有启发性。从某种程度上来说，人类学家在田野中观察然后在民族志中描述的，就是一种略显支离破碎的永恒。他们与资讯人一样，对于任何刻板机械的权力和制度运作模式所试图创制的永恒的文化形式，都抱有怀疑的态度。此外，有担当的人类学不会不负责任并且不顾地方社会语境地四处宣扬西方的公正和人权观念，他们会同民众一道对权力的侵蚀制造一些"建设性的不适"，并力图在文化亲密性的层面发现国家、社会和社区所需要共同维护和"掩饰"的种种文化特质，从而真正形成对于多元性和地方性的宽容。

人类学人生：参与及意义

如果不刻意突出人类学田野调查的道德立场，有担当事实上也

---

❶ Michael Herzfeld，"Engagement，Gentrification，and the Neoliberal Hijacking of History，" *Current Anthropology*，Vol. 51，Supplement 2，October 2010，p. s261.

是一种"深度参与"。用赫茨菲尔德的话来说，就是对于陌生和差异的深度参与（the engagement with differences）。这样的参与对于人类学家和传统意义上的"观察对象"而言，既是双向的也是互惠的。这是因为双方都面临相似的尴尬，也都致力于在长时间的接触之后化解这种尴尬。人类学家的尴尬来源于如何向"他者"解释自己究竟在做些什么，以及在研究什么。对于"他者"而言，面对到处打听、四处窥探的外来的人类学家，也总有些尴尬之事需要加以掩饰。然而，双方长时间的深度参与和交往，所产生的种种不适，却建设性地颠覆了双方习以为常的种种"常识"（common sense）。通过比较和相互参照获得的自觉意识，是促进交流和相互理解的最好方式。人类学恰好是通过这种方式，最大可能地消弭不同群体的文化隔阂，因此可以将其定义为"一门比较人类常识的学科"。❶ 埃文斯－普理查德所谓的"比较"事实上不可能、但又知其不可为而为之，在赫茨菲尔德看来，似乎只有在深度参与（实践）中才能最大限度地化解。

深度参与陌生和差异的人类学，赋予了赫茨菲尔德学术人生的所有意义。由于深受维柯的"诗性智慧"思想的影响，赫茨菲尔德是一位坚定的笛卡儿二元论的反对者。在人类学的田野实践中，原本带有很深的殖民烙印的西方与非西方、观察与被观察、理智与蒙昧之间森严的界限，尚且能够通过双方的深度参与予以化解，因此任何程式化的二元体系的设定，如果不是出于各种等级观念和话语生产的需要，则都是学究式的庸人自扰。只有将知识回归到"推己及物"的诗性和村俗传统，人类学的事业才不至于以割裂日常的生

---

❶ 迈克尔·赫茨菲尔德：《人类学：社会和文化领域中的理论实践》，刘珩等译，北京：华夏出版社，2009 年。

活实践和身体体验为代价，进而，撰述和呈现一种道德的而非科技的民族志成为可能。赫茨菲尔德所从事的人类学事业，本质上就是在批判和抵制形形色色的二元论体系对于这门学科的侵蚀。在这一意义上，文化亲密性既是一种消解学科二元体系的理论框架，是人类和谐有序生存的图景写照，同时也是赫茨菲尔德社会思想和美学观念的集中体现，尽管这多少带有一点"乌托邦"的痕迹。据有权力的一方，只有深深地意识到，国家这一等级和权力制度的综合体只不过是文化亲密性的一种折射形式，才能表现出对人性的敬意。这样的政治才是开明的，国家也才能长治久安。在这里我们不难发现这一审美观念回荡着维柯"诗性智慧"的一个重要主题，即知识分子必须抵挡住理性的"虚骄讹见"，才能发现包括政治、制度、治理以及国家在内的所有"理性"知识，最初来源于包括感官在内的所有人性体验这一本质，前者不能僭越或取代后者。

　　同样，将人类学家的学术和人生截然分开，只专注于提炼他的学术观点和归纳其学术思想，不但也是一种二元论，而且可能会产生误导和偏差。因此，让赫茨菲尔德的学术观点在人生的各个阶段的研究语境中加以"展演"，自然地呈现出来，在某种程度上是个体的思考获得意义和合法性（legitimacy）的重要前提。打个比方，个体的思想犹如一盘录像带中摘出来的很多张静止的照片，而特定时期的人类学学科动向、研究的语境，其背后的各种思潮，以及人文社会科学理论，正是这样一盘录像带，它为个体的观念和行为赋予一个动态的、可以持续考察和把握的背景。因此理解某种"静止"的观点的困难之处就在于必须尽量呈现这种动态的过程，而且这种动态并不仅仅是个体的动态，它还包括个体置身其间的更大的文化景观的动态。

　　这一点正如赫茨菲尔德对于民族志真实性的思考。他认为，人类学家从未成功地在田野之地被"本土化",并且他也怀疑人类学家是否真正从田野之地带回来完整可信的"事实",以便我们全面地理解"他者"。人类学家真正做到的只不过是获得了一些不同文化的惯习,他们自己的性格因为受到了碎片式的惯习的影响,因此得以将"他者"的社会和文化像一幅斑驳芜杂的拼图(bricolage)一样呈现给我们。这幅拼图如同一个大的聚合体,可能缺少某种必要的逻辑使其精炼和更加深邃,同时也可能映衬着人类学家"书写"时的"无能为力"。但是,这一幅拼图却为读者和观众提供了重要的信息,以便他们能够自己判断"他者"的生活和世界所给予自身的关照和意义。而这正是反思(reflexivity)的重要之处,让反思性自然而然地折射出来,而非直接说出来,正如在"他者"这面镜子中折射出来一样。❶ 本书试图呈现的正是这样一幅斑驳芜杂的拼图,这一聚合体之中,包含着长达八年的赫茨菲尔德作品的系统阅读,及其对于自身的改变,进而对于主体的"碎片式"的理解和投射。如果它还有一个试图达到的目的,那就是希望赫茨菲尔德的人类学人生,能透过这些拼图,折射出一个完整清晰的镜像。

2016 年 10 月 14 日初稿于哈佛 Tozzer 图书馆

---

❶ 2009 年 11 月,哈佛燕京学社的 lunch talk 上,笔者做了题为 "Ethnographic Biography: How the Personnel Connects with the Professional" 的讲演,修改之后以题为 "民族志传记" 的论文形式发表在《外国文学》2012 年第 2 期上。这是赫茨菲尔德对我这次演讲所做的评议。

主要参考书目

爱德华·吉本:《罗马帝国衰亡史》上册,黄宜思等译,商务印书馆,
　　2006年

保罗·拉比诺:《摩洛哥田野作业反思》,高丙中等译,商务印书馆,
　　2008年

德尼·贝多莱:《列维－斯特劳斯传》,于秀英译,张祖建校,中国人民大
　　学出版社,2008年

邓正来:《国家与社会:中国市民社会研究》,北京大学出版社,2008年

哈贝马斯:《公共领域的结构转型》,曹卫东等译,学林出版社,1999年

马克·里拉:《维柯——反现代的创生》,张小勇译,新星出版社,2008年

迈克尔·赫茨菲尔德:《人类学:社会和文化领域中的理论实践》,刘珩等
　　译,华夏出版社,2009年

——《冷漠的社会生成:寻找西方官僚制的象征根源》,连煦译,知识产
　　权出版社,2015年

詹姆斯·克利福德、乔治·E·马库斯编:《写文化:民族志的诗学与政治
　　学》,高丙中等译,商务印书馆,2006年

维柯:《新科学》,朱光潜译,人民出版社,2008年

杨美惠:《礼物、关系学与国家:中国人际关系与主体性建构》,赵旭东等
　　译,江苏人民出版社,2009年

徐新建:《民歌与国学: 民国早期"歌谣运动"的回顾与思考》, 巴蜀书
　　社, 2006 年

亚里士多德:《诗学》, 陈中梅译注, 商务印书馆, 1996 年

朱晓阳:《小村故事: 地志与家园》, 北京大学出版社, 2007 年

Adam Kuper, *Anthropology and Anthropologists: the Modern British School*, London and
　　Boston: Routledge & Kegan Paul, 1983

Akhil Gupta and James Ferguson ed., *Anthropological Locations: Boundaries and Grounds
　　of A Field Fcience*, Berkeley: University of California Press, 1997

Alessandro Duranti, *Linguistic Anthropology*, Cambridge: Cambridge University
　　Press, 1997

Alma Gottlieb ed., *The Restless Anthropologist: New Fieldsites, New Visions*, Chicago:
　　University of Chicago Press, 2012

Andrew Shryock, *Nationalism and the Genealogical Imagination: Oral History and
　　Textual Authority in Tribal Jordan*, Berkeley: University of California Press, 1997

Anastasia Karakasidou, *Fields of Wheat, Hills of Blood: Passage to Nationhood in Greek
　　Macedonia, 1870-1990*, Chicago: The University of Chicago Press, 1997

Anthony Giddens, *The Transformation of Intimacy: Sexuality, Love, and Eroticism in
　　Modern Societies*, Stanford: Stanford University Press, 1992

Benedict Anderson, *Imagined Communities: Reflections on the Origin and Spread of
　　Nationalism*, London: Verso, 1983

Cati Coe, *Dilemmas of Culture in African Schools: Youth, Nationalism, and the
　　Transformation of Knowledge*, Chicago: University of Chicago Press, 2005

Clifford Geertz, *Works and Lives: the Anthropologist as Author*, Stanford: Stanford
　　University Press, 1988

E.E.Evans-Pritchard, *The Sanusi of Cyrenaica*, Oxford: The Clarendon Press, 1949

——*The Nuer: A Description of the Modes of Livelihood and Political Institutions of A
　　Nilotic People*, Oxford: Oxford University Press, 1969

——*The Witchcraft, Oracles and Magic Among the Azande*, Oxford: The Clarendon Press, 1937

——*A History of Anthropological Thoughts*, New York: Basic Books, 1981

Ernest Gellner, *Nations and Nationalism*, Oxford: Basil Blackwell Publisher Limited, 1983

George W. Stocking Jr. ed., *American Anthropology, 1921-1945*, Madison: University of Wisconsin Press, 1976

——*The Ethnographer's Magic and Other Essays in the History of Anthropology*, Madison: University of Wisconsin Press, 1992

——*The Shaping of American Anthropology 1883-1911: A Franz Bosas Reader*, New York: Basic Books, INC., Publishers, 1974

George Marcus, *The Sentimental Citizen: Emotion in Democratic Politics*, University Park, Pennsylvania: The Pennsylvania University Press, 2002

H. Russell Bernard ed., *Handbook of Methods in Cultural Anthropology*, Walnut Creek, Calif.: AltaMira Press, 1998

Hans Steinmuller, *Communities of Complicity: Everyday Ethics in Rural China*, New York: Berghahn Books, 2013

James Clifford, *Person and Myth: Maurice Leenhardt in the Melanesian World*, Durham and London: Duke University Press, 1992

James Fernandez ed., *Beyond Metaphor: The Theory of Tropes in Anthropology*, Stanford: Stanford University Press, 1991

J.G. Peristiany, ed., *Honour and Shame: The Values of Mediterranean Society*, Chicago: The University of Chicago Press, 1966

João de Pina-Cabral and John Campbell ed., *Europe Observed*, Houndmills, Basingstoke, Hampshire: M in Association with St. Antony's College, Oxford, 1992

Joel S. Midgal, *State in Society: Studying How States and Societies Transform and Constitute One Another*, Cambridge: Cambridge University Press, 2001

John Davis, *People of the Mediterranean: An Essay in Comparative Social Anthropology*,

London: Routledge & K. Paul, 1977

John Kennedy Campbell, *Honour, Family and Patronage: A Study of Institutions and Moral Values in A Greek Mountain Community*, Oxford: Clarendon Press, 1964

Johannes Fabian, *Ethnography as Commentary: Writing from the Virtual Archive*, Durham & London: Duke University Press, 2008

——*Time and the Other: How Anthropology Makes Its Object*, New York: Columbia University Press, 1988

Jonathan D. Evans., ed., *Semiotics and International Scholarship: Towards A Language of Theory*, Dordrecht: Distributors for the United States and Canada, Kluwer Academic Publishers, 1986

Julian Pitt-Rivers, *The People of the Sierra*, Chicago: University of Chicago Press, 1961

Kevin Dwyer, *Moroccan Dialogues: Anthropology in Question*, Baltimore: The Jons Hopkins University Press, 1982

Lila-Abu Lughod, *The Veiled Sentiments: Honor and Poetry in A Bedouin Society*, Berkeley: University of California Press, 1999

Li Zhang, *In Search of Paradise: Middle Class Living in A Chinese Metropolis*, Ithaca and London: Cornell University Press, 2010

Margaret Mead, *The Coming of Age in Samoa: A Psychological Study of Primitive Youth for Western Civilisation*, New York: William Morrow & Company, 1928

——*Ruth Benedict: A Humanist in Anthropology*, New York: Columbia University Press, 1974

Martin Stokes, *The Republic of Love: Cultural Intimacy in Turkish Popular Music*, Chicago and London: The University of Chicago Press, 2010

Marvin Harris, *The Rise of Anthropological Theory: A History of Theories of Culture*, New York: Cowell, 1968

Mary Douglas, *Purity and Danger: An Analysis of Concepts of Pollution and Taboo*, London: Routledge, 2002

Michael Agar, *The Professional Stranger: An Informal Introduction to Ethnography*, San

Diego: The Academic Press, 2nd edition, 1996

Michael Billig, *Banal Nationalism*, London: SAGE Publication Ltd., 1995

Michael Herzfeld, *Anthropology Through the Looking-glass: Critical Ethnography in the Margins of Europe*, Cambridge: Cambridge University Press, 1987

——*The Poetics of Manhood: Contest and Identity in A Cretan Mountain Village*, Princeton: Princeton University Press, 1985

——*Cultural Intimacy: Social Poetics in the Nation-State*, New York: Routledge, 2005

——*Portrait of A Greek Imagination: An Ethnographic Biography of Andreas Nenedakis*, Chicago: University of Chicago Press, 1997

——*Ours Once More: Folklore, Ideology, and the Making of Modern Greece*, New York: Pella Publishing Company Inc. , 1986

——*Siege of the Spirits: Community and Polity in Bangkok*, Chicago: The University of Chicago Press，2016

——*The Social Production of Indifference: Exploring the Symbolic Roots of Western Bureaucracy*, Chicago: The University of Chicago Press，1993

——*Cultural Intimacy: Social Poetics and the Real Life of States, Societies and Institutions*, 3rd edition, New York: Routledge, 2016

——*A Place in History: Social and Monumental Time in A Cretan Town*, Princeton, NJ: Princeton University Press, 1991

——*The Body Impolitic: Artisans and Artifice in the Global Hierarchy of Value*, Chicago: The University of Chicago Press, 2004

——*Evicted From Eternity: The Restructuring of Modern Rome*, Chicago and London: The University of Chicago Press, 2009

Paul Rabinow，George E. Marcus, James D. Faubion and Tobias Rees, *Designs For an Anthropology of the Contemporary*, Durham & London: Duke University Press, 2008

Paul Weiss, *Our Public Life*, Bloomington: Indiana University Press,1959

Peter Loizos and Evthymios Papataxiarchis ed., *Contested Identities: Gender and Kinship in Modern Greece*, Princeton: Princeton University Press, 1991

Pierre Bourdieu, *Outline of A Theory of Practice*, Cambridge: Cambridge University Press, 1977

Raymond Williams, *Marxism and Literature*, Oxford: Oxford University Press, 1977

Richard Bauman, *Explorations in the Ethnography of Speaking*, Cambridge: Cambridge University Press, 1974

Richard Handler & Daniel Segal, *Jane Austen and the Fiction of Culture*, Lanham: Rowan & Littlefield Publishers Inc., 1999

Richard Harvey ed., *Writing the Social Text: Poetics and Politics in Social Science Discourse*, New York: De Gruyter, 1992

R.M. Berndt (ed.) *Anthropological Research in British Colonies: Some Personal Accounts*, Special Issue of Anthropological Forum, Vol. 4, No. 2, Taylor & Francis Group, 1977

Ruth Benedict, *Patterns of Culture: An Analysis of Our Social Structure as Related to Primitive Civilizations*, New York: Penguin Books, 1946

Sandra Rudnick Luft, *Vico's Uncanny Humanism: Reading the "New Science" between Modern and Postmodern*, Ithaca: Cornell University Press, 2003

Shryock ed., *Off Stage/On Display: Intimacy and Ethnography in the Age of Public Culture*, Stanford: Stanford University Press, 2004

Simon Battestini, ed., *Developments in Linguistics and Semiotics, Language Teaching and Learning, Communication Across Cultures*, Washington: Georgetown University Press, 1987

Stanley J. Tambiah, *Edmund Leach: An Anthropological Life*, Cambridge: Cambridge University Press, 2002

Talal Asad ed., *Anthropology and the Colonial Encounter*, London: Ithaca Press, 1973

Talal Asad, *Genealogies of Religion: Discipline and Reasons of Power in Christianity and Islam*, Baltimore and London: The Johns Hopkins University Press, 1993

Victoria A. Goddard, Josep R. Llobera, and Cris Shore ed., *The Anthropology of Europe:*

Identity and Boundaries in Conflict, Oxford: Berg, 1994

Vincent Crapanzano, *Tuhami: Portrait of a Moroccan*, Chicago: The University of Chicago Press, 1980

Yunxiang Yan, *Private Life Under Socialism: Love, Intimacy and Family Change in A Chinese Village, 1949-1999*, Stanford: Stanford University Press, 2003

Yunxiang Yan, *The Individualization of Chinese Society*, Oxford: Berg, 2009

出版后记

当前，在海内外华人学者当中，一个呼声正在兴起——它在诉说中华文明的光辉历程，它在争辩中国学术文化的独立地位，它在呼喊中国优秀知识传统的复兴与鼎盛，它在日益清晰而明确地向人类表明：我们不但要自立于世界民族之林，把中国建设成为经济大国和科技大国，我们还要群策群力，力争使中国在 21 世纪变成真正的文明大国、思想大国和学术大国。

在这种令人鼓舞的气氛中，三联书店荣幸地得到海内外关心中国学术文化的朋友们的帮助，编辑出版这套《三联·哈佛燕京学术丛书》，以为华人学者们上述强劲吁求的一种记录，一个回应。

北京大学和中国社会科学院的一些著名专家、教授应本店之邀，组成学术委员会。学术委员会完全独立地运作，负责审定书稿，并指导本店编辑部进行必要的工作。每一本专著书尾，均刊印推荐此书的专家评语。此种学术质量责任制度，将尽可能保证本丛书的学术品格。对于以季羡林教授为首的本丛书学术委员会的辛勤工作和高度责任心，我们深为钦佩并表谢意。

推动中国学术进步，促进国内学术自由，鼓励学界进取探索，是为三联书店之一贯宗旨。希望在中国日益开放、进步、繁盛的氛围中，在海内外学术机构、热心人士、学界先进的支持帮助下，更多地出版学术和文化精品！

生活·读书·新知三联书店

一九九七年五月

三联·哈佛燕京学术丛书

[一至十六辑书目]